Das *unsichtbare* Jahrhundert

Richard Panek
Das *unsichtbare* Jahrhundert

Einstein, Freud und die Suche nach unsichtbaren Welten

Aus dem Amerikanischen
von Hainer Kober

Berlin Verlag

Während die vorliegende Übersetzung die neue deutsche Rechtschreibung verwendet, wurden die aus der vorhandenen Primär- und Sekundärliteratur übernommenen Zitate aus Gründen der Quellentreue in der jeweiligen Rechtschreibung belassen.

Abermals für Meg Wolitzer, in Liebe

Inhalt

F: »Ist das Unsichtbare sichtbar?
A: »Nicht für das Auge.«

Aus einem Interview, das 1896
mit Wilhelm Conrad Röntgen,
dem Erfinder der Röntgen-Technik,
geführt wurde.

Prolog

Sie haben sich nur einmal getroffen. Während der Neujahrsferien des Jahres 1927 rief Albert Einstein Sigmund Freud an, der seine Söhne in Berlin besuchte. Der 47-jährige Einstein war die lebende Galionsfigur der Physik, während Freud mit seinen siebzig Jahren die gleiche Bedeutung für die Sozialwissenschaft besaß, und doch wurde ihr abendliches Treffen kein geistesgeschichtliches Ereignis. Als ein Freund Einstein einige Monate später in einem Brief vorschlug, er solle sich doch einer Psychoanalyse unterziehen, antwortete dieser, er könne auf den Vorschlag leider nicht eingehen, weil er »gerne im Dunkel des Nicht-Analysiertseins verbleiben« wolle. Oder wie Freud unmittelbar nach dem Treffen in Berlin einem Freund über Einstein schrieb: »Er ... versteht von Psychologie soviel wie ich von Physik, und so haben wir uns sehr gut gesprochen.« Zwar besaßen Freud und Einstein im Deutschen eine gemeinsame Muttersprache, doch hatten sie sich in ihrem jeweiligen beruflichen Vokabular so weit voneinander entfernt, dass dort keine Verständigung mehr möglich schien. Trotzdem hatten Freud und Einstein mehr gemeinsam, als ihnen selber klar gewesen sein dürfte. Viele Jahre zuvor waren beide am Anfang ihrer wissenschaftlichen Arbeit an einen ganz ähnlichen Wendepunkt gelangt. Beide setzten sich mit Problemen auseinander, die an den äußersten Grenzen ihrer Forschungsfelder lagen. Beide sahen sich einem Hindernis gegenüber, das bislang alle Forscher entmutigt hatte, die sich daran versucht hatten. In beiden Fällen handelte es sich um das gleiche Hindernis: einen

Mangel an empirischen Belegen. Statt sich jedoch von diesem
Mangel abschrecken zu lassen und woanders zu schauen und zu
suchen oder die Niederlage einzugestehen und das Schauen und
Suchen einzustellen, setzten Einstein und Freud ihre Bemühungen ungeachtet aller Schwierigkeiten fort.

Schließlich war Schauen das, was Wissenschaftler taten – das
Wesen der wissenschaftlichen Methode, das, was rund 300 Jahre
zuvor die wissenschaftliche Revolution ausgelöst hatte. 1610 hatte
Galileo Galilei berichtet, er habe beim Blick durch ein neues Instrument in den Himmel vierzig Sterne im Sternhaufen der Plejaden beobachtet, wo zuvor jedermann nur sechs gesehen hatte,
500 neue Sterne im Sternbild Orion, »eine Ansammlung von
unzähligen, in Haufen gruppierten Sternen« in einem anderen
Bereich des Nachthimmels und Monde in der Umgebung des
Jupiter. 1674 berichtete Antoni van Leeuwenhoek als Erster,
beim Blick durch ein anderes neues Instrument auf irdische
Objekte habe er erstaunliche Dinge gesehen: in einem Wassertropfen »mehr als eine Million Lebewesen«, im weißen Stoff auf
seinem Zahnfleisch »Tiere« größer an der Zahl »als Menschen in
den Vereinigten Niederlanden« und schließlich in dem Zahnbelag
eines alten Mannes, der sich nie im Leben die Zähne geputzt
hatte, »eine unglaublich große Zahl von lebendigen Tierchen, ein
Gewimmel, wie ich es hurtiger bis zu diesem Zeitpunkt nie
erblickt habe«.

Beide Beobachtungen sind im Grunde Teil eines ganzen Zeitalters der Entdeckungen. Wenn ein Seefahrer eine neue Welt entdecken konnte, warum sollte dann nicht auch ein Erforscher des
Himmels neue Welten entdecken? Und wenn diese Seereisen bewiesen, dass die Erde unzählige, bislang unbekannte Geschöpfe
beherbergte, warum dann nicht auch der Boden, das Wasser oder
das Fleisch?

Neu an Galileis und Leeuwenhoeks Entdeckungen waren indessen die Mittel, deren sie sich dabei bedienten. Zwischen 1595 und 1609 hatten Brillenmacher in den Niederlanden Linsen in zwei neuen Instrumenten so kombiniert, dass sie ähnliche, letztlich aber doch verschiedene optische Kunststücke vollführten. Die Linsenkombination in dem einen Instrument ließ ferne Gegenstände näher erscheinen, während die Kombination im anderen Instrument kleine Gegenstände größer aussehen ließ. Damit standen Naturforschern zum ersten Mal in der Geschichte Werkzeuge zur Verfügung, die einen ihrer fünf Sinne erweiterten. Die Naturwissenschaften wurden also nicht nur durch die Entdeckungen selbst revolutioniert, sondern auch durch die Werkzeuge der Entdeckung und durch die Bedeutung, die ihnen innewohnte: Es gibt mehr im Universum, als wir mit bloßem Auge sehen können.

Niemand konnte damit rechnen. Schließlich hätten diese Instrumente durchaus nur das offenbaren können, von dem die Menschen auch so schon immer gewusst hatten, und das, von dem Menschen schon gewusst hatten, hätte durchaus alles sein können, was es zu wissen gab. Das bloße Auge hätte nicht *unbedingt* ein unzulängliches Mittel zur Erforschung der Natur sein müssen. Die Erfindung dieser Instrumente *musste* nicht neue Forschungsfelder erschließen. Aber sie tat es.

Seit Jahrtausenden lag die Zahl der Himmelsobjekte unverändert bei rund 6000. Nun gab es ... mehr. Seit der Schöpfung – oder zumindest seit der Sintflut – war die Zahl der Geschöpfe auf Erden, wenn auch praktisch nicht zu bestimmen, so doch festgelegt und unverändert. Nun gab es ... mehr. »Es gibt mehr Dinge zwischen Himmel und Erde, als sich eure Schulweisheit träumen lässt, Horatio.« Als Shakespeare diese Worte im Jahr 1598 oder 1599 schrieb, also unmittelbar an der Wende zum 17. Jahrhundert, bezog er sich auf die verständliche Annahme der Anhänger der Alten Philosophie, wie sie wenig später genannt werden sollte – die Annahme, dass viel von dem, was bislang unbekannt sei, auf ewig unserer Erkenntnis entzogen bliebe. Die Anhänger der Philosophie, die sie bald selbst die Neue nannten, sahen in diesem Zitat während der folgenden 300 Jahre häufig den letzten historischen Beleg für die Überzeugung, dass unsere Zivilisation bezüglich des Universums auch weiterhin im gleichen Stand der Unwissenheit und Entfremdung leben werde.

Denn nun brauchte man nicht mehr zu tun, als zu schauen. Durch das Teleskop konnte man weiter sehen als mit dem bloßen Auge allein, und dadurch, dass man weiter sah, konnte man draußen neue Welten entdecken. Durch das Mikroskop konnte man tiefer sehen als mit dem bloßen Auge allein, und dadurch, dass man tiefer sah, konnte man drinnen neue Welten entdecken. Indem man mehr sah, als das bloße Auge wahrzunehmen vermochte, konnte man mehr entdecken.

Wie viel mehr? Aus Sicht der Naturforscher war dies eine logische Frage, und das Bemühen um eine Antwort, das die nächsten 300 Jahre in Anspruch nahm, war nicht weniger logisch: eine systematische Suche nach den Wahrheiten der Natur in den fernsten und innersten Bereichen des Universums, ehe die Suche an der Wende zum 20. Jahrhundert selbst mit Hilfe optischer Instrumente die äußersten Grenzen menschlicher Wahrnehmung erreichte und die Naturforscher sich allmählich fragten: Was nun? Was ist, wenn es nicht *mehr* gibt?

Noch genauer: Sollte das große naturwissenschaftliche Programm, das drei Jahrhunderte zuvor begonnen worden war, an sein Ende gelangen? Oder würde eine immer genauere Untersuchung der vorliegenden Daten die Forscher mit immer neuen Wahrheiten belohnen?

Einige Forscher stießen jedoch unerwartet auf eine dritte Möglichkeit. Sie hatten die doppelte Grenze der naturwissenschaftlichen Forschung – die des inneren und die des äußeren Universums – immer weiter hinausgeschoben und waren schließlich in eine Sackgasse geraten. Doch dann fanden sie einen Ausweg. Sie schauten und suchten so lange, bis sie auf eine vollkommen neue Art wissenschaftlicher Belege stießen: Belege, die durch keine Form bloßen Schauens zu entdecken waren, Belege, die jenseits der Grenzen des Sichtbaren lagen, Belege, die allem Anschein nach unsichtbar waren.

Das Unsichtbare gehörte seit jeher zu den Interaktionen der Menschheit mit der Natur. Um ansonsten unerklärliche Phänomene zu erklären, hatten die Menschen einst Geister, Genien und Götter erfunden. Im Abendland waren diese verschiedenen Ursachen geheimnisvoller Wirkungen zur Idee des einen Gottes verschmolzen. Selbst nach Beginn der Neuzeit und der Einführung der wissenschaftlichen Methode suchten die Forscher, die sich mit den beiden Extremen des Universums beschäftigten, ihr Heil bei zwei neuen Formen des Unsichtbaren. Als Isaac Newton in dem Bemühen, das äußere Universum zu verstehen, an die Grenzen des eigenen Verständnisses stieß, entwickelte er den Begriff der Gravitation. Als René Descartes in dem Bemühen, das innere Universum zu verstehen, an die Grenzen des eigenen Verständnisses stieß, entwickelte er den Begriff des Bewusstseins.

Doch an der Wende zum 20. Jahrhundert beriefen sich einige Forscher auf eine neue Art von Unsichtbarkeit. Diesen Naturwissenschaftlern wäre jeder Verweis auf Übernatürliches, Abergläubisches oder Metaphysisches ein Gräuel gewesen. Nun jedoch gab es Beweise, die unsichtbar, aber wissenschaftlich unstrittig waren – zumindest nach Ansicht dieser Wissenschaftler.

Obwohl Einstein und Freud diese zweite wissenschaftliche Revolution keineswegs allein auslösten, wurden sie zu ihren wichtigsten Repräsentanten und Akteuren. Das vorliegende Buch erzählt, wie sie mit ihrer Forschung in bislang unbekannte Gebiete vordrangen – die Relativität und das Unbewusste –, wie ihre weitere Arbeit zur mehr oder weniger unbeabsichtigten Schaffung zweier neuer wissenschaftlicher Disziplinen führte, der Kosmologie und der Psychoanalyse, wie im Falle Einsteins eine neue Art, wissenschaftliche Forschung zu betreiben, zur vorherrschenden Methodik in allen naturwissenschaftlichen Bereichen wurde und wie im Falle Freuds eine alternative Art, wissenschaftliche Forschung zu betreiben, zur beherrschenden Ausnahme wurde zum Schlüssel für die Frage, was genau eine geistige Anstrengung zu einer Naturwissenschaft macht. Es erzählt auch, was Kosmologie und Psychoanalyse unserem Forschungsdrang erschlossen haben: äußere und innere Welten, so riesig im Vergleich zu denen, die sie ersetzt haben, wie diese im Vergleich zu jenen, die *sie* wiederum ersetzt hatten.

Insofern liefern Einstein und Freud, wie einst Galilei und Leeuwenhoek, die Geschichte einer Revolution des Denkens. Der Unterschied zwischen unserem Bild des Universums und dem des 19. Jahrhunderts ist also *nicht* mit den Unterschieden zu vergleichen, die fast 300 Jahre lang jede frühere Epoche von der vorhergehenden trennten: dass man tiefer oder *mehr* sah. Es ist keine Frage der Perspektive oder der Quantität, sondern eine des Sehens selbst – der Wahrnehmung. Es geht darum, *wie* wir sehen. Es ist also auch eine Frage der Art, wie wir über das Sehen *denken* – eine Frage der Begrifflichkeit, unserer Vorstellung darüber, wie wir denken, dass wir sehen. Kaum eine andere Entdeckung hat so nachhaltig wie diese die Suche nach dem Sinn unserer Existenz im 21. Jahrhundert geprägt – wie wir die Bedingungen untersuchen, unter denen wir als fühlende Wesen in einem bestimmten Umfeld leben: Wer sind diese Geschöpfe? Wie ist dieses Umfeld beschaffen? Es handelt sich um eine neue Form des Entdeckens, deren Bedeutung wir auch hundert Jahre später erst zu verstehen beginnen: Dass es mehr Dinge im Universum gibt, als wir jemals entdecken könnten, würden wir uns damit begnügen, lediglich zu schauen.

I. Erst der Geist, dann die Materie

Kapitel eins
Mehr Dinge im Himmel

Schau.

Und der Junge schaute. Sein Vater hatte ihm etwas zu zeigen.

Was der Junge sah, war klein und rund wie eine Miniaturuhr, doch anstelle der beiden Zeiger, die vom Mittelpunkt auf das Zifferblatt gerichtet waren, besaß das Ding nur eine Eisennadel. Während der Junge unverwandt schaute, drehte der Vater es. Erst in die eine Richtung, dann in die andere, und dabei geschah etwas höchst Erstaunliches. Egal, wie der Vater das Ding bewegte, die Nadel zeigte beharrlich in die gleiche Richtung – nicht in die gleiche Richtung relativ zu den übrigen Teilen des Geräts, wie der Junge vielleicht erwartet hatte, sondern in die gleiche Richtung relativ zu … etwas anderem. Zu etwas anderem dort draußen, außerhalb des Geräts, das der Junge nicht sehen konnte. Die Nadel erbebte jetzt. Sie zitterte vor Anstrengung. Rund sechzig Jahre später, als Albert Einstein sich an diese Szene erinnerte, wusste er nicht mehr, ob er damals vier oder fünf Jahre alt gewesen war, doch die Erkenntnis, die er daraus gezogen hatte, war ihm noch lebhaft im Gedächtnis geblieben:»Da mußte etwas hinter den Dingen sein, das tief verborgen war.«

Etwas tief Verborgenes, in der Tat. Als der Junge älter wurde, erfuhr er, was einige dieser tief verborgenen Dinge waren: Magnetismus, die Ursache, die der Demonstration seines Vaters an jenem denkwürdigen Tag zugrunde gelegen hatte, Elektrizität und die Beziehung zwischen beiden. Er erfuhr, dass man die Beziehung zwischen Magnetismus und Elektrizität noch nicht lange entdeckt hatte und dass niemand wusste, wie sie zustande kam. Erst wenige Jahre zuvor hatten Physiker den Nachweis geführt, dass sich diese Beziehung unseren Augen als Licht offenbart. Und er erfuhr noch etwas: Zwar verstand niemand, wie das Licht zustande kam, aber alle Welt wusste, dass es sich entlang eines Etwas ausbreitete, das von allen Dingen am tiefsten verborgen war und sich bislang auch den klügsten Köpfen der Epoche entzogen hatte, das jetzt aber, wie einer der namhaftesten Physiker der Zeit verkündete, »gleichsam mit dem Finger zu berühren« war.

Dieses Etwas war der Äther. Einstein machte sich auf die Suche nach ihm – in einem Aufsatz, den er 1895 verfasste: »Über die Untersuchung des Ätherzustandes im magnetischen Felde«. Dieser Beitrag zur Literatur war jedoch weniger eine eigenständige wissenschaftliche Arbeit als eine Fingerübung, in der er gängige Gedanken der Zeit verwertete. Schließlich war Einstein damals erst sechzehn Jahre alt, und wie er dem künftigen Leser (unter anderem dem Lieblingsonkel, dem er den Essay schickte) einschränkend mitteilte, fehlte es ihm an Material, »um tiefer in die Sache eindringen zu können, als es das bloße Nachdenken gestattete«.

Immerhin, es war ein Anfang. Im Laufe der folgenden zehn Jahre entwickelte sich Einstein vom befangenen und frühreifen Jugendlichen, der mit seinen Spekulationen seine Fähigkeiten arg strapazierte, zum demonstrativ hochmütigen Studenten am Polytechnikum in Zürich und schließlich zum bescheidenen (wenn nicht gar gedemütigten) Angestellten am »Eidgenössischen Amt zum Schutze geistigen Eigentums« in Bern, wo er unter anderem deshalb landete, weil seine Professoren sich geweigert hatten, Empfehlungsschreiben für jemanden aufzusetzen, der sich über ihre Autorität so dreist hinwegsetzte. Wie Einstein in einem Brief vom Mai 1901 schrieb:»Nach allem, was man mir gesagt hat, bin ich nicht gut angeschrieben bei meinen ehemaligen Lehrern.« Doch auch als Angestellter im Patentamt setzte Einstein die Suche nach dem Äther fort, und zwar aus dem gleichen Grund, warum Physiker in aller Welt danach forschten. Wenn elektromagnetische Lichtwellen von einem Stern ausgesandt werden, der sich *dort* befindet, und *hier* noch nicht eingetroffen sind, müssen sie sich entlang eines Etwas ausbreiten. Also: Was ist es? Entdecke dieses Etwas, so die Überzeugung der damaligen Physiker, und womöglich sind dann Elektrizität und Magnetismus sowie die Beziehung zwischen ihnen nicht mehr so tief verborgen.

Unter den Äther-Jägern tat sich einer besonders hervor: der schottische Physiker William Thomson, später Baron Kelvin of Largs. Als einer der namhaftesten und brillantesten Physiker des Jahrhunderts hatte Lord Kelvin die Suche nach dem Äther zum Schwerpunkt seiner wissenschaftlichen Forschung gemacht und war diesem Gegenstand buchstäblich seine ganze Laufbahn hindurch treu geblieben. Am 28. November 1846, während seines ersten Semesters als Professor für Naturgeschichte an der Universität Glasgow, glaubte er zunächst, den Äther gefunden zu haben. Er täuschte sich. 1896, anlässlich seines goldenen Jubiläums im Dienste der Universität, einer dreitägigen Festveranstaltung, zu der 2000 Vertreter wissenschaftlicher Gesellschaften und höherer Bildungsanstalten aus aller Welt zusammenkamen, schrieb Lord Kelvin einem Freund:»Seit dem 28. November 1846 empfinde ich keinen Augenblick Friede oder Glück bezüglich der elektromagnetischen Theorie.«

Unter anderem bestand das Problem mit dem Äther darin, dass er so schwer vorstellbar war.»Ich gebe mich nie zufrieden, bevor ich mir nicht ein mechanisches Modell von einer Sache machen kann«, erläuterte Kelvin einmal einer Gruppe von Studenten.»Wenn ich ein mechanisches Modell herstellen kann, kann ich die Sache auch verstehen.« Eine dieser Demonstrationen erfreute sich besonderer Beliebtheit bei seinen Studenten: Kelvin zeichnete geometrische Formen auf ein Stück Gummi, spannte das Gummi über die 25 Zentimeter breite Öffnung eines langen Messingtrichters und ließ, nachdem er den Trichter umgekehrt über einer Wanne aufgehängt hatte, über einen Schlauch Wasser von oben in das dünne Rohr des Trichters laufen. Während sich das Wasser in der Öffnung des Trichters sammelte, beulte sich das Gummi aus, sackte immer weiter nach unten und nahm schließlich die Form einer Kugel an. Bald hatte der Klumpen sich fast auf den doppelten Durchmesser der Öffnung ausgedehnt, aus der er hervorzukommen schien. Stets sah es so aus, als könne sich das Gummi nun nicht mehr weiter dehnen, und stets tat es das trotzdem. Währenddessen fuhr Kelvin seelenruhig in seiner Vorlesung fort und lieferte Erläuterungen zu Themen wie der Oberflächenspannung oder den Transformationen, denen die einfachen euklidischen Formen auf dem Gummi unterworfen waren. Dann, exakt in dem Augenblick, da nach Kelvins Berechnungen weder das Gummi noch die zehn Bänke voller Studenten die Spannung länger aushalten konnten, pflegte er seinen Zeigestock zu heben, in die vor ihm hängende gallertartige Masse zu stechen und, an die Zuhörer gewandt, zu sagen:»Das Zittern des Tautropfens, meine Herren!«

Das Zittern des Tautropfens, die Bewegungen des Gasmoleküls, das Kreisen eines Planeten: von den kleinsten Dingen im Universum bis zu den größten, und alle den gleichen vereinheitlichenden Gesetzen unterworfen. Hier konzentrierte sich die gesamte moderne Naturwissenschaft in einer einfachen Lektion. Mehr als 200 Jahre zuvor hatte René Descartes die philosophische Hoffnung zum Ausdruck gebracht, dass zu einer vollständigen Beschreibung des materiellen Universums nichts als Materie und Bewegung erforderlich sei. Einige Jahrzehnte danach legte Isaac

Newton die physikalischen Prinzipien nieder, welche die Bewegung der Materie beschrieben. Der Rest bestand in gewisser Weise nur noch darin, die Leerstellen auszufüllen – Messungen von Materie in Gleichungen für Bewegungen einzusetzen und zu beobachten, wie sich das Universum stückweise, aber doch unzweifelhaft als ein einziges mechanistisches Ganzes offenbarte.

Der Hörsaal, in dem Kelvin seine Modelle mehr als ein halbes Jahrhundert lang vorführte, war gewissermaßen ein Denkmal dieses Weltbildes: der Federoszillator mit dreifacher Spirale, den er an einem Ende der Wandtafel aufgehängt hatte, das neun Meter lange Pendel, bestehend aus einer Stahltrosse und einer fünf Kilo schweren Kanonenkugel, das er am höchsten Punkt des Kuppeldachs aufgehängt hatte, zwei Uhren, diese Instrumente, die stets als Symbole für die Abläufe im Universum dienen mussten. Materie und Bewegung, Bewegung und Materie, das eine wirkt auf das andere ein; Ursachen, die unausweichlich Wirkungen hervorriefen und sich durch immer strengere und genauere Untersuchungen bis zu jedem beliebigen Maß an Genauigkeit vorhersagen ließen: Hier war ein vollständiger Kosmos, fast jedenfalls.

Die Ausnahme war der Äther. Als zahlreiche Experimente Anfang des 19. Jahrhunderts zeigten, dass Licht sich in Wellen ausbreitet, waren die Physiker natürlich bestrebt, einen Stoff zu beschreiben, der als Träger dieser Wellen in Frage kam. In einem Punkt stimmte man überein: Es musste ein absolut inkompressibler oder elastischer Festkörper sein. Den Cambridger Physiker George Gabriel Stokes veranlasste diese Beschreibung, eine Mischung aus Leim und Wasser vorzuschlagen, die rasche Schwingungen von Wellen leiten und langsam bewegte Körper durchlassen sollte. Der britische Physiker Charles Wheatstone verfiel auf weiße Perlen, die er Anfang der 1840er Jahre in der wheatstoneschen Wellenmaschine verwendete – ein visuelles Hilfsmittel, das anschaulich vor Augen führte, wie sich Ätherteilchen im rechten Winkel zu einer Welle bewegen könnten, die mitten zwischen ihnen hindurchfährt. Dieses Modell wurde zum Vorbild für zahlreiche ähnliche Unterrichtshilfen der Zeit.

Was Kelvin angeht, so meinte er einmal in einer Vorlesung: »Der beste Vergleich, den ich Ihnen vorschlagen kann, ist das Gelee, das Sie hier vor sich sehen.« Bei anderen Gelegenheiten begann er seine Demonstration mit schottischem Schusterpech. Wenn er das Pech zu einer Stimmgabel oder einer Glocke formte und anschlug, erklang ein Ton. Daraufhin nahm er dasselbe tonübertragende Pech und legte es in einen wassergefüllten Glasbecher. Legte er nun Korken unter die Substanz und Metallkugeln darüber, so tauschten die Objekte im Laufe der Zeit die Plätze. Die Kugeln sanken durch das Pech auf den Boden, während die Korken nach oben wanderten. »Die Anwendung dieser Beobachtung auf den Lichtäther ist offenkundig«, schloss er: ein Stoff, fest genug, um nötigenfalls Wellen mit unveränderlichen Geschwindigkeiten geradlinig von einem Ende des Universums zum anderen zu leiten, und andererseits so durchlässig, dass er Kugeln, Korken oder – die gleichen Größengesetze zugrunde gelegt, die winzige Tautropfen und riesige Gummikugeln vergleichbar machen – Planeten nicht den Weg verlegte.

Nicht den Weg verlegte – aber doch wohl behinderte? Den Durchgang eines Planeten zumindest verlangsamte? Ein elastischer Festkörper, der den gesamten Raum ausfüllte, *musste* einem (wie es damals hieß) »wägbaren Körper« wie der Erde ein gewisses Maß an Widerstand leisten. Doch welches Maß genau? In dem Bemühen, exakt zu bestimmen, wie viel Widerstand der lichttragende Äther auf die Erde ausübt, entwickelte der amerikanische Wissenschaftler Albert A. Michelson ein Experiment, das er erstmals 1881 in Berlin ausführte. Er wollte zwei Lichtstrahlen senkrecht zueinander aussenden. Seine Hypothese: Einer der Strahlen würde sich, während die Erde durch den Äther pflügte, auf einem Weg ausbreiten, der *gegen* den Strom verlief, der Strahl auf dem anderen Weg dagegen *mit* dem Strom schwimmen. Dazu entwickelte Michelson ein höchst einfallsreiches Instrument, das so genannte Interferometer, mit dessen Messwerten er die Geschwindigkeit der Erde durch den Äther errechnen wollte. Die Berliner Daten wurden jedoch durch die Pferdedroschken beeinträchtigt, die draußen vor dem Physikalischen Institut vorbeifuhren. Daher verlegte er seinen Apparat in die relative Abgeschiedenheit des Astrophysikalischen Observatoriums in Potsdam, wo er sein Experiment wiederholte. Zu seiner Überraschung ergaben die Untersuchungsdaten gar nichts.

Eigentlich ein Ding der Unmöglichkeit. Eine Wechselwirkung zwischen einem massereichen Planeten und einem Festkörper, mochte er auch noch so elastisch sein, konnte nicht unentdeckt vonstatten gehen oder unnachweisbar bleiben. »Einer Sache dürfen wir sicher sein«, erläuterte Kelvin drei Jahre später einer Zuhörerschaft in Philadelphia, als er sich auf den Weg zu einer Vorlesung an der Johns Hopkins University in Baltimore befand, »und das ist die Wirklichkeit und Stofflichkeit des lichttragenden Äthers.« Und wenn selbst Experimenten von nie da gewesener Exaktheit und Scharfsinnigkeit der Nachweis nicht gelang, blieb der Forschung nur eine einzige vernünftige Möglichkeit. Im Vorwort zur Buchausgabe dieser Baltimore-Vorlesungen schrieb Kelvin: »Es ist zu hoffen, daß weitere Versuche zur entscheidenden Beantwortung der umfassenden und so wichtigen Fragen führen.«

Und das geschah. 1887 unternahm Michelson einen weiteren Versuch, dieses Mal mit Hilfe des Chemikers Edward W. Morley. Gemeinsam bauten sie ein weit ausgefeilteres und empfindlicheres Interferometer als diejenigen, die Michelson in Deutschland verwendet hatte. Im Keller der Case School of Applied Science in Cleveland wurde das Gerät sicher und schwingungsfrei untergebracht, wo es auf einem Quecksilberbett schwamm.

Michelson ging von einem bestimmten Wert für die zu erwartende Wellenlängenverschiebung aus und entschied, dass ein Ergebnis von 10 Prozent dieses Wertes eindeutig auf ein Nullergebnis schließen lasse. Was er tatsächlich erhielt, war ein Ergebnis von 5 Prozent der Verschiebung, die er vom Einfluss des Äthers erwartet hatte – ein Wert, der leicht auf einen Beobachtungsfehler zurückgehen konnte. Michelson sah sich zu der gleichen Schlussfolgerung gezwungen, die er schon einmal verkündet hatte: »Der Lichtäther bleibt von der Bewegung der Materie, die ihn durchdringt, vollkommen unbeeinflusst.«

»Ich kann keinen Fehler weder in der Idee noch in der Ausführung des Versuchs erkennen«, sagte Kelvin in einer Vorlesung, die er im Sommer 1900 hielt, von diesem Experiment. »Aber eine Möglichkeit, den Schluß zu umgehen, den er zu beweisen scheint, mag in einer geistvollen, unabhängig von FitzGerald und von Lorentz in Leiden gemachte Annahme gefunden werden.« Kelvin sprach von dem Physiker George Francis FitzGerald in Dublin, der 1889 in einem kurzen Beitrag eine Äther-Hypothese bei der amerikanischen Wissenschaftszeitschrift *Science* eingereicht hatte, und von Hendrik Antoon Lorentz, der 1892 zunächst in einem Artikel und dann in einer Monographie eine ganz ähnliche These entwickelt hatte: Der Äther komprimiere die Moleküle des Interferometers – und die der Erde – in genau dem Ausmaß, das erforderlich sei, um ein Nullresultat zu erhalten. Danach hätten sich also die beiden Lichtstrahlen in Cleveland tatsächlich mit zwei unterschiedlichen Geschwindigkeiten bewegt, was die Messung ihrer von vielen Spiegeln reflektierten Reise auch gezeigt hätte, hätte sich das Versuchsgerät nicht gerade weit genug zusammengezogen, um den Unterschied aufzuheben. Lorentz' Schlussfolgerung lautete: »Man hätte sich sonach vorzustellen, daß die Bewegung eines festen Körpers, etwa eines Messingstabs, oder der bei späteren Versuchen benutzten Steinplatte, durch den ruhenden

Äther hindurch einen Einfluß auf die Dimensionen habe, der, je nach Orientierung des Körpers in bezug auf die Richtung der Bewegung verschieden ist.«

»Man brauchte eine Erklärung dafür; man fand sie; man findet eine solche immer; an Hypothesen ist niemals Mangel«, schrieb der französische Mathematiker und Philosoph Henri Poincaré 1902 in seinem Buch *Wissenschaft und Hypothese* über Lorentz' Erklärungsversuch. Lorentz selbst sah es nicht viel anders. Als er zwei Jahre später eine mathematische Grundlage für seinen Entwurf vorschlug, äußerte er sich höchst skeptisch über die Erfolgsaussichten des ganzen Unterfangens: »Sicherlich ist es etwas künstlich, für jedes neue Versuchsergebnis eine spezielle Hypothese zu entwickeln.«

Wie andere Physiker seiner Zeit suchte Einstein nach einer Möglichkeit, den Äther zu beschreiben, wie ja auch der etwas altkluge Aufsatz gezeigt hatte, den er 1895 seinem Onkel geschickt hatte. Und wie die Physiker seiner Zeit suchte Einstein auch nach einer Möglichkeit, den Äther nachzuweisen. Während seines zweiten Studienjahrs, 1897/98, schlug er ein Experiment vor. Später erinnerte er sich: »Ich dachte über das folgende Experiment mit zwei Thermoelementen nach. Zwei Spiegel werden so justiert, daß Licht von einer einzigen Quelle in zwei unterschiedliche Richtungen reflektiert wird, die eine parallel zur Bewegung der Erde und die andere antiparallel, also entgegengesetzt. Wenn wir annehmen, daß die Energie der beiden reflektierten Strahlen einen Unterschied aufweisen müßte, können wir diesen Unterschied durch die in den beiden Thermoelementen entstehende Wärme messen.« Mit anderen Worten: Es handelt sich mehr oder weniger um das Michelson-Morley-Experiment – obwohl die Nachricht über diesen zehn Jahre zurückliegenden Versuch allenfalls indirekt zu Einstein gedrungen ist. Auf jeden Fall hat der Professor, an den er sich wandte, den Vorschlag

»stiefmütterlich« behandelt, wie Einstein in einem Brief bitterlich beklagte. Während einer kurzen, aber intensiven Zeit der Stellensuche im Jahr 1901, nach Beendigung des Studiums, aber noch bevor er die Stellung am Patentamt sicher hatte, schlug Einstein einem zugänglicheren Professor an der Universität Zürich »zur Erforschung der Relativbewegung der Materie gegen den Lichtäther eine erheblich einfachere Methode« vor. Dieses Mal war es Einstein, der einen Rückzieher machte. Einem Freund schrieb er: »Wenn mir nur einmal das unerbittliche Schicksal die zur Ausführung nötige Zeit und Ruhe gibt!«

Wie einige andere Physiker der Zeit begann sich Einstein sogar zu fragen, welchem Zweck der Äther eigentlich diente. Welchem Zweck er *vermeintlich* diente, war klar. Die Physiker hatten auf die Existenz des Äthers geschlossen, um die Entdeckung der Lichtwellen mit den Gesetzen der Mechanik zu vereinbaren. Wenn die Geschehnisse im Universum allein dadurch bestimmt wurden, dass Materie unmittelbar benachbarte Materie bewegte, in einer endlosen, ursächlich verknüpften Folge von Kollisionen – wie Kugeln auf einem Billardtisch, so ein damals gebräuchlicher Vergleich –, dann diente der Äther als der notwendige Stoff, der die Ausbreitung der Lichtwellen durch das riesige und ansonsten leere All ermöglichte. Die Aussage aber, der Äther sei die Substanz, an der entlang sich elektromagnetische Wellen zu bewegen hätten, da sich elektromagnetische Wellen *an irgendetwas* entlangbewegen müssten, war unbefriedigend, weil zirkulär. Während dieser Zeit schrieb Einstein in einem Brief an Mileva Maric, die Kommilitonin, die später seine erste Frau wurde: »Die Einführung des Begriffs ›Äther‹ in die Elektrizitätstheorien führte zur Vorstellung eines Mediums, von dessen Bewegung man meines Erachtens sprechen kann, ohne mit dieser Aussage eine physikalische Bedeutung zu verbinden.«

Das Problem des Äthers nahm sehr vertraute Züge an. In gewisser Weise handelte es sich um das gleiche Problem, das die Physik seit Beginn der Neuzeit drei Jahrhunderte zuvor heimsuchte: Raum. Um genau zu sein, absoluten Raum – ein Bezugssystem, relativ zu dem man, theoretisch, die Bewegung aller Materie im Universum messen kann.

Über weite Strecken der Menschheitsgeschichte wäre ein solcher Begriff mehr oder weniger bedeutungslos gewesen – oder zumindest überflüssig. Solange die Erde unbewegt im Mittelpunkt des Universums ruhte, war der Mittelpunkt der Erde der naturgegebene Ort, auf den irdische Objekte zufallen mussten. Und genau das taten die irdischen Objekte, wie Aristoteles in seiner umfassenden Physik dargelegt hatte. Eine bewegte Erde dagegen bot ganz andere Bedingungen, die – wie Galilei erkannte – auch ganz andere Erklärungen verlangten.

Nikolaus Kopernikus hat zwar nicht als Erster behauptet, dass die Erde die Sonne umkreist und nicht umgekehrt, doch die Mathematik in seiner Abhandlung *De revolutionibus orbium coelestium* (»Sechs Bücher über die Umläufe der Himmelskörper«) aus dem Jahr 1543 hatte den Vorteil, umfassend und sogar nützlich zu sein – beispielsweise, um die Kalenderreform des Jahres 1582 durchzuführen. Trotzdem hatten viele Naturforscher ihre Schwierigkeiten mit der heliozentrischen These: Entweder glaubten sie sie wirklich nicht oder hielten es für politisch unklug, sie zu glauben. Galilei hingegen fiel es nicht nur leicht, an sie zu glauben, sondern er erkannte im Laufe der Zeit auch, dass sie richtig sein musste, weil er den Beweis mit eigenen Augen erblickt hatte – durch ein neues Instrument, das ferne Objekte nah erscheinen ließ. Sein Beweis waren nicht die Gebirge auf dem Mond, die er im Herbst 1609 als erster Mensch sah, obwohl sie eine andere sehr alte Überzeugung widerlegten: die physikalische Vollkommenheit der Himmelskörper; auch nicht der Anblick von viel mehr Sternen, als mit bloßem Auge sichtbar waren, obwohl daraus folgte, dass das zweidimensionale Himmelsgewölbe der Alten noch eine dritte Dimension besaß; noch nicht einmal seine Entdeckung aus dem Januar 1610, wonach Jupiter umgeben ist von »vier Wandelsternen ...«, die keinem unserer Vorfahren bekannt waren und von keinem beobachtet worden sind«, denn sie bewiesen lediglich, dass die Erde nicht als einziger Himmelskörper Monde besitzt, also ein Rotationszentrum ist. Letztlich entscheidend für Galilei waren die Venusphasen. Von Oktober bis Dezember 1610 wachte Galilei die Nächte durch, um zu beobachten, wie sich die Venus von »einer runden und sehr kleinen Form« zu einem »sehr viel größeren Halbkreis« und schließlich zu einer »sehr großen Sichelform« wandelte – was genau jener Abfolge von Erscheinungsformen entsprach, die der Planet annehmen würde, wenn er auf einer Kreisbahn von einem Punkt hinter der Sonne zu einem Punkt vor ihr wanderte und sich gleichzeitig der Erde annäherte.

Allerdings bewies Galilei mit der Entdeckung der Venusphasen nicht endgültig, dass die Sonne wirklich den Mittelpunkt des Universums bildet. Er widerlegte damit noch nicht einmal eindeutig, dass die Erde sich im Mittelpunkt des Universums befindet. Der Umstand, dass Venus zufällig um die Sonne kreist, schließt nicht notwendig aus, dass sich die Sonne selbst in einer Umlaufbahn um die Erde befinden kann. Doch eine solch rabulistische Interpretation des Kosmos – eine von der Venus umkreiste Sonne, die ihrerseits die Erde umkreist – besaß keinen anderen Vorzug, als dass sie die Zentralstellung der Erde im Universum mit allen Mitteln verteidigte. In einem Brief, den er im Januar 1612 schrieb und im folgenden Jahr veröffentlichte, erklärte Galilei schließlich, seiner Sache ziemlich sicher: »Venus läuft um die Sonne, genauso, wie es Merkur und die anderen Planeten auch tun« – eine Kategorie, in die er fortan mit einer Selbstverständlichkeit, die schon an Sorglosigkeit grenzte, auch die Erde einschloss.

Eine Erde, die sich kreisend durch das All bewegte, verlangte allerdings nicht nur eine Revision der religiösen Überzeugungen. Sie verlangte auch neue Interpretationen alter physikalischer Daten – eine neue Physik. Galilei selbst nahm eine solche Interpretation vor und veröffentlichte sie 1632 unter dem Titel *Dialog über die beiden hauptsächlichen Weltsysteme*. Galilei wusste, dass er, wenn er das kopernikanische Weltbild vertrat, einige Phänomene erklären musste, die im aristotelischen Weltbild keiner weiteren Erklärung bedurften. Genau genommen musste er das *Fehlen* bestimmter Phänomene erklären: Wenn sich die Erde drehte und diese rotierende Erde die Sonne umkreiste, wie Kopernikus behauptete, würden dann nicht Vogelschwärme auseinander gerissen, Kanonkugeln aus ihrer Bahn geschleudert und selbst einfach Steine, die man aus bescheidener Höhe fallen ließ, weit von ihrem Ausgangspunkt abgetrieben, wie bei der Mehrfachbewegung des Planeten zu erwarten wäre?

Nein, sagte Galilei. Und er erklärte, warum. Er forderte Sie, seinen Leser, auf, sich vorzustellen, Sie stünden am Kai und betrachteten ein Schiff, das im Hafen vor Anker liegt. Wenn nun jemand von der Spitze des Schiffsmastes einen Stein fallen lässt, wo wird er landen? Ganz einfach: Am Fuß des Mastes. Stellen Sie sich nun vor, das Schiff bewegt sich draußen im Wasser mit gleichmäßiger Geschwindigkeit durch Ihr Gesichtsfeld, während Sie es vom Kai aus beobachten. Wenn der Mann im Mastkorb wieder einen Stein fallen lässt, wo wird er nun landen? Am Fuß des Mastes oder ein Stück weiter zurück, hinter dem Mast – ein Stück, das der Entfernung entspricht, die das Schiff in dem Zeitraum zwischen dem Loslassen des Steins und seinem Aufschlag auf Deck zurückgelegt hat?

Die intuitive, aristotelische Antwort lautet: ein kleines Stück zurück. Die richtige – und, wie Galilei meinte, kopernikanische – Antwort lautet: am Fuß des Mastes, weil die Bewegung des

Schiffes und die Bewegung des Steins zusammen eine *einzige Bewegung* darstellen. Aus der Sicht des Mannes im Ausguck könnte die Bewegung des Steins *allein* als senkrechter Fall erscheinen – als eine Bewegung jener Art, die laut Aristoteles ein Stein ausführen würde, der bestrebt wäre, wieder seinen natürlichen Zustand im Universum anzunehmen. So weit, so gut. Diesen Eindruck müsste jemand haben, der auf dem in gleichmäßiger Bewegung befindlichen Schiff stünde und davon überzeugt wäre, dass die Erde unbewegt ist. Dieser Mensch empfände weder die Bewegung der Erde noch die Bewegung des Schiffes und würde daher nur die Bewegung des Steins berücksichtigen. Doch für Sie, der Sie das Ganze vom Kai aus beobachten, würde sich der Stein *und* das Schiff bewegen, und *zusammen* würden diese Bewegungen ein einziges System in Bewegung bilden. Ihnen erschiene die Bewegung des Steins, der dem Deck entgegenstürzt, nicht als senkrechter Fall – ganz und gar nicht als eine aristotelische Rückkehr in seinen Naturzustand –, sondern als eine schräge Bewegung. Die Bahn des Steins zu zeichnen, die Sie vom Kai aus beobachten, wäre eine einfache geometrische Übung.

Und umgekehrt. Wenn stattdessen Sie, der Beobachter am Kai, den Stein fallen ließen, erschiene Ihnen die Bewegung des Steins relativ zur Erde senkrecht, weil Sie *allein* die Bewegung des Steins berücksichtigen würden. Und genau das tat Aristoteles nämlich: Er begnügte sich damit, die Bewegung des Steins zu berücksichtigen. Doch vom Standpunkt des Mannes im Mastkorb des Schiffes im Hafen, der Sie am Kai beobachtet und *sowohl* die Bewegung des Steins *als auch* die scheinbare Bewegung des Kais berücksichtigt, verliefe die Bahn des fallenden Steins schräg.

Da haben wir es: ein Relativitätsprinzip. Keiner der Beobachter hätte das Recht, von sich zu behaupten, er befinde sich in absoluter Ruhe. Der Beobachter an Bord könnte erklären, das Schiff verlasse den Kai, und mit gleicher Berechtigung, der Kai verlasse das Schiff. Statt im Mittelpunkt des Kosmos zu ruhen, war unsere Stellung in der neuen Physik das genaue Gegenteil: niemals in Ruhe. Nach Galilei ist alles im Universum relativ zu etwas anderem in Bewegung – Schiffe relativ zu Kais, Monde zu Planeten, Planeten zur Sonne, die Sonne (wie die Astronomen Ende des 18. Jahrhunderts herausfinden sollten) zu den so genannten Fixsternen, diese so genannten Fixsterne (wie die Astronomen Mitte des 19. Jahrhunderts herausfinden sollten) zueinander und möglicherweise unser gesamtes riesiges Sternensystem (wie die Astronomen an der Wende zum 20. Jahrhundert herauszufinden suchten) zu anderen riesigen Sternensystemen.

Solange man nicht den Äther einbezog. Schon aus diesem Grund hatte der Äther – wie Einstein bereits als Halbwüchsiger erkannte – etwas Anstößiges. Nicht lange nachdem er den Äther-Aufsatz geschrieben hatte, den er an seinen Onkel geschickt hatte, streifte Einstein auf dem Gelände seiner Schule im schweizerischen Aarau umher und fragte sich, was mit Galileis Relativitätsbegriff wäre, wenn es einen absoluten Raum gäbe. Befänden Sie sich auf Galileis Schiff, aber unter Deck, in einer geschlossenen Kabine, könnten Sie nicht entscheiden, ob Sie sich relativ zum Kai oder zu irgendetwas anderem im Universum, das sich nicht mit Ihnen bewegte, in Ruhe oder in Bewegung befänden. Würde sich das Schiff aber mit Lichtgeschwindigkeit durch den Äther bewegen, könnten Sie das sehr wohl feststellen. Sie würden wissen, dass *Sie* derjenige wären, der mit Lichtgeschwindigkeit reist – und beispielsweise nicht jemand auf dem Kai –, weil das Licht um Sie herum in Ruhe wäre.

Zu Beginn des 20. Jahrhunderts tat Einstein nur, was auch andere zeitgenössische Physiker taten. Er dachte darüber nach, wie man den Äther mittels der Mathematik definieren könnte und wie er sich durch Experimente nachweisen ließe. Er begann sogar Zweifel zu hegen, ob die Physik wirklich einen Äther brauchte. Dann aber, eines Nachts im Mai 1905, tat Einstein, was noch kein anderer Physiker seiner Zeit getan hatte. Er dachte darüber nach, ob man nicht auf ganz neue Weise über das Problem nachdenken könnte.

Einstein hatte den Abend mit Michele Besso verbracht, einem langjährigen Freund aus seiner Studienzeit und am Patentamt. Die beiden hatten, wie so oft in ihrer Freizeit, über physikalische Probleme gesprochen. In den vorangegangenen drei Jahren war Einstein nach Bern gezogen, hatte geheiratet und war Vater zweier Kinder geworden (eines außerehelich, das Mileva und er zur Adoption freigaben). Doch die ganze Zeit über hatte er sich mit den drängendsten Fragen der zeitgenössischen Physik befasst, häufig in Gesellschaft von Besso, seinem »Resonanzboden« im Patentamt. An besagtem Abend hatte sich Einstein ausdrücklich mit dem Wunsch an Besso gewandt, sich gemeinsam mit ihm an einem Problem zu versuchen, das ihn in den letzten zehn Jahren immer wieder beschäftigt hatte. Nach einer lebhaften Diskussion kehrte Einstein nach Hause zurück, wo er mit einem Male verstand, was bislang von ihm und allen anderen Physikern, die sich bislang mit der Frage beschäftigt hatten, übersehen worden war.

Am folgenden Tag begrüßte er Besso mit den Worten: »Ich danke dir, das Problem habe ich vollständig gelöst.« Das Problem mit dem geläufigen Bild des Universums sei demnach nicht der absolute Raum – oder zumindest nicht *nur* der absolute Raum –, sondern die absolute Zeit.

»Wenn ich z. B. sage: ›Jener Zug kommt hier um 7 Uhr an‹, so heißt dies etwa: ›Das Zeigen des kleinen Zeigers meiner Uhr auf 7 und das Ankommen des Zuges sind gleichzeitige Ereignisse.‹« Dieser Satz findet sich ziemlich am Anfang des Aufsatzes *Zur Elektrodynamik bewegter Körper*, den Einstein sechs Wochen später abschloss und bei der Zeitschrift *Annalen der Physik* einreichte. Die kühne Einfachheit dieses Satzes, die fast an Einfältigkeit grenzt, täuscht, denn mit dieser Beschreibung einer denkbar schlichten Beobachtung – man möchte sie einem Achtjährigen zutrauen – verwies Einstein auf einen Punkt, der bis dahin von allen Forschern übersehen worden war: Die »Zeit« ist nicht universell oder absolut, sie ist nicht manchmal universell und manchmal lokal oder relativ, sie ist *immer* lokal.

Der Schlüssel war die Lichtgeschwindigkeit. Der Umstand, dass die Lichtgeschwindigkeit nicht unendlich ist, wie Aristoteles, Descartes und so viele andere Naturforscher im Laufe der Jahrtausende angenommen hatten, war seit Ende des 17. Jahrhunderts allgemein bekannt. Man wusste sogar ihren ungefähren Wert. 1676 hatte der dänische Astronom Ole Rømer anhand der Daten, die das Ergebnis jahrelanger Beobachtungen an der Pariser Sternwarte waren, herausgefunden, dass die Finsternisse des innersten Jupitermondes zeitlich davon abhängen, wo sich Jupiter auf seiner Bahn relativ zur Erde befindet. Die Finsternisse erfolgen früher, wenn die Erde Jupiter am nächsten steht, woraus sich schließen lässt, dass die Finsternisse nicht im selben Augenblick stattfinden, da wir sie sehen. *Wann wir sie sehen*, hängt also davon ab, *wo sie sich ereignen*, davon, ob sie sich näher oder ferner ereignen. »Das kann nur bedeuten, dass das Licht Zeit für die Übertragung im All benötigt«, schloss Rømer – 225 000 Kilometer pro Sekunde, nach den besten Schätzungen der damaligen Zeit.

Die Kombination dieser beiden Faktoren – dass die Lichtgeschwindigkeit unvorstellbar hoch war und dass die Lichtgeschwindigkeit offenkundig endlich war – nahm jedoch erst hundert Jahre später eine buchstäblich astronomische Dimension an. In den 1770er Jahren begann Friedrich Wilhelm Herschel (jener Astronom, der auch die Bewegung der Sonne relativ zu den Fixsternen entdeckte) das so genannte Himmelsgewölbe systematisch zu erkunden – das Sternenzelt, von dem die Astronomen seit Galilei wussten, dass es eine dritte Dimension haben müsse, das sie sich aber trotzdem nur als zweidimensionale Fläche vorzustellen vermochten. Mit seinen Teleskopen, die den höchsten technischen Stand der Zeit verkörperten, dehnte Herschel seine Beobachtungen auf Sterne aus, die sich in immer größeren Tiefen des Himmels, in immer größeren Entfernungen von der Erde, befanden oder die – da die Geschwindigkeit des Lichts, das uns von den Sternen erreicht, endlich ist, da es *Zeit braucht*, um in unser Auge zu gelangen – in immer fernerer Vergangenheit lagen. »Ich habe tiefer ins All geblickt als je ein Mensch zuvor«, erklärte Herschel staunend im Jahr 1813, bereits in hohem Alter. Er habe Sterne beobachtet, deren Licht nachweislich zwei Millionen Jahre brauche, um die Erde zu erreichen.

Doch selbst diese Entfernung erschien harmlos angesichts der Spekulationen, die einige Astronomen an der Schwelle zum 20. Jahrhundert anstellten. Falls sich einige verwischte Flecken, die sich mit den stärksten Teleskopen gerade noch wahrnehmen ließen, tatsächlich als Sternensysteme außerhalb des unseren erwiesen sollten – als andere »Inseluniversen«, die es an Größe und Masse mit unserer Milchstraße aufnehmen konnten –, dann sahen die Astronomen beim Blick in das uns entgegenströmende Sternenlicht nicht Herschels bislang unvorstellbare zwei Millionen Jahre weit in die Vergangenheit, sondern 200 Millionen oder sogar zwei Milliarden Jahre weit. Und so wanderten diese Gedanken über die Bedeutung des Lichts immer weiter nach außen und immer weiter in die Vergangenheit, wenn vielleicht auch nicht *ad infinitum*, so doch allem Anschein nach *ad absurdum*.

Diese Richtung kehrte Einstein um. Statt sich zu überlegen, was es bedeutete, immer weiter ins Universum und damit auch immer tiefer in die Vergangenheit zu blicken, versuchte er zu ergründen, was es hieß, in immer kürzere Entfernungen zu blicken und damit der Gegenwart immer näher zu kommen. Schauen Sie auf immer nähere Objekte, und Sie kommen, wie er erkannte, der

Gegenwart tatsächlich sehr nahe. Es gibt jedoch nur einen Ort, von dem Sie behaupten können, er *sei* die Gegenwart – und der ist dann auch nur *Ihre* Gegenwart.

Dank dieser Einsicht konnte Einstein den Zeitbegriff mit einer nie da gewesenen Unmittelbarkeit im räumlichen wie zeitlichen Sinne des Wortes fassen: hier und jetzt, das heißt das Ankommen des Zuges und die Zeiger auf einer Uhr. Da der Zug und die Zeiger der Uhr denselben Ort einnehmen, nehmen sie auch dieselbe Zeit ein. Für einen Beobachter, der unmittelbar neben dem Zug steht, ist diese Zeit definitionsgemäß die Gegenwart: sieben Uhr. Doch jemand an einem anderen Ort, der die Ankunft desselben Zuges beobachtet, das heißt jemand in einer gewissen Entfernung, der das Bild des Zuges empfängt – das Bild, das mittels elektromagnetischer Wellen mit Lichtgeschwindigkeit, also einer unvorstellbar hohen, *aber nicht unendlichen* Geschwindigkeit von der Oberfläche der Lokomotive zu den Augen dieses zweiten Beobachters gelangt ist –, wäre demnach nicht in der Lage, die Ankunft des Zuges gleichzeitig mit dem ersten Beobachter wahrzunehmen. Würde Licht sich instantan, unmittelbar, ausbreiten – wäre die Lichtgeschwindigkeit tatsächlich unendlich –, würden die beiden Beobachter die Ankunft des Zuges tatsächlich gleichzeitig wahrnehmen. Und tatsächlich könnte es *durchaus scheinen*, als wäre dies der Fall, besonders wenn der andere Beobachter (den modernen Wert der Lichtgeschwindigkeit, also 299 792 Kilometer pro Sekunde, zugrunde gelegt) an einer Straßenecke steht, die rund zwei Millionstel Lichtsekunden entfernt ist (die Entfernung, die das Licht in zwei Millionstelsekunden zurücklegt, also rund 600 Meter), statt sich, was sehr viel eindeutiger wäre, in der Nähe eines zwei Millionen Lichtjahre (19 Trillionen Kilometer) entfernten Sterns zu befinden. Gewiss, wären Sie der Beobachter an der Straßenecke in derselben Stadt und blickten Sie einen Hügel hinab auf eine Lokomotive, die langsam in den Bahnhof einführe, würde sich die Ankunft des Zuges am Bahnsteig für Sie praktisch zum gleichen Zeitpunkt ereignen wie für den Beobachter auf dem Bahnsteig. Tatsächlich vollzieht sie sich aber in Ihrer Vergangenheit. Nun war Einstein nicht der Einzige, der erkannte, welche Bedeutung die Lichtgeschwindigkeit für den Zeitbegriff besitzt. Schon anderen Physikern und Philosophen war aufgefallen, dass sich im Begriff der Gleichzeitigkeit ein Paradox verbirgt – dass sich nämlich für zwei Beobachter der Unterschied in der Entfernung als Unterschied in der Zeit darstellen muss. In einem Punkt aber ging Einstein auch über die radikalsten seiner Zeitgenossen hinaus: Er sah in dem besonderen Charakter der Lichtgeschwindigkeit einen möglicherweise entscheidenden Aspekt.

Aufschluss gab die Mathematik. 1821 hatte der britische Physiker Michael Faraday beschlossen, Berichte vom europäischen Kontinent über das Verhalten von Elektrizität und Magnetismus zu überprüfen, indem er einen Magneten auf einen Tisch in seinem Kellerlabor legte und einen elektrischen Impuls durch einen darüber hängenden Draht schickte. Der Draht begann herumzuwirbeln, als wenn die Elektrizität Funken nach unten sprühte und der Magnetismus nach oben wirkte. Tatsächlich handelte es sich um den ersten Dynamo, die Erfindung, welche die industrielle Revolution für den Rest des Jahrhunderts antreiben sollte, und das Produkt, das Einsteins eigener Vater und Onkel später in ihrem Familienunternehmen herstellten. Doch erst in den 1860er Jahren gelang es dem schottischen Physiker James Clerk Maxwell, Faradays Entdeckung in eine mathematische Form zu fassen, in eine Reihe von Gleichungen mit unabsehbaren Konsequenzen. Elektromagnetische Wellen breiten sich mit der gleichen Geschwindigkeit wie das Licht aus (und *sind* daher, wie Maxwell vorhersagte, auch Licht): 299 792 Kilometer pro Sekunde im Vakuum. Und was bedeutete das? Dass es *mehr* als 300 000 Kilometer pro

Sekunde wären, wenn Sie sich von der Lichtquelle entfernten, beziehungsweise weniger als 300 000 Kilometer pro Sekunde, wenn Sie sich der Lichtquelle näherten? Ja – nach Newtons Mechanik. Doch die Lichtgeschwindigkeit *schien sich nie zu verändern.*

Betrachten wir einen Planeten, der rotiert; einen rotierenden Planeten, der die Sonne umkreist; einen rotierenden Planeten, der eine Sonne umkreist, die sich ihrerseits relativ zu anderen Sternen bewegt, die sich bezüglich einander bewegen. In einem solchen System, das sich, wie Kopernikus, Galilei, Newton, Herschel und viele andere Astronomen, Mathematiker, Physiker und Philosophen so überzeugend nachgewiesen hatten, niemals in Ruhe befindet und sich *daher auch relativ zu einer außerhalb seiner selbst liegenden Lichtquelle nicht in Ruhe befinden kann,* schien die Antwort auf die Frage, wie hoch die Lichtgeschwindigkeit sei, stets gleich zu lauten. So wie die aristotelischen Philosophen beim Fallen eines Steins an Bord eines Schiffes die Bewegung des Schiffes übersehen hatten, so hatten möglicherweise mehrere Generationen galileischer Physiker die Eigenschaften des Elektromagnetismus übersehen. Vielleicht musste man die Bewegung des Steins, die Bewegung des Schiffes *und* die Bewegung des Mediums berücksichtigen, durch das man beides wahrnahm. Vielleicht bildeten *diese* drei Elemente zusammen ein einziges System in Bewegung.

Einige Jahre zuvor hatte Einstein von seinem Freund Besso Ernst Machs Buch *Die Mechanik in ihrer Entwicklung* erhalten. Diese Schrift hatte, wie Einstein später erinnerte, »einen tiefen Einfluß auf mich als Student ausgeübt«, weil sie »die Mechanik als die endgültige Basis alles physikalischen Denkens« in Frage gestellt hatte. Mach ging es nicht um die Frage, ob die Mechanik sich während der letzten 200 Jahre bei der Aufgabe bewährt hatte, die Bewegungen der Materie zu beschreiben. Natürlich hatte sie das. Es ging ihm noch nicht einmal um die Frage, ob die Mechanik alle Probleme des physikalischen Universums lösen konnte, wie die Kelvins dieser Welt es unermüdlich zu beweisen trachteten. Für Mach war vielmehr entscheidend – und das war auch der Kernpunkt seines Einwands gegen die Newtonsche Mechanik –, dass sie einige Fragen aufwarf, die sie nicht beantworten konnte. Beispielsweise die Frage des absoluten Raums, dessen Existenz erforderlich ist, um absolute Bewegungen zu messen: Bei genauerem Hinsehen erwies sich Newtons Definition des absoluten Raums als genauso zirkulär wie die herrschende Definition des Äthers. »Die absolute Bewegung«, hatte Newton geschrieben, »ist die Fortbewegung eines Körpers von einem absoluten Ort zu einem absoluten Ort.« Und was ist ein Ort? »Ort ist derjenige Teil des Raumes, den ein Körper einnimmt, und er ist je nach dem Verhältnis des Raumes entweder absolut oder relativ.« Und was ist dann der absolute Raum? »Der absolute Raum, der aufgrund seiner Natur ohne Beziehung zu irgendetwas außer ihm existiert, bleibt sich immer gleich und unbeweglich.« Newton sah einige kritische Einwände voraus. »Die wahren Bewegungen der einzelnen Körper zu erkennen und von den scheinbaren durch den wirklichen Vollzug zu unterscheiden, ist freilich sehr schwer, weil die Teile jenes unbeweglichen Raumes, in dem die Körper sich wirklich bewegen, nicht sinnlich erfahren werden können. Die Sache ist dennoch nicht gänzlich hoffnungslos«, beruhigt er den Leser, »denn man kann Beweise dafür teils aus den scheinbaren Bewegungen finden, die die Differenzen zwischen wirklichen Bewegungen sind, teils aus den Kräften, die die Ursachen und die Wirkungen der wirklichen Bewegungen sind.« Und was sind diese wahren beziehungsweise absoluten Bewegungen? Siehe oben.

»Wir stimmen dem mit Recht hochberühmten Physiker W. Thomson (Lord Kelvin) in der Verehrung und Bewunderung Newtons bei«, schrieb Mach 1883. »Sir W. Thomsons Ansicht aber, daß die Newtonschen Aufstellungen auch heute noch das Beste und Philosophischste seien, was man geben könne, ist uns schwer verständlich.« Dabei schlug Mach keine Alternative zu Newtons Mechanik vor, er war noch nicht einmal der Meinung, dass die Physik eine Alternative brauche. Vielmehr wollte er seine physikalischen Kollegen lediglich daran erinnern, dass die Mechanik, nur weil sie »das historisch Ältere« sei, nicht auch historisch das letzte Wort haben müsse. Das war das Argument, das an dem »dogmatischen Glauben rüttelte«, den Einstein in die Mechanik als die alleinige Basis der physikalischen Welt setzte. Jetzt, im Mai 1905, war es dieses Argument, das Einstein zu der Frage veranlasste, ob Mechanik und Elektromagnetismus möglicherweise *zusammen* ein Relativitätsprinzip begründen, ob eine Synthese dieser beiden Systeme tatsächlich der historisch *nächste* Schritt sein könnten.

Er versuchte es. Zunächst stellte Einstein die These auf, dass Elektrodynamik und Optik ebenso wenig wie Newtons Mechanik Beobachter auf einem Kai oder einem Schiff in die Lage versetzen könnten, sich als die absolut ruhenden Beobachter anzusehen. »Wir wollen diese Vermutung (deren Inhalt im folgenden ›Prinzip der Relativität‹ genannt werden wird) zur Voraussetzung erheben«, schrieb er im zweiten Absatz seines Aufsatzes. Dann akzeptierte er die Konstanz der Lichtgeschwindigkeit im leeren Raum als eine weitere Voraussetzung – ein zweites Postulat: dass die Lichtgeschwindigkeit in einem Vakuum immer gleich, also eine »vom Bewegungszustande des emittierenden Körpers unabhängige Geschwindigkeit« sei.

Und das war es. Es genügte. Einstein verfügte damit über zwei sich gegenseitig verstärkende und »nur scheinbar unverträgliche Voraussetzungen«: ein Relativitätsprinzip, das ihm gestattete, auf dem Schiff und auf dem Kai Experimente von gleicher Gültigkeit durchzuführen, und ein Konstanzprinzip, welches die

Voraussetzung dafür schuf, dass sich das Schiff (oder auch der Kai) der Lichtgeschwindigkeit annähert, ohne dass sich das Licht an Bord (oder auf dem Kai) – einschließlich der elektromagnetischen Wellen, welche die Bilder von den Objekten zu unseren Augen transportieren – bis zum Stillstand verlangsamt und so offenbart, ob das Schiff (oder der Kai) das »wirklich« bewegte Objekt ist. Daher versprach Einstein seinen Lesern in demselben zweiten Absatz, die »Einführung eines ›Lichtäthers‹« werde sich »als überflüssig erweisen«, denn »nach der zu entwickelnden Auffassung« sei kein »mit besonderen Eigenschaften ausgestatteter ›absolut ruhender Raum‹« erforderlich.

Der Rest war Oberstufenalgebra. Nehmen wir an, Sie stehen am Kai und beobachten unser altes galileisches Schiff, das nach all den Jahrhunderten immer noch in Landnähe vor Anker liegt. Nehmen wir weiterhin an, das Schiff liegt vollkommen bewegungslos im Wasser. Stellen Sie sich schließlich vor, dass jemand an Bord keinen Stein, sondern ein Lichtsignal fallen lässt – indem er einen Lichtstrahl von der Mastspitze zum Deck aussendet. Wenn Sie die Zeit dieses einfachen Ereignisses messen und ein Ergebnis von, sagen wir, einer Sekunde erhalten, wissen Sie, dass der Abstand zwischen der Mastspitze und dem Deck der Entfernung entsprechen muss, die das Licht in einer Sekunde zurücklegt, also einer Entfernung von 299 792 Kilometern. (Es handelt sich um ein großes Schiff.)

Die Schwierigkeiten beginnen, wie zu Galileis Zeiten, sobald das Schiff den Anker lichtet und Segel setzt. Nehmen wir an, es bewegt sich mit gleichbleibender Geschwindigkeit durch Ihre Sichtlinie. Was sehen Sie von Ihrem Standpunkt auf dem Kai, wenn der Mann im Ausguck ein zweites Lichtsignal in der gleichen Weise wie das erste aussendet? Die aristotelische Antwort: einen Lichtstrahl, der sich direkt auf den Mittelpunkt der Erde zubewegt und daher in einem bestimmten Abstand vom Fuß des

Mastes auf Deck auftrifft, je nachdem, welche Strecke das Schiff zurückgelegt hat, während das Signal unterwegs war. Die galileische Antwort: einen Lichtstrahl, der sich direkt auf den Mastfuß zubewegt – was auch der einsteinschen Antwort entspricht. Aus Ihrer Sicht hat sich der Fuß des Mastes während der Reise des Lichtstrahls unter der Mastspitze fortbewegt – genauso, wie er es tat, als der Stein fiel. Mit anderen Worten, die Strecke, die das Licht zurücklegte, hat sich aus Ihrer Sicht verlängert. Sie beträgt nicht mehr 299 792 Kilometer, sondern mehr.

Wie viel mehr lässt sich leicht dadurch herausfinden, dass man misst, wie lange der Strahl für seine Reise gebraucht hat – und das ist der Punkt, an dem Einsteins Interpretation von der galileischen abzuweichen beginnt. Was ist Geschwindigkeit? Nichts als Entfernung geteilt durch Zeit, egal ob Zentimeter durch – oder, wie wir umgangssprachlich sagen, *pro* – Tag, Kilometer pro Stunde oder Meilen pro Sekunde. Wenn wir aber Einsteins zweites Postulat akzeptieren, so ist die fragliche Geschwindigkeit nicht nur hier 299 792 Kilometer pro Sekunde. Dann beträgt sie *immer* 299 792 Kilometer pro Sekunde. Sie ist konstant – mithin eine *Konstante*. In der Gleichung »Geschwindigkeit gleich Entfernung durch Zeit« steht diese Konstante auf der einen Seite des Gleichheitszeichens, unwandelbar und ewig gleich. Auf der anderen Seite des Gleichheitszeichens stehen die Teile der Gleichung, die sich verändern *können*, die Variablen: Entfernung und Zeit, ausgedrückt in Kilometern und Sekunden. Sie können beliebig vielen Verwandlungen unterworfen sein, solange ihre Division 299 792 Kilometer pro Sekunde ergibt oder entsprechende Werte: 599 584 Kilometer pro zwei Sekunden, 899 376 Kilometer pro drei Sekunden, 2 997 920 Kilometer pro zehn Sekunden und so fort. Wenn man die Entfernung verändert, muss man auch die Zeit verändern.

Man muss die Zeit verändern.

Genau das hatte man aber mehr als zwei Jahrhunderte lang nicht getan. Doch an einem Maiabend des Jahres 1905 tat man es plötzlich, weil Einstein an diesem Abend, nachdem er das Problem mit seinem Freund Besso erörtert hatte, erkannte, dass er etwas berücksichtigen musste, was er bislang noch nicht bedacht hatte: die »nicht aufhebbare Beziehung zwischen Zeit und Signalgeschwindigkeit«. Die Zeit erwies sich als Variable, für die verschiedene Werte gemessen werden, je nachdem, wo man sich befindet. Für einen Beobachter auf dem Kai *musste* das zweite Lichtsignal länger als eine Sekunde dauern. Doch bei einem Beobachter auf dem Schiff würde das zweite Lichtsignal den Eindruck erwecken, es täte genau das, was das erste Signal tat, als das Schiff noch ruhig vor Anker lag, nämlich mit 299 792 Kilometern pro Sekunde in gerader Linie zum Mastfuß hinabzufahren. Für den Beobachter in der Ferne hat sich der Abstand zwischen einem Signal und dem nächsten verändert und damit auch die benötigte Zeit. Der Beobachter an Bord misst eine Sekunde, während Sie auf dem Kai, je nach der Geschwindigkeit, die das Schiff im Wasser hat, zwei, drei oder mehr Sekunden zählen. Aus diesem Grund könnten Sie mit Fug und Recht behaupten, dass die Uhren an Bord des Schiffes langsam gehen. Und da ist es: ein *neues* Relativitätsprinzip.

Natürlich wäre ein solcher Effekt nur festzustellen, würde sich das Schiff mit einem erheblichen Bruchteil der Lichtgeschwindigkeit fortbewegen. Bei geringeren Geschwindigkeiten erzielt die galileische Interpretation ein hohes Maß an Genauigkeit. Wie Einstein später schrieb: »Sie liefert mit bewunderungswürdiger Schärfe die tatsächliche Bewegung der Himmelskörper.« Doch solange das Schiff sich *überhaupt* in Bewegung befindet, muss nach Einsteins Berechnungen die Entfernung, die das Licht auf seiner schrägen Bahn zurücklegt, größer sein als der einfache senkrechte Weg, den Sie sehen, wenn das Schiff sich relativ zu Ihnen in Ruhe befindet; daher muss auch die Zeit, die das Signal braucht, um diese Entfernung zurückzulegen, länger sein. Durch einen ähnlichen Gedankengang zeigte Einstein auch, dass bei einer Messung, die sein Beobachter in relativer Ruhe auf dem Kai vornimmt, ein Stab an Bord eines bewegten Schiffes in Bewegungsrichtung verkürzt ist, und zwar umso kürzer, je rascher sich das Schiff relativ zum Kai bewegt. Und umgekehrt: Jemand auf dem vermeintlich bewegten Schiff kann mit Fug und Recht *dieses* System als das in Ruhe befindliche ansehen und Sie und Ihr so genanntes Ruhesystem für dasjenige halten, dessen Dimensionen und Zeit verkürzt beziehungsweise verlangsamt erscheinen.

Welcher Beobachter hat also »Recht«? Der auf dem Schiff oder der auf dem Kai? Die Antwort: Beide – oder vielleicht genauer, jeder, je nachdem, wer die Messung vornimmt. Wie viel Zeit ist aber *wirklich* vergangen? Wie lang ist der Stab *wirklich*? Die Antwort lautet: Es gibt kein »wirklich« – keinen absoluten Raum, keinen Äther, relativ zu dem man die Bewegungen aller Materie im Universum messen könnte. Es gibt nur die relativen Bewegungen der beiden Systeme.

»Den Rest meines Lebens möchte ich damit zubringen, darüber nachzudenken, was Licht ist«, hat Einstein einmal gesagt. Wenn er Recht hatte, war das Universum kein Uhrwerk-Mechanismus, und seine Abläufe waren nicht nur von den sichtbaren Bewegungen der Materie bestimmt. Vielmehr war es elektromagnetisch und arbeitete nach bislang verborgenen Prinzipien. Im Grunde war es eher ein Kompass als eine Taschenuhr.

Nun war dieses neue Bild des Universums keineswegs vollständig. Einstein wusste sehr wohl, dass er lediglich die Messung von Objekten berücksichtigt hatte, die sich mit gleichförmiger, also unveränderlicher Geschwindigkeit bewegten – eine sehr spezielle Situation. Was er dagegen noch nicht berücksichtigt hatte, waren die Messungen von Objekten, die sich mit ungleichförmigen oder veränderlichen Geschwindigkeiten relativ zueinander bewegen – eine weit natürlichere Situation für das Universum so, wie wir es kennen.

Aber immerhin war es ein Anfang. In gewisser Weise unterschied sich Einsteins lichtzentriertes Universum physikalisch so grundlegend von dem, das er von Galilei geerbt hatte, wie dieses von dem, das Galilei von Aristoteles geerbt hatte. Doch genau wie Galilei wusste Einstein, dass seines richtig sein musste – auf jeden Fall richtiger als das, welches es ersetzte –, denn er hatte den Beweis dafür selbst gesehen, wenn auch nur vor seinem geistigen Auge.

Kapitel zwei
Mehr Dinge auf Erden

Hör zu.

Und der Junge hörte zu. Sein Vater hatte ihm etwas mitzuteilen. Hand in Hand gingen sie spazieren, wie sie es in letzter Zeit öfter taten, während der Vater versuchte, ihn etwas über das Leben zu lehren. Dieses Mal ging es in der Geschichte um einen Vorfall, den der Vater vor Jahren auf den Straßen der Stadt Freiberg (Příbor), dem Geburtsort des Jungen, erlebt hatte. Als junger Mann war der Vater in Gedanken versunken durch die Straßen geschlendert, als ein Fremder zu ihm trat und ihm mit einer raschen Bewegung die neue Pelzmütze vom Kopf schlug, ihn einen Juden schimpfte und aufforderte, das Trottoir zu verlassen. Aufmerksam hörte der Junge dem Vater zu, wie dieser die Szene schilderte, und fragte: Was hast du darauf getan? Ruhig antwortete der Vater, er sei einfach auf die Fahrbahn getreten und habe seine Mütze aufgehoben. Daraufhin gingen Vater und Sohn eine Zeit lang schweigend nebeneinanderher. Der Junge dachte über die Antwort nach. Er wusste, dass sein Vater versuchte, ihm klar zu machen, dass die Zeiten sich geändert hatten und dass die Juden jetzt besser behandelt wurden. Trotzdem dachte der Junge anders darüber. Rund dreißig Jahre später, als Sigmund Freud sich an diese Szene erinnerte, wusste er nicht mehr genau, ob er damals zehn oder zwölf gewesen war, doch der Eindruck, den ihm das Erlebnis vermittelt hatte, war ihm immer noch gegenwärtig. Trocken fasste er ihn zusammen: »Das schien mir nicht heldenhaft von dem großen starken Mann, der mich Kleinen an der Hand führte.«

Immerhin *ein* Eindruck. Zu der Zeit, als Freud diese Erinnerung zu Papier brachte, begann er zu verstehen, dass jede Deutung der Ereignisse dieses lange vergangenen Tages von vielen Dingen abhing: nicht nur davon, was der Mann zu sagen versuchte, sondern auch davon, was der Junge zu hören wünschte, oder davon, was er, mittlerweile selbst mehrfacher Vater, über seinen Vater oder sich selbst beziehungsweise über Väter und Söhne zu glauben wünschte. Mit anderen Worten, es hing von den Unwägbarkeiten menschlicher Denkprozesse ab. Nun war nicht unbedingt dieses Gespräch dafür verantwortlich (obwohl es nicht auszuschließen ist, wer weiß das schon?), dass Freud sich die menschlichen Denkprozesse in ihrer fundamentalsten Erscheinungsform zum Forschungsgegenstand aussuchte, das heißt die Nervenbahnen, auf denen sich Gedanken durch das Gehirn bewegen. Die Neuroanatomen in Freuds Generation zeichneten diese Bahnen so erfolgreich nach, dass sie, wie es ein zeitgenössischer Wissenschaftshistoriker formulierte, an die »Schwelle des Geistes« gelangt zu sein schienen.

Diese Schwelle war das Neuron. Freud selbst suchte danach und hielt Anfang der 1880er Jahre als junger Neuroanatom, der gerade sein Studium hinter sich hatte, sogar einen Vortrag vor der Wiener Gesellschaft für Psychiatrie über die eigenen Forschungsarbeiten, in denen er sich mit dem Aufbau des Nervensystems beschäftigte. Zwar ging es ihm bei der Gelegenheit nicht konkret um die Verbindungsstelle zwischen den Fasern zweier verschiedener Nervenzellen innerhalb des menschlichen Gehirns, doch gestattete er sich eine kurze Spekulation über die mögliche Form einer solchen Verbindung. Allerdings fügte er sogleich einsichtig hinzu: »Ich weiß, dass das vorliegende Material nicht ausreicht, um dieses wichtige physiologische Problem zu entscheiden.«

Während der folgenden zehn Jahre wandelte sich Freud vom zufriedenen Forscher, der seinen Eingebungen in einem Krankenhauslabor in Wien nachging, zum unsicheren Inhaber einer Privatpraxis, der versuchte, den Lebensunterhalt für seine Familie zu verdienen, dann zu einer unglücklichen Mischung aus beidem, das heißt zu jemanden, der seine Zeit zwischen Labor und Ordination aufteilte – zwischen der Theorie und Praxis der Medizin.

Doch selbst noch als praktizierender Arzt verfolgte Freud die Ergebnisse der neuroanatomischen Forschung, wie sie ihrem scheinbar unmittelbar bevorstehenden Abschluss entgegeneilte. Auch wenn jede Nervenzelle des Zentralnervensystems (ZNS) – also des Gehirns und des Rückenmarks – von jeder anderen isoliert war, wie Neurowissenschaftler zu Freuds Lebzeiten nachwiesen, musste sie doch eine Verbindung zu anderen ZNS-Nervenzellen herstellen. Wo aber war diese Verbindung? Man müsse nur diese spezifische Stelle entdecken, so meinten die Neuroanatomen in Freuds Generation, und dann hätte man endlich das letzte Teil des Puzzle Mensch gefunden.

Noch im ersten Viertel des 19. Jahrhunderts erschien dieses Puzzle unlösbar, was großenteils an den Grenzen des einzigen Instruments lag, das für eine solche Untersuchung zur Verfügung stand. Als Antoni van Leeuwenhoek und andere Naturforscher in den 1670er Jahren erstmals von den Dingen berichteten, die sie entdeckten, wenn sie irdische Objekte unter einem Mikroskop betrachteten, schien diese neue Forschungsmethode den Anatomen unbegrenzte Möglichkeiten zu eröffnen. Diese Hoffnung zerschlug sich jedoch rasch, als sie eine Ahnung von den unvorstellbaren winzigen Größenverhältnissen bekamen, mit denen sie sich da beschäftigten. Leeuwenhoek selbst berichtete, dass das kleinste Stück Materie, das er in einem tierischen Gewebe erkennen könne, einfache »Kügelchen« seien. Mehr als hundert Jahre blieben die Anatomen darauf angewiesen, Hypothesen darüber anzustellen, was es mit diesen kugelförmigen Objekten auf sich haben könnte, ohne dass sie in der Lage waren, diese auch nur ein bisschen genauer zu sehen als Leeuwenhoek selbst. Noch im Jahr 1821 äußerte sich der englische Chirurg Charles Bell – der selbst erst vor kurzem unterschieden hatte zwischen den Nervenzellen, die die sensorischen Impulse oder Sinnesempfindungen hin *zum* Gehirn leiten, und denen, die die motorischen Impulse oder die Befehle bezüglich der Reaktionen des Körpers *vom* Gehirn wegbefördern – sehr skeptisch zu diesem Thema: »Die unendliche Verwirrung, die hinsichtlich dieses Gegenstandes herrscht, veranlasst den Arzt, statt das Nervensystem als gesicherte Basis seiner Tätigkeit zu verwenden, es ganz aus dem Horizont seiner Studien auszuschließen, weil es viel zu große Unregelmäßigkeiten erkennen lässt, um als legitimer Gegenstand der Forschung oder der Praxis dienen zu können.«

Doch bereits fünf Jahre später revolutionierte der britische Physiker Joseph Jackson Lister das Mikroskop durch Verbesserungen der Objektivlinse – der Linse, die näher an der Probe ist –, die Verzerrungen und Farbfehler weitgehend beseitigten. Bis zu diesem Fortschritt hatte die Neuroanatomie aus wenig mehr als Spekulationen bestanden, die sich auf unzureichende, unvollständige oder ungenaue Beobachtungen stützten – was noch abenteuerlichere Spekulationen nach sich zog. Von nun an konnten die Anatomen Gewebe mit einer Genauigkeit untersuchen, die buchstäblich mikroskopisch war – die Forschungstechnik, die seither als Histologie bezeichnet wird.

1827, nur ein Jahr nach der Erfindung seines achromatischen Mikroskops, widerlegte Lister (zusammen mit dem Arzt Thomas Hodgkin) endgültig all jene Variationen auf Leeuwenhoeks »Kügelchen-Hypothese«, die in den vorherigen 150 Jahren entwickelt worden waren. Die Kügelchen waren, wie sich herausstellte, Täuschungen, bloße Lichteffekte, die nun durch Listers neues Linsensystem nun korrigiert wurden. Bei der Untersuchung von Gehirngewebe mit dem achromatischen Mikroskop sah man, laut Lister, »anstelle von Kügelchen eine Vielzahl sehr kleiner Teilchen, die in Form und Größe höchst unregelmäßig sind«. Diese Teilchen bezeichneten die Anatomen mit einem Begriff, den die ersten Mikroskopisten schon im 17. Jahrhundert verwendet hatten, um einige der kleinsten Phänomene zu benennen, die sie erkennen konnten. Allerdings diente er jetzt nur zur Bezeichnung der kleinsten Einheiten von pflanzlichen und tierischen Organismen. Die Rede ist von dem Begriff der Zelle. Diese Zellen schienen stets von langen Strängen oder Fasern begleitet zu sein. Dass es im Zentralnervensystem eine Beziehung zwischen diesen Zellen und Fasern gibt, bildete 1839 die Grundlage der Zelltheorie von Theodor Schwann – ein kolossaler Fortschritt des Wissensstandes in lediglich fünfzehn Jahren. »Leider jedoch ist«, so ein Forscher im Jahr 1842, »die Anordnung dieser Teile in ihrer Beziehung zueinander immer noch vollkommen unbekannt.«

Einige Forscher vertraten die Ansicht, die Fasern würden die Zellen nur umschlingen, ohne eine anatomische Verbindung mit ihnen zu besitzen. Andere meinten, die Fasern würden von den Zellen ausgehen. Das Material im Zentralnervensystem war indes so dicht gepackt, dass sogar das achromatische Mikroskop kein vernünftiges Bild von den Verhältnissen liefern konnte. Obwohl Listers Verbesserungen zunächst die Hoffnung auf größere Klarheit genährt hatten, begannen sich die Anatomen in den 1850er Jahren damit abzufinden, dass die genaue Beziehung zwischen Zellen und Fasern ein Geheimnis bleiben würde, solange keine neue Technik entwickelt wurde.

Das geschah 1858, zwei Jahre nach Freuds Geburt, als der deutsche Histologe Joseph von Gerlach die mikroskopische Färbemethode erfand, mit der sich eine Probe so färben ließ, dass sie sich bunt und deutlich gegen den Hintergrund abhob. In diesem

Fall war das Beobachtungsobjekt eine ZNS-Nervenzelle mit all ihrem Faserbeiwerk. Nun konnten die Neuroanatomen mit eigenen Augen sehen, dass die Fasern und Zellen tatsächlich anatomisch verbunden sind. Außerdem sahen sie, dass die ZNS-Nervenzellen nur in der grauen Substanz des Gehirns und des Rückenmarks, aber niemals in der weißen Substanz vorkommen. Schließlich konnten sie noch sehen, dass eine ZNS-Nervenzelle, selbst wenn sie Teil einer dichten Konzentration innerhalb der grauen Substanz ist, in scheinbarer Isolation von den anderen getrennt ist.

Wenn aber die Zellen keinen Kontakt mit anderen Zellen haben, wie kommunizieren sie dann miteinander, was ganz offensichtlich der Fall ist? Woher »weiß« eine Zelle, was die andere tut, und woher kann sie ihre Tätigkeit auf diese abstimmen? Denn nur so ist es möglich, dass Sinnesempfindungen registriert werden und dass das Nervensystem Reaktionen, Handlungen, Gedanken hervorbringt. Wenn die Antwort nicht in den Zellen zu finden war, diesen solitären Zentren, dann musste man sie woanders suchen.

Und das einzige Woanders, das es gab, waren die Fasern. Dank Gerlachs Färbemethode fanden die Neuroanatomen nun heraus, dass die Fasern von ZNS-Nervenzellen nur in der weißen Substanz von Gehirn und Rückenmark verlaufen, niemals in der grauen Substanz. Doch dann verlor sich die Spur. Das Netzwerk war noch immer zu kompliziert, als dass irgendjemand die Wege all der Fasern von einer einzelnen Zelle bis zu ihren Endpunkten verfolgen konnte. Dazu war eine weitere technische Erfindung vonnöten, die dann auch prompt entwickelt wurde. 1873 – in dem Jahr, als Freud sein Medizinstudium an der Universität Wien aufnahm – entwickelte Camillo Golgi, ein italienischer Arzt, eine bessere Färbemethode, die die Fasern in der gleichen Weise isolierte, wie Gerlachs Verfahren die Zellen sichtbar machte. Aber selbst mit diesem Hilfsmittel waren die Forscher noch nicht in der Lage, eine Verbindungsstelle zwischen den Fasern zweier verschiedener Zellen zu entdecken. Golgi seinerseits glaubte in den 1880er Jahren, er habe eine solche Stelle gefunden, doch seine Probe ließ keine eindeutigen Schlüsse zu. Nun konnten ZNS-Nervenzellen aber nach der herrschenden Theorie und dem gesunden Menschenverstand nur leisten, was offenkundig ihre Aufgabe war – untereinander Nervenimpulse weiterzuleiten –, wenn sie irgendwie *verbunden* waren.

Erst 1889 entdeckte der spanische Histologe Santiago Ramón y Cajal, wie es sich tatsächlich verhielt: Sie waren es nirgends. Das also war der Grundbaustein des Gehirns, das, was der deutsche Anatom Wilhelm Waldeyer zwei Jahre später Neuron nennen sollte: eine ZNS-Nervenzelle und ihre Fasern, die von allen anderen ZNS-Nervenzellen und deren eigenen Fasern isoliert existiert – das heißt *nicht* mit ihnen verbunden ist. Wenn aber selbst der feinste Anflug einer Faser – eine Fibrille – keine Verbindung hat, wozu sind diese Fasern dann da? Sie stellen *Kontakte* her, erläuterte Ramón y Cajal. Von einem Impuls erregt, strecken sie sich und berühren eine benachbarte Fibrille oder Zelle, um sich, wenn die Erregung wieder abgeklungen ist, in den früheren Zustand der Isolierung zurückzuziehen. »Eine Verbindung mit einem Fasernetzwerk«, schrieb Waldeyer, »oder ein Ursprung in einem solchen Netzwerk findet nicht statt.«

Obwohl die »Neuronenlehre«, wie Waldeyer sie nannte, dem gesunden Menschenverstand zu widersprechen schien, erwies sich die Vorstellung, dass die Kommunikation zwischen einzelnen Neuronen nicht kontinuierlich, sondern mit Unterbrechungen erfolgt, bei näherem Nachdenken als äußerst nützlich, lieferte sie doch einen brauchbaren Ansatz zur Erklärung ansonsten unerklärlicher Phänomene: der Isolation von Ideen, der Erzeugung neuer Assoziationen, der vorübergehenden Unfähigkeit, sich an eine vertraute Tatsache zu erinnern, der Verwechslung von Erinnerungen. Das waren jedenfalls die Phänomene, mit denen sich Freud in seiner neurologischen Privatpraxis auseinander zu setzen hatte, wo er damit beschäftigt war, sich die Geschichten von Hysterikern anzuhören, und sich fragte, wie er ihre Beschwerden und Heilungen in dem Gespinst von Nervenzellen darstellen sollte, das er aus seinen Jahren als Neuroanatom kannte.

»[Ich habe mich] so in die ›Psychologie für den Neurologen‹ verrannt, die mich regelmäßig ganz aufzehrt, bis ich wirklich überarbeitet abbrechen muß«, schrieb Freud im April 1895 an einen Freund. »Ich habe nie eine so hochgradige Präokkupation durchgemacht.« Inzwischen hatte Freud eine zweite berufliche Laufbahn in Angriff genommen. Von 1873 bis 1885 hatte er sich, zunächst als Medizinstudent und dann als Medizinforscher, der Untersuchung des Nervensystems gewidmet, das heißt, er hatte neuroanatomische Studien betrieben. 1886, am Vorabend seines dreißigsten Geburtstags, eröffnete er eine Privatpraxis für Nervenleiden und behandelte zum ersten Mal in seinem Leben Patienten, wenngleich er nebenbei seine Forschungsarbeiten fortsetzte. Nachdem die Neuronentheorie entwickelt worden war, hatte Freud allen Grund zu der Annahme, dass kaum jemand so gute Voraussetzungen besaß, das Psychische mit dem Physischen zu vereinen, wie er. Er hatte beide Seiten gesehen, beide Seiten studiert, sich längere Zeit in die je eigene Logik beider vertieft. Erste Ausführungen dazu hatte er in den zurückliegenden Jahren in den Briefen an seinen engsten Freund und ständigen Briefpartner Wilhelm Fließ, einen Berliner Hals-, Nasen- und Ohrenarzt, entworfen. Doch erst als Freud seinen Freund im Sommer 1895 persönlich aufsuchen konnte und die beiden Männer einen ihrer tagelangen »Kongresse« abhielten, wie Freud diese gelegentlichen Perioden intensiver und anregender beruflicher Diskussionen nannte, begann das Projekt klare Konturen zu gewinnen.

Noch im Zug auf der Rückfahrt von Berlin nach Wien begann Freud in diesem September das Manuskript aufzusetzen. »Ich schreibe so wenig an Dich, weil ich so viel für Dich schreibe«, teilte er seinem Freund Fließ in einem Brief vom 23. September mit. Kaum zwei Wochen später, am 8. Oktober, schickte Freud einen Entwurf an Fließ – etwa hundert handgeschriebene Seiten, in denen er versuchte, die geistigen Prozesse dadurch zu erklären, dass er den Mechanismus des sie umschließenden Gehirns erschöpfend beschrieb.

Und um einen Mechanismus ging es in der Tat. Im zweiten Satz des Manuskripts schrieb Freud: »Der Entwurf enthält zwei Hauptideen.« Im Prinzip waren das, angelehnt an Descartes' Philosophie und Newtons Physik, Bewegung und Materie. Freuds Hauptidee Nummer eins war denkbar einfach: Die Funktionen des Gehirns sind dem »allgemeinen Bewegungsgesetz unterworfen« – Materie bewegt unmittelbar benachbarte Materie mit vollständiger kausaler Vorhersagbarkeit. Was zu Freuds Eile bei der Abfassung des Entwurfs beitrug, war jedoch der Umstand, dass er jetzt wusste, was die »Materie« war: »2. als materielle Teilchen [sind] die Neuronen anzunehmen.« Die Annahme gründete er, wie er einige Seiten weiter erläuterte, auf »die Kenntnis der Neuronen …, wie sie die neuere Histologie ergibt«.

Doch bereits, als er Fließ das Manuskript zuschickte, begann Freud zu zweifeln. »[Ich] bin dabei abwechselnd stolz und selig und beschämt und elend geworden, bis ich jetzt nach dem Übermaß geistiger Quälerei mir apathisch sage: Es geht noch nicht, vielleicht nie zusammen.« Und er fährt fort: »Aber die mechanische Aufklärung gelingt mir nicht, vielmehr ich will der leisen Stimme aufmerksam Gehör schenken, die mir sagt, meine Erklärungen schlügen nicht ein.«

In den kommenden Wochen wurde diese innere Stimme vorübergehend leiser, um sich dann wieder zu Wort zu melden. »In einer fleißigen Nacht der verflossenen Woche«, schrieb Freud am 20. Oktober an Fließ, zwölf Tage nachdem er das Manuskript abgeschickt hatte, »haben sich plötzlich die Schranken gehoben, die Hüllen gesenkt, und man konnte durchschauen vom Neurosendetail bis zu den Bedingungen des Bewußtseins. Es schien alles ineinander zu greifen, das Räderwerk paßte zusammen, man bekam den Eindruck, das Ding sei jetzt wirklich eine Maschine und werde nächstens von selber gehen.« Am 8. November berichtete er jedoch, dass er sich, nachdem ihn andere berufliche Aufgaben gezwungen hätten, das Manuskript beiseite zu legen, den Gedanken daran nicht aus dem Kopf habe schlagen können. Insbesondere hätte es »ein gutes Stück Umarbeitung erfordert«. Und er fuhr fort: »[Ich] empörte mich gegen meinen Tyrannen. Ich fand mich überarbeitet, gereizt, verwirrt und unfähig, die Dinge zu meistern. Da warf ich alles weg. Es tut mir nun leid, daß Du aus jenen Blättern ein Urteil schöpfen sollst, das meinem Siegesjubel Recht gibt, was Dir doch schwer fallen muß.« Dann fügte Freud hinzu, in zwei Monaten, wenn er seine anderen Aufgaben erledigt hätte, könne er die Sache hoffentlich »klarer machen«. Es kam anders. Nur drei Wochen später schrieb er an Fließ: »Den Geisteszustand, in dem ich die Psychologie ausgebrütet, verstehe ich nicht mehr; kann nicht begreifen, daß ich sie Dir anhängen konnte. Ich glaube, Du bist noch immer zu höflich. Mir erscheint es wie als eine Art von Wahnwitz.«

Vielleicht. Doch egal, was es gewesen sein mochte, nun war es vorüber, wie ein Fieber, das zurückgegangen war. Das Problem, mit dem sich Freud auseinander gesetzt hatte, war größer als die Frage nach den Nervenbahnen oder auch nach dem Neuron selbst – oder vielleicht auch kleiner. Jedenfalls war es das gleiche Problem, das die Physiologie seit Beginn der Neuzeit vor mehr als 200 Jahren beschäftigte: das Gehirn. Um genau zu sein, das Gehirn im Gegensatz zu dem, was die Materiebewegungen innerhalb des menschlichen Schädels repräsentieren: Nennen wir es Geist.

Über weite Strecken der menschlichen Geschichte wäre eine solche Unterscheidung bestenfalls nebensächlich gewesen. Die weit wichtigere Unterscheidung wäre die zwischen zwei verschiedenen Arten von Materie gewesen: irdischer und himmlischer.

Hier unten gab es, wie Aristoteles sagte, die vier Elemente – Erde, Luft, Feuer und Wasser, entweder isoliert oder in einer beliebigen Zahl von Kombinationen. Dort oben gab es nur ein Element – die Quintessenz, einen einzigen, vollkommenen Stoff, aus dem Mond, Sonne, Planeten und Sterne ebenso bestanden wie die Sphären, die jene auf ihren himmlischen Wegen trugen. Hingegen hob eine Erde, die selbst über den Himmel wanderte, nicht nur den fundamentalen Unterschied zwischen dem auf, was irdisch, und dem, was himmlisch war, sondern sie lieferte auch – wie Descartes erkannte, als er sich noch kaum Philosoph nennen durfte – ein starkes Argument für die Annahme, dass alles im Himmel und alles auf Erden letztlich aus demselben Stoff bestehen könnte.

Erstmals hörte Descartes von Galileis Entdeckung der vier Monde, die Jupiter umkreisen, im Jahr 1610, als er am Jesuitenkollegium La Flèche studierte. Obwohl er erst dreizehn oder vierzehn war, als ihn diese erstaunliche Nachricht in seinem Außenposten in der französischen Provinz erreichte, begriff er sogleich, welche weitreichenden Auswirkungen eine solche Entdeckung auf die Philosophie und Physik haben könnte. Doch das Ausmaß dieser Auswirkungen verstärkte zugleich zwei Verdachtsmomente, die seiner Meinung nach gegen die Philosophie sprachen: Obwohl sie, wie er später schrieb, »von den vorzüglichsten Geistern einer Reihe von Jahrhunderten gepflegt worden« sei, »gebe es in ihr nicht *eine* Sache, die nicht umstritten und mithin zweifelhaft sei«. Was nun »die übrigen Wissenschaften betrifft, die ihre Prinzipien von der Philosophie entlehnen, so konnte man nach meinem Urteil auf so wenig festen Grundlagen unmöglich etwas Festeres aufgebaut haben«. Angesichts dieses erschreckenden Zustands fortdauernder Unwissenheit sah er nur einen Weg: Ganz von vorn anzufangen,»alles bis zum Grund« niederzureißen und »von den ersten Fundamenten aus von neuem« zu beginnen. Er wolle»keine andere Wissenschaft mehr suchen, als die ich in mir selbst oder in dem großen Buche der Welt würde finden können«. *Die Welt* (*Le monde ou traité de la lumière*) nannte er dann auch seinen ersten Versuch, die gesamte Physik zu erklären. Wie so häufig, wenn Descartes ein Werk über die Physik schrieb, verfasste er gleichzeitig eine Begleitschrift, in der er darlegte, dass die neue Auffassung von der Physik verlange, auch die Rolle des Menschen in ihr neu zu deuten – also eine neue Physiologie erforderlich mache. Dieses Werk nannte er *Über den Menschen* (*De homine*). Beide Schriften stellte er 1633 fertig, ein Jahr nachdem Galilei seinen eigenen Entwurf einer neuen Physik vorgelegt hatte: *Dialog über die beiden hauptsächlichen Weltsysteme*. Doch noch bevor die beiden Schriften zur Veröffentlichung gelangten, hörte Descartes, die römisch-katholische Kirche habe Galilei verurteilt, weil der *Dialog* ein heliozentrisches Universum vertrete. Da seine beiden eigenen Essays die gleiche Behauptung aufstellten und da er befürchtete, dass sie, wenn er sie in irgendeiner Weise verändere,»verstümmelt« würden, hielt Descartes beide zurück.

Gleichwohl setzte er seine physikalischen und physiologischen Arbeiten unverdrossen fort. Insbesondere fragte er sich während der nächsten Jahre, ob die neu entdeckte begriffliche Einheit von Himmel und Erde ihm ermöglichen würde, eine entsprechende mathematische Einheit herzustellen. Mit anderen Worten, konnte er vielleicht für den irdischen Bereich leisten, was die Astronomen für den himmlischen schon längst geschafft hatten – ihn nämlich zu geometrisieren? Schließlich war die Geometrie ursprünglich ein Versuch, die irdische Welt in mathematischen Begriffen darzustellen. Diesen Versuch wollte Descartes nun einige Jahrtausende später wiederholen, und so bewies er 1637 in seiner *Geometrie*, dass sich alle Materie, nicht nur im Himmel, sondern auch auf der Erde, durch drei Koordinaten im Raum lokalisieren lässt. Wodurch sich, wie Descartes selbst erkannte und spätere Generationen nachvollzogen, eine entscheidende Frage stellte: Könnten wir uns den Geheimnissen, die sich im inneren Universum des Menschen verbergen, mit der gleichen bislang unvorstellbaren Wissbegier nähern, mit der Galilei und seine Nachfolger das äußere betrachtet hatten? Könnten wir erreichen, dass die Bewegungen der Materie im Gehirn ebenso vorhersagbar werden wie die Bahnen der Planeten am Himmel? Kurzum, konnte es einen Newton der Neurologie geben?

Noch zu Lebzeiten Newtons, als erste Ergebnisse zeigten, dass seine Gesetze bis zu den äußersten Regionen des Universums ihre Gültigkeit behielten, stellte sich damit unvermeidlich die Frage, ob eben diese Gesetze sich auch auf die innersten Gebiete anwenden ließen. Im Jahr 1725 hatte der englische Arzt Richard Mead mathematische Formeln entwickelt, mit denen sich die Auswirkung der Planetenschwerkraft auf den menschlichen Körper berechnen lassen sollten. Diese Idee aufgreifend, postulierte der deutsche Arzt Franz Anton Mesmer später im 18. Jahrhundert eine Gravitationsanziehung zwischen Tieren. Tierischen Magnetismus nannte er diese Kraft, deren Existenz er durch öffentliche Hypnosevorführungen nachweisen wollte. Anfang des 19. Jahrhunderts fanden die Versuche, psychische Phänomene zu quantifizieren, ihren hervorragendsten Vertreter in dem deutschen Philosophen Johann Friedrich Herbart, der die geistigen Funktionen als »Kräfte« und nicht Ideen begriff und sich daher ausdrücklich auf Newton berief, um die Bewegung dieser Kräfte mit Hilfe mathematischer Formeln zu beschreiben. Einmal erklärte er: »Die reguläre Ordnung in der menschlichen Psyche ist der des Sternenhimmels ganz gleichartig.«

In der Rückschau offenbart sich indessen, dass diese frühen Versuche, die Vorgänge im inneren Universum auf eine Reihe von Kausalgesetzen zu reduzieren, zum Scheitern verurteilt waren. Diese Möchtegern-Newtons konnten es damals zwar noch nicht wissen, aber sie hatten keinen Zugang zu einem galileischen Äquivalent neuroanatomischer Daten – den Monden, Planeten und Sternen des inneren Universums –, das ihre Spekulationen mit einer soliden empirischen Grundlage hätte ausstatten können. Hatte Freud einen Zugang? Er war sicherlich versucht, es sich einzubilden. Jedem in seiner Situation wäre es so ergangen – nicht nur, weil es für jeden ehrgeizigen Verstand eine Versuchung ist, sich einzubilden, er habe das Glück, einer Generation anzugehören, die gerade genug Informationen besitzt, um eine Frage zu klären, an welcher sich die größten Denker seit der Antike vergebens versucht haben, sondern auch, weil sich der Stand des neuroanatomischen Wissens am Ende des 19. Jahrhunderts *tatsächlich* gegenüber den vorangehenden Perioden der Wissenschaftsgeschichte verändert hatte. 1894 – nur fünf Jahre nachdem Ramón y Cajal entdeckt hatte, dass die von ZNS-Nervenzellen ausgehenden Fasern nur Kontakte, aber keine Verbindungen herstellen, und drei Jahre nachdem Waldeyer die Neuronentheorie entwickelt hatte – veröffentlichte Sigmund Exner, ein früherer Lehrer und Kollege von Freud aus dessen Laborzeit, seinen eigenen Entwurf einer umfassenden Neuroanatomie: *Entwurf zu einer physiologischen Erklärung der psychischen Erscheinungen.*

Wie die meisten Physiologen seiner Zeit wusste Freud aus eigener Anschauung, was das achromatische Mikroskop zu leisten vermochte. Als Student in den 1870er Jahren hatte er das damals noch neue Instrument viel benutzt und die Meisterschaft, zu der er es dabei gebracht hatte, in den folgenden zehn Jahren als

zuverlässiger, geschätzter Diagnostiker am Allgemeinen Krankenhaus der Stadt Wien unter Beweis gestellt, wo ihm eine seiner
Untersuchungen höchstes Lob in einer zeitgenössischen medizinischen Zeitschrift eintrug, weil es sich um einen »sehr wertvollen
Beitrag« auf einem Gebiet handle, »auf dem bislang ein Mangel
an eingehenden mikroskopischen Studien« herrsche. Und wie
viele Physiologen seiner Zeit wusste Freud auch aus eigener
Anschauung, was sich durch Färben einer mikroskopischen Probe
leisten ließ. Zweimal entwickelte er selbst bedeutende Verbesserungen an den vorhandenen Färbemethoden, zuerst 1877, um auf
praktische Weise das zentrale und periphere Nervensystem höherer Wirbeltiere (von Mäusen, Kaninchen, Rindern) zu präparie-
ren, und ein zweites Mal 1883, um Nervenbahnen im Gehirn
und Rückenmark zu untersuchen. Wie einige andere zeitgenössische Physiologen hatte Freud sogar Anfang der 1880er Jahre in
seinem Vortrag vor der Wiener Gesellschaft für Psychiatrie die
Neuronentheorie antizipiert, und zwar mehrere Jahre bevor sie
Ramón y Cajal bewies. Da er sich außerstande sah, eine Faser zu
lokalisieren, die er von einer ZNS-Nervenzelle zur anderen verfolgte, hatte er sich gefragt, ob Zellen möglicherweise *gar nicht* in
Kontakt stünden.

Nach dem Fehlschlag mit der »Psychologie für den Neurologen« suchte Freud jedoch nach einem anderen Begriffsrahmen für
das Problem: Er ging nicht mehr von einem Gegensatz zwischen
Geist und Gehirn aus – oder zumindest nicht *nur* von diesem
Gegensatz –, sondern sah stattdessen den Geist im Gegensatz *zu
sich selbst*.

»Den Ausgangspunkt für diese Untersuchung«, schrieb Freud
später, als er seine Überlegungen an diesem entscheidenden Wendepunkt skizzierte, »gibt die unvergleichliche, jeder Erklärung
und Beschreibung trotzende Tatsache des Bewußtseins.« Auf der
fundamentalsten Ebene bleiben die geistigen Prozesse ein Ge-

heimnis. Selbst ein Gedanke, die Grundeinheit des Geistes, bleibt nicht lange im Bewusstsein. »Eine Vorstellung – oder jedes andere psychische Element – kann jetzt in meinem Bewußtsein *gegenwärtig* sein und im nächsten Augenblick daraus *verschwinden*; sie kann nach einer Zwischenzeit ganz unverändert wiederum auftauchen.« Vergessen wir einen Augenblick die Lücke im Gehirn – zwischen einem Neuron und dem nächsten, den Zwischenraum, über den irgendeine »Energiemenge« gelangen muss, wie er diesen Vorgang in seiner »Psychologie« zu beschreiben versuchte. Und vergessen wir auch die Lücke zwischen Gehirn und Geist – zwischen der physischen Kommunikation der Neuronen untereinander und den daraus entstehenden psychischen Eindrücken. Mit dieser Beschreibung eines ganz normalen menschlichen Vorgangs – den uns »alltäglich die Erfahrung« bringt – hatte Freud eine Lücke im Geist selbst ausgemacht: »Inzwischen aber war sie [die Vorstellung], wir wissen nicht was.«

Das »Unbewusste« nannte er es, wobei er das übliche Adjektiv der Zeit übernahm. In gewissem Sinne war er damit lediglich zu den Annahmen zurückgekehrt, die er und seine Zeitgenossen geerbt hatten. Geist war Geist, Gehirn war Gehirn, und eines Tages würden die beiden vielleicht zusammenkommen. Dem *Gehirn* konnte jeder mit der geeigneten Ausbildung und Ausrüstung die Geheimnisse entreißen: Gewebe sezieren, Proben färben, Fibrillen einer mikroskopischen Untersuchung unterziehen, deren Vergrößerung und Auflösung vor kurzem noch unvorstellbar gewesen waren. Den *Geist* jedoch konnte niemand vollständig mit Hilfe eines mechanischen Gehirnmodells erfassen – noch nicht jedenfalls. Der Geist besaß, wie Freud fast täglich in seiner Privatpraxis beobachten konnte, viel zu viele komplizierte Eigenschaften, die jeden Versuch zunichte machten, für die physischen Prozesse des inneren Universums das zu leisten, was Newton für das äußere fertig gebracht hatte.

Immerhin aber hatte Freud durch die Niederschrift dieses Manuskripts gelernt, wie fein die Feinheiten des Geistes waren. Nichts in seiner neurologischen Ausbildung hatte ihn darauf vorbereitet oder vermochte es – wie ihn nun bittere Erfahrung lehrte – zu erklären. Bei eingehender Untersuchung hatte sich der Geist sogar als noch komplizierter – noch verschlungener, widersprüchlicher und letztlich geheimnisvoller – erwiesen, als Freud oder, soweit er wusste, irgendjemand anders sich hätte träumen lassen. Gehirn mochte einfach Gehirn sein, aber Geist *war eben nicht* einfach Geist.

Während Freud sich in seinem Sessel in dem bescheidenen Wiener Sprechzimmer zurücklehnte und Woche für Woche, Jahr für Jahr den Beschwerden seiner Patienten lauschte, hatte er sie nach und nach ermuntert, sie sollten versuchen, sich an das Trauma zu erinnern, das ihre hysterischen Symptome verursacht hatte. Wenn es ihnen gelang, so versicherte er ihnen, würden ihre Symptome verschwinden. 1882, viele Jahre zuvor, hatte Freud zum ersten Mal von dieser Methode gehört – der namhafte Arzt und Forscher Josef Breuer, ein Freund und Kollege in Wien, hatte ihm davon berichtet. Er habe die Hysterie einer jungen Frau durch Hypnose behandelt. Freud hatte schon einmal eine Hypnosevorführung gesehen. Für einen jungen Studenten mit psychologischen Interessen mochte sie gewiss eindrucksvoll sein, aber lehrreich? *Heilsam?*

Das sei durchaus möglich, sagte Breuer. Statt dieser Patientin – Anna O. nannte Freud sie später, als er sich an diesen Abschnitt seiner beruflichen Entwicklung erinnerte – einfach einen Befehl oder ein Verbot zu erteilen, während sie unter Hypnose gewesen sei, habe er sie aufgefordert, sich an die Ursache des Traumas zu erinnern. Im Wachzustand konnte sie die Erinnerungen, die sich auf ihr Trauma bezogen, »gar nicht oder nur sehr unvollkommen mitteilen«, schrieb Freud später. Im hypnotischen

Zustand schien sie dagegen eigenartigerweise in der Lage zu sein, alles zu erinnern. Noch unwahrscheinlicher: Dadurch, dass sie sich an die Ursache des Traumas erinnerte und die emotionale Aufwallung erlebte, von der diese Erinnerung stets begleitet war, schien sie sich irgendwie aus der Umklammerung der Erinnerung zu lösen – schien sie, wie Breuer sagte, eine »Katharsis« zu durchleben.

Es hatte den Anschein, als wäre dieses Konstrukt einer Heilung nur möglich, wenn der Geist wie eine newtonsche Maschine arbeitete: Eine anfängliche Ursache ruft eine Wirkung hervor, die ihrerseits zur Ursache einer weiteren Wirkung wird und so fort. Auf diese Weise nistet sich die Kausalkette im Leben der Person ein, bis sie eines Tages, zur Unkenntlichkeit entstellt, als hysterisches Verhalten zutage tritt, dessen quälende Symptome das Opfer veranlassen, medizinische Hilfe in Anspruch zu nehmen. Wenn diese Beschreibung des Prozesses jedoch zutraf, brauchte man nur irgendwo ein Glied zu entfernen, um die Kausalkette zu unterbrechen und die schließliche Wirkung zu beseitigen – das hysterische Symptom. In diesem Falle würde der rein suggestive Einsatz der Hypnose, der einfache hypnotische Befehl, das Symptom abzustellen, ausreichen, um eine Heilung herbeizuführen.

Freud glaubte allerdings, etwas anderes beobachtet zu haben. Als er versuchte, diese Therapieform in seiner Privatpraxis anzuwenden, stellte er fest, dass das kathartische Ergebnis ausblieb, wenn er den Patienten nur zu irgendeinem Punkt zwischen seinem gegenwärtigen hysterischen Zustand und dem ursprünglichen auslösenden Vorfall zurückführte. Nur wenn das Opfer sozusagen den Tatort aufsuchte, konnte es sich dauerhaft von seiner Erinnerung und ihrem schleichenden Einfluss befreien. Nur wenn Arzt und Patient das hysterische Symptom bis zu seinem Ursprung zurückverfolgten – wirklich den *ganzen Weg* bis dorthin –, konnten sie es zum Verschwinden bringen. So erklärte

Freud im Januar 1893 auf einer Sitzung des Wiener Medizinischen Clubs:»Der Moment, in welchem der Arzt erfährt, bei welcher Gelegenheit ein Symptom zum ersten Male aufgetreten ist und wodurch es bedingt war, ist auch derjenige, in dem dieses Symptom verschwindet.« Beispielsweise litt Anna O. unter einer Lähmung der rechten Körperseite, hartnäckigen Halluzinationen, bei denen sie Schlangen in ihrem Haar wahrnahm, und einer plötzlichen Unfähigkeit, ihre Muttersprache Deutsch zu sprechen. Diese Symptome verfolgte Breuer schließlich bis zu einem Abend zurück, an dem sie ihren kranken Vater pflegte und sich einbildete, eine Schlange würde sich dem Schlafenden nähern. Sie versuchte, sich zu bewegen und ihn zu retten, aber ihr rechter Arm hing über einer Stuhllehne und war eingeschlafen. Daher verlegte sie sich aufs Beten, aber alles, woran sie sich in ihrer Angst erinnern konnte, waren einige englische Kinderverse. Oder nehmen wir einen von Freuds eigenen Fällen: Cäcilie M., die Schmerzen zwischen den Augen hatte, bis sie sich an die Zeit erinnerte, als ihre Großmutter sie »so durchdringend angeschaut« hatte. »*Cessante causa cessat effectus*«, wie Freud in besagtem Vortrag vor dem Wiener Medizinischen Club bemerkte:»Wenn die Ursache aufhört, hört auch die Wirkung auf.«

Freud gab sich jedoch nicht mit einem Entwurf des Geistes zufrieden, wo alles mit einer Ursache beginnt und dann zwangsläufig mit einer bestimmten Wirkung endet. Wie war zu erklären, dass sich ein Prozess, der so stark – so *aktiv* – war, überhaupt nicht offenbarte?

Mit physiologischen Grundkenntnissen ausgestattet, die letztlich nur Materie und Bewegung umfassten, wusste Freud genau, wie er den Prozess zu erklären hatte: Indem er innerhalb des Unbewussten eine mindestens gleichstarke entgegengesetzte Kraft postulierte – eine »Abwehr« oder eine, wie Freud sie bald nannte,

»Verdrängung«. Diese Veränderung der Terminologie spiegelte eine entsprechende Veränderung in Freuds Denken wider. Demnach verteidigt diese entgegengesetzte Kraft nicht einfach den Geist gegen sich selbst. Sie verdrängt die unangenehme Erinnerung oder Assoziation. Sie ist nicht *reaktiv*, sondern *aktiv*, selbst wenn sie abwesend zu sein scheint.

Am 26. Oktober 1896 starb Freuds Vater. Seit jenem lange zurückliegenden Spaziergang, als der Vater dem Sohn mitteilte, er habe die Schmähungen eines Antisemiten widerspruchslos hingenommen, war die Heldenfigur aus Sigmunds Kindheitsvorstellungen möglicherweise für immer verblasst. Nun war auch der Körper des Vaters gegangen. Und doch lebten beide noch fort – die Heldenfigur und ihr tragischer Schatten. Wie ein traumatisches Ereignis, das in den Symptomen einer hysterischen Patientin gegenwärtig ist, blieb der ältere Mann im erwachsenen Sohn lebendig. In der Nacht vor dem Begräbnis des Vaters träumte Freud von ihm. Auf dem Weg zum Friedhof hält Freud vor einem Friseur. Dort sieht er eine Tafel, auf der entweder zu lesen ist:»Man bittet die Augen zuzudrücken« oder:»Man bittet, ein Auge zuzudrücken«. Wessen Auge oder Augen?, so musste er sich fragen. Die des toten Vaters? Die des Sohnes? Die der anderen Trauergäste? Und was bedeutete die Aufforderung genau: dem Toten die Augen zu schließen oder Nachsicht zu üben?

Nicht nur der tote, aber noch gegenwärtige Vater belastete Freud, auch der Traum tat es. Mit seinen unzähligen möglichen Interpretationen suchte er ihn heim wie die frühe Erinnerung an den Mann, der sich auf der Straße so wenig heldenhaft verhalten sollte. Das verfolgte und beeinflusste ihn noch als Erwachsenen, Jahrzehnte nach dem Ereignis. In späteren Jahren nannte Freud den Tod des Vaters etwas formeller »das bedeutsamste Ereignis, den einschneidendsten Verlust im Leben eines Mannes«. Doch jetzt, als der Eindruck noch frisch war, vertraute er seinem Freund

Fließ in einem Brief an: »Auf irgendeinem dunkeln Wege hinter dem offiziellen Bewußtsein hat mich der Tod des Alten sehr ergriffen.«

Konnte Freud sich auf diesen dunklen Wegen zurechtfinden? Als er versuchte, die Wege der Nerven im Gehirn zu kartieren, war er gescheitert. Er vermutete, dass er sich die falsche Aufgabe gestellt hatte. Jetzt stand er vor einer neuen und vollkommen anderen Herausforderung: Er wollte *nur* die Wege des *Geistes* kartieren. Doch selbst wenn es ihm gelang – würde irgendjemand glauben, dass diese Beschreibung irgendeine Ähnlichkeit mit der Wirklichkeit aufwies? *Er selbst* natürlich – aber er saß in seinem Sprechzimmer und lauschte seinen Patienten. Sigmund Freud hatte die Beweise selbst gehört, wenn auch nur in seinem geistigen Ohr.

Kapitel drei
Bis zum Äußersten

Hier war nun wirklich etwas, was noch keiner je gesehen hatte. Die Fotografie, die in den ersten Wochen des Jahres 1896 auf den Titelseiten der Zeitungen in aller Welt abgebildet wurde, zeigte das Bild einer Hand, mehr oder weniger jedenfalls. Weniger, weil dieser Hand die Haut zu fehlen schien – oder zumindest waren alle äußeren Schichten aus Fleisch, Sehnen und Blut auf eine Art Schattendasein reduziert, so dass der Blick sie durchdringen konnte. Mehr, weil dieser nach innen dringende Blick das komplizierte Knochengerüst enthüllte, das zu betrachten bisher allein dem Anatomen möglich gewesen war.

Die Hand gehörte der Frau von Wilhelm Conrad Röntgen, einem Professor an der Universität Würzburg. Am 8. November 1895 hatte Professor Röntgen, als er allein in seinem abgedunkelten Labor arbeitete, ein scheinbar unerklärliches Leuchten bemerkt. Bei näherer Betrachtung offenbarte dieses Leuchten geheimnisvolle Eigenschaften. Während der nächsten Wochen arbeitete Röntgen, ohne etwas über seine Entdeckung verlauten zu lassen, und hielt sich streng an die Methode, die die wissenschaftliche Revolution mehr als zwei Jahrhunderte zuvor ausgelöst und seither in Gang gehalten hatte: Er sorgte dafür, dass jeder andere Forscher mit einer Hittorf-Crookes-Röhre und einer Ruhmkorff-Spule den von ihm entdeckten Effekt produzieren und reproduzieren konnte. Manchmal fragte seine Frau Bertha, warum er so viel Zeit in seinem Labor verbringe, und er antwortete, wenn bekannt würde, woran er arbeite, würden die Leute sagen: »Der Röntgen ist wohl verrückt geworden.«

Schließlich überzeugte sich Röntgen davon, dass seine Entdeckung keine Täuschung war – dass er die Daten nicht irgendwie fehlgedeutet hatte. Am 22. Dezember bat er Bertha, ihn ins Labor zu begleiten, wo er sie aufforderte, eine Hand fünfzehn Minuten lang zwischen die Röhre und eine fotografische Platte zu legen. Dabei geschah etwas Eigenartiges – etwas, was er selbst inzwischen schon mehrfach erlebt hatte, was er aber immer noch nicht erklären konnte. Irgendein Stoff war von der Röhre zur Platte gelangt – *musste* es getan haben, weil der Stoff zwar unsichtbar, aber der Effekt nicht zu leugnen war. Zum Schrecken seiner Frau begann sich das gespenstische Bild ihrer Hand langsam abzuzeichnen. Am Neujahrstag machte Röntgen einen Spaziergang mit Bertha und schickte bei dieser Gelegenheit eine Reihe von Briefen an Kollegen ab, denen er einen Abzug dieser Fotografie und einen ersten Bericht beilegte – »Eine neue Art von Strahlen«. Wegen ihrer rätselhaften Natur nannte Röntgen sie in einer Fußnote X-Strahlen. Auf dem Weg zum Briefkasten wandte sich Röntgen an Bertha, deren Hand es – mehr oder weniger vollständig, einschließlich Ehering – schon bald zu Unsterblichkeit bringen sollte, und sagte, nun müsse der Teufel bezahlt werden.

Der erste Zeitungsbericht erschien am 5. Januar, nachdem ein Physikprofessor an der Universität Wien eine Kopie des Aufsatzes und der Fotografie erhalten und sie an Kollegen weitergeleitet hatte, die sich ihrerseits mit dem Chefredakteur der Wiener *Presse* in Verbindung setzten. Von da an breitete sich die Nachricht in Windeseile aus: Am 6. Januar erschien sie im Londoner *Daily Chronicle*, am 7. Januar in der *Frankfurter Zeitung*. Nur wenige Tage später begann ein Artikel in der *New York Times*: »Die Naturwissenschaftler in dieser Stadt warten mit größter Ungeduld auf das Eintreffen der wissenschaftlichen Zeitschriften aus Europa.« Als eine englische Übersetzung von Röntgens Bericht vorlag, druckte ihn die *Times* auf ihrer Titelseite fast in Gänze ab. Am 13. Januar wurde Röntgen nach Berlin gerufen, wo er Kaiser Wilhelm II. seine X-Strahlen vorführen musste. Röntgen gab nur ein einziges längeres Interview, und zwar einem besonders hartnäckigen Journalisten vom *McClure's Magazine*, dann entzog er sich der öffentlichen Aufmerksamkeit. Später sagte er: »Mir war nach wenigen Tagen die Sache verekelt; ich kannte aus den Berichten meine eigene Arbeit nicht wieder.«

Es war ein rein zufälliges Zusammentreffen, dass Röntgen das entscheidende Experiment seines Lebens ausgerechnet zu dem historischen – und womöglich sogar genauen – Zeitpunkt durchführte, als der sechzehnjährige Einstein im Park einer Schule in Aarau umherwanderte und versuchte, die Eigenschaften eines Lichtstrahls mit dem Begriff des absoluten Raums in Einklang zu bringen. Ein ähnlicher Zufall war es, dass Röntgen seine Entdeckung ausgerechnet an dem Tag machte, als der 39-jährige Sigmund Freud an seinen Freund Wilhelm Fließ schrieb, er überlege sich, ob er nicht seinen Versuch aufgeben solle, das menschliche Denken nur durch die Bewegungen neuroanatomischer Materie zu beschreiben. Kein zufälliges Zusammentreffen war es indes, dass die Spekulationen über die Konsequenzen der röntgenschen Entdeckung in ebenjene Richtung gingen, in die Einstein und Freud bereits aufgebrochen waren.

Wenn Röntgenstrahlen tatsächlich »Längsschwingungen im Äther« seien, so erläuterte Edison einem Journalisten, der ihn in seinem Labor in New Jersey aufsuchte, »dann hat Professor Röntgen zumindest eine Methode gefunden, die Eigenschaften [des Äthers] zu erforschen, was einen enormen Gewinn für die Wissenschaftler bedeuten dürfte, die das Verhalten von Licht und Elektrizität im Äther erforschen. Es wird in unseren heutigen

Theorien viele Veränderungen geben ...« Derweilen berichtete die Zeitschrift *Science*, am College of Physicians and Surgeons in New York City habe man mit Hilfe dieser Strahlen »anatomische Abbildungen direkt in die Köpfe von Studenten höherer Semester projiziert und dort auf diese Weise einen weit dauerhafteren Eindruck hinterlassen als mit der herkömmlichen Lehrmethode, dem Einpauken anatomischer Einzelheiten«. Und was in den Kopf hineinkommen konnte, ließ sich auch daraus hervorholen.

Ein gewisser Ingels Rogers teilte einer Zeitung in San Francisco mit: »Ich habe auf der fotografischen Platte einfach dadurch einen Eindruck hinterlassen, dass ich sie im Dunkeln intensiv angeblickt habe«, während ein Dr. Baraduc weltweite Aufmerksamkeit erregte, als er der Pariser Académie de Médecin offiziell mitteilte, es sei ihm gelungen, Gedanken zu fotografieren. Zum Beweis veranstaltete er eine Ausstellung in München. In einem frühen Bericht über Röntgenstrahlen warnte der Verfasser seine Leser: Sie sollten sich nicht sicher wähnen, »wenn Sie ins Haus gehen, die Rollläden herunterziehen und auf die Dunkelheit warten, um nach Herzenslust zu sündigen«. Denn, so fährt der Autor fort, »Sie müssen wissen, dass es die Röntgenstrahlen gibt – und niemand kann sagen, was noch für unsichtbare Strahlen, die alle unsere Handlungen und vielleicht sogar Gedanken aufzeichnen – oder, noch schlimmer, die Wünsche, die wir nicht einmal zu denken wagen. Auch sie müssen irgendwo ihre Spur hinterlassen.«

Niemand wusste genau, was Röntgenstrahlen waren – noch nicht einmal Röntgen selbst, obwohl auch er den Gedanken erwog, sie könnten tatsächlich Längsschwingungen des Äthers sein. Auch wusste niemand so recht, was Röntgenstrahlen taten – wenn auch ihre medizinischen Anwendungsmöglichkeiten so offenkundig waren, dass die *New York Times* im folgenden Herbst berichtete: »Kein Krankenhaus im Land kann ohne eine vollständige Röntgenausrüstung eine ausreichende Versorgung seiner Patienten garantieren.« Und niemand hätte zu diesem Zeitpunkt ahnen können, welche Auswirkungen die Röntgenstrahlen eines Tages auf die Geschichte der Wissenschaft haben würden – geradezu umwälzende Konsequenzen, doch damit greifen wir unserer Geschichte vor. Jeder, der mit der Wissenschaftsgeschichte der letzten 200 Jahre vertraut war, wusste zu diesem Zeitpunkt, dass die wissenschaftliche Methode bei der Erforschung der Eigenschaften des Äthers und der Nervenbahnen des Gehirns an die Grenzen des äußeren und des inneren Universums gestoßen war. Was folgte daraus? War der Wissensvorrat begrenzt? Und wenn, näherte sich die Geschichte der Naturwissenschaften damit ihrem Ende?

Die Vorstellung, dass die Wissenschaft überhaupt eine Geschichte habe, war neu. *Geschichte*, in der modernen Bedeutung des Wortes, war eine relativ neue Errungenschaft des abendländischen Denkens. Vor den Anfängen der modernen Wissenschaft hielt man die Zeit – soweit man sie überhaupt für etwas hielt – für unveränderlich oder allenfalls zyklisch. Menschen lebten und starben, Kulturen entstanden und gingen zugrunde. Die jeweiligen Umstände einer solchen Welt mochten sich verändern, nicht aber ihr Wesen.

Ganz anders verhielt es sich mit dem Wesen einer Welt, der es vor allem um den Erwerb neuen Wissens ging – also um Veränderung. Als die abendländischen Gelehrten im 15. Jahrhundert damit begannen, antike Texte auszugraben und sich das Wissen der Alten anzueignen, sahen sie keinen Grund zu der Annahme, diese Quellen könnten ungenau oder in irgendeiner Weise unvollständig sein. Ganz im Gegenteil: Sie hatten allen Grund zu der Annahme, die überkommenen Texte seien richtig und umfassend. Stellten diese Schriften – ob nun auf Griechisch oder in arabischer Übersetzung – nicht das gesammelte Wissen einer Kultur auf dem Höhepunkt ihrer geistigen Entfaltung dar? Gewiss, diese Kultur war nach ihrem Aufstieg wieder zugrunde gegangen. Und in den folgenden tausend Jahren hatten Kultur und Zivilisation überhaupt daniedergelegen, aber das Wesen der Zivilisation selbst hatte sich nicht verändert: die Erklärung, wie die Welt funktioniert.

Doch die Erklärung, wie die Welt funktioniert, war jetzt genau diesem Prozess unterworfen: der Veränderung. Ptolemäus von Alexandria hatte im zweiten nachchristlichen Jahrhundert einen Katalog der Ereignisse am Himmel zusammengestellt, der anscheinend so gründlich war, dass rund sieben Jahrhunderte später seine arabischen Übersetzer das Werk mit dem Titel »die größte Zusammenstellung« oder *Al-magesti* ehrten (später wurde daraus *Almagesti*). Ebenfalls im zweiten Jahrhundert n. Chr. beschrieb Galen von Pergamon die menschliche Anatomie in mehr als hundert noch erhaltenen Texten, ein Werk, dessen schierer Umfang die nachfolgenden Generationen so eingeschüchtert haben muss, dass sie seine Schriften als das letzte Wort in allen medizinischen Fragen hingenommen haben. Im Jahr 1610 aber blickte Galilei durch ein Teleskop und stellte zu seiner Zufriedenheit fest, dass vieles von dem, was Ptolemäus geschrieben hatte, unzutreffend war, während Descartes 1630 den Stand des medizinischen Wissens prüfte und zu dem Schluss gelangte, er sei »gewiß, daß alle, selbst die Ärzte von Profession, eingestehen, daß alles, was man darin wisse, so gut als nichts sei im Vergleich mit dem, was zu wissen übrigbleibe«.

Also war das der Beginn des Wissenserwerbs. Richtig? Falsch. Hören wir, was Galilei über seine Teleskop-Beobachtungen schrieb: »Mir allein und niemand anders war es gegeben, all die neuen Erscheinungen am Himmel zu entdecken.« Galileis wissenschaftliche Autorität war so groß, dass sein Urteil noch eine Generation später von niemand Geringerem als Christopher Wren wiederholt wurde: »Alle Rätsel des Himmels wurden ihm mit einem Schlage offenbart. Seine Nachfolger beneiden ihn, weil sie glauben, er habe so gut wie keine neuen Welten übrig gelassen.« Hier irrte Galilei ausnahmsweise. Zweifellos trug sein sprich-wörtlicher Hochmut zur Überschätzung der eigenen Leistung bei. Desgleichen die überragende und überdauernde Bedeutung, die sein Werk für das astronomische und geistige Weltbild der Menschheit hatte. Da es in Wert und Wirkung als Lebenswerk beispiellos war, mag es durchaus als das erschienen sein, was Galilei von ihm behauptete: als Anomalie, als einsames Monu-ment unserer Erkenntnisfähigkeit, als einmalige Richtigstellung von Kernfragen des menschlichen Wissens – vielleicht sogar als dessen Vollendung.

Trägt man jedoch genügend Anomalien zusammen, beginnt sich diese Deutung eines Lebenswerks in jene Richtung zu ent-wickeln, die Descartes angezeigt hat. Als Newton in den 1670er Jahren in einem Brief an einen Freund schrieb, er habe nur des-halb weiter gesehen als seine Vorgänger, weil er auf den Schul-tern von Riesen stehe, waren in Physik und Astronomie schon so viele scheinbare »Anomalien«, so viele ungewöhnliche Individuen in Erscheinung getreten, dass sie längst nicht mehr die Ausnahme, sondern die Regel waren. Genau das brachte Newton durch die Textstelle zum Ausdruck, auf die er sich bezog. Er paraphrasierte nämlich den Philosophen Bernhard von Chartres, der im Jahr 1115 geschrieben hatte: »Wir sind Zwerge, die auf den Schultern von Riesen sitzen: deshalb können wir mehr und weiter sehen, aber nicht dank der Schärfe unseres Blickes, sondern weil wir höher sitzen und von Männern von gewaltiger Statur getragen werden.« Die Kathedrale, deren Bau damals gerade in Bernhards Heimatort begonnen wurde, sollte diesen Gedanken eines Tages in ihren Spitzbogenfenstern zum Ausdruck bringen: Sie zeigten die Verkünder des Neuen Testaments, die auf den Schultern von Propheten des Alten Testaments saßen. Auf diese neue Deutung der Zeit berief sich Newton ein halbes Jahrtausend später: Geschichte als kumulatives Unternehmen, Wissenschaft als Kathedrale des Wissens.

Doch selbst diese veränderte Einstellung gegenüber individuellen Beiträgen lässt noch nicht das ganze Ausmaß von Galileis Irrtum erkennen. Bei der Einschätzung der Entdeckungen, die er mit der modernen Methode zur Erforschung der Natur gemacht hatte – das heißt mit dem Grundsatz, selbst hinzuschauen –, entging ihm, welche entscheidende Neuerung er selbst in den wissenschaftlichen Prozess eingebracht hatte: wie er seine Entdeckungen gemacht hatte. Er verwendete und verbesserte ein neues Instrument, das *Perspicillum* oder *Perspektiv*. Wie der ursprüngliche Name dessen, was man bald das Teleskop nennen sollte, erkennen lässt, sah Galilei nicht mehr einfach, was dort oben war, sondern er sah *mehr*.

Sein Irrtum war verständlich. In den Jahrhunderten, die der Erfindung des Teleskops vorangingen, hatte die Kenntnis der Optik einige Phantasten veranlasst, über ein Instrument zu spekulieren, das in der Lage sei, ferne Objekte nah erscheinen zu lassen. Eines Tages werde man Münzen auf fernen Wiesen sehen können. Die Kirchturmspitzen weit entfernter Städte würde man vor Augen haben. Die Schiffe an fernen Horizonten sollten sich unserem Blick enthüllen. Und nun war dieser Tag gekommen. Die Erfindung des Teleskops – im Grunde nicht mehr als zwei Glasscheiben in einer Röhre – ermöglichte ihnen, alles zu sehen, was sie sich vorgestellt hatten. Sie erblickten ferne Münzen, Kirchturmspitzen, Schiffe …

Wer aber hätte sich all das träumen lassen, was Galilei durch das Teleskop sah: nicht Geld, Christentum oder Handel, nicht noch mehr Belege für eine bereits, wenn auch unvollkommen, erforschte Welt, sondern Belege für *weitere Welten*. Für Monde, die Jupiter umkreisen, für eine Vielzahl von Sternen und für Unvoll-

kommenheiten auf der Oberfläche der Sonne und des Mondes –
ausgerechnet der Sonne und des Mondes, dieser beiden alltäglichen Begleiter, die den Menschen damals vermutlich so vertraut
erschienen wie die sprichwörtliche Westentasche. Das ließ sie in
einem vollkommen neuen Licht erscheinen.

Dieses Muster von Antizipation und Überraschung wiederholte sich in den Jahrzehnten, die auf Galileis revolutionäre Untersuchungen folgten. Der Erfolg des Teleskops und Fortschritte
in der Optik veranlassten einige Naturforscher, von einem Instrument zu träumen, das kleine Objekte groß erscheinen ließ. Tatsächlich aber hatte niemand mit den Millionen »Tierchen« ge-
rechnet, die Leeuwenhoek 1674 und in den folgenden Jahren
in so alltäglichen Objekten wie etwa einem Handrücken beobachtete.

Doch schon begann sich eine tiefere Bedeutung hinter diesen
Entdeckungen abzuzeichnen. Leeuwenhoeks neues Universum
war kühn, sogar epochemachend, doch das war nicht der Aspekt
– oder zumindest nicht der einzige Aspekt –, der die Naturforscher an diesen Ergebnissen interessierte. Es war unmöglich,
dieses Universum ohne ein Mikroskop zu sehen, aber auch darum ging es nicht. 1655 hatte der holländische Astronom Chris-
tian Huygens mit Hilfe des Teleskops einen Himmelskörper entdeckt, der Galilei entgangen war – einen Saturnmond –, und
1659 löste er ein visuelles Rätsel, an dem sich Galilei die Zähne
ausgebissen hatte. Huygens fand heraus, dass die merkwürdige
und veränderliche Form des Planeten ausgerechnet durch einen
Ring hervorgerufen wird. 1671 und 1672 wurden weitere Monde entdeckt, 1675 dann eine Unterteilung im Ring selbst. Als sich
das Mikroskop schließlich als ein Instrument erwies, mit dem man
den Geheimnissen der Natur auf die Schliche kommen konnte,
bedeuteten Entdeckungen wie die von Leeuwenhoek – so wenig
sie auch zu antizipieren sein mochten – nicht das Ende, sondern

den Beginn eines großen geistigen Abenteuers; und *das* war der entscheidende Aspekt.

Galilei, Leeuwenhoek und ihre Schüler konnten nicht nur deshalb »weiter« sehen – um Bernhard von Chartres und Newton zu zitieren –, weil sie auf den Schultern von Riesen saßen und von dort aus schauten, sondern weil sie auf den Schultern von Riesen saßen und von dort aus durch Instrumente schauten, die ihnen ermöglichten, *mehr* zu sehen, als das »bloße Auge« wahrnehmen konnte – ein Begriff, dessen englische Entsprechung *naked eye* die Naturforscher erst jetzt, in der zweiten Hälfte des 17. Jahrhunderts, zu verwenden begannen, um die neuen Entdeckungen von allen vorangehenden zu unterscheiden. Und wie viel mehr konnten sie sehen? Das war die Frage, welche die Grenzen von Galileis scheinbar grenzenloser Vorstellungskraft sichtbar machte, und zugleich die Frage, die Descartes veranlasst hatte, sich ein neues Bild von der wissenschaftlichen Vorgehensweise zu machen. Sobald wir einen ersten Blick auf das Universum geworfen haben, das sich nicht mehr unseren Sinnen allein erschließt, können wir mit Galilei annehmen, das sei alles, was es dort gebe, und die Beobachtung einstellen. Oder wir können uns wie Descartes fragen, was es dort sonst noch gibt, und darauf vertrauen, dass etwas vorhanden ist.

Obwohl die wissenschaftliche Revolution keine Vorbereiter oder Vorläufer hatte, gab es möglicherweise etwas Vergleichbares oder sogar eine nahezu exakte historische Parallele: das Zeitalter der Entdeckungen. Wie die Seereisen, die Anfang des 15. Jahrhunderts begannen und die europäischen Entdecker nach Afrika, Asien und Amerika führten, eröffnete die wissenschaftliche Revolution, deren Anfänge im 16. Jahrhundert lagen, die Wege in ähnlich unerforschte und unvermutete Gebiete. Die Parallele ist kaum ein Zufall. Beides ist aus dem gleichen Impuls entstanden, dem Verlangen nach Eroberung. Ende des 19. Jahrhunderts hatten die geographischen Entdeckungsfahrten freilich alle Möglichkeiten erschöpft, abgesehen von besonders unzugänglichen Regionen im Inneren der Kontinente (Afrikas zum Beispiel) oder besonders entlegenen Gebieten (etwa den Polarregionen). »Niemand wird auch nur einen Augenblick behaupten wollen, dass während der nächsten 500 Jahre der Bestand an geographischem Wissen so anwachsen wird wie während der letzten 500 Jahre«, schrieb 1887 T. C. Mendenhall, ein späterer Präsident der American Association for the Advancement of Science, und bezog sich damit ausdrücklich auf diese Metapher. »Mit größerer Gewissheit als jemals zuvor in der Geschichte der Wissenschaft und der Erfindung können wir heute sagen, was möglich und was nicht möglich ist.«

Gab es noch mehr Dinge im Himmel und auf Erden? Immer häufiger war jetzt die Antwort zu hören: vielleicht nicht. Der britische Physiker William Dampier, der zu dieser Zeit in Cambridge studierte, erinnerte sich später: »Es hatte den Anschein, als hätte man den großen Rahmen ein für allemal abgesteckt und als könnte man wenig mehr tun, als physikalische Konstanten immer genauer zu messen und durch immer neue Dezimalstellen zu bestimmen.« Tatsächlich wurde die »sechste Dezimalstelle«, ein Ausdruck, der von dem amerikanischen Physiker (und glücklosen Äther-Jäger) Albert A. Michelson stammte, zu einer beliebten Kurzformel für den Schauplatz, auf dem sich nach der herrschenden Meinung künftige Generationen von Naturforschern tummeln würden.

Die Einstellung zu dieser Neudefinition wissenschaftlicher Forschung hing davon ab, was man von diesem enger gefassten Ansatz erwartete. Bei dem britischen Physiker Joseph John Thomson rief die Überzeugung, »dass man allenfalls noch eine oder zwei Dezimalstellen in irgendeiner physikalischen Konstanten verändern könne, das pessimistische Gefühl hervor, alle interessanten

Dinge seien schon entdeckt worden – ein Eindruck, der damals nicht ungewöhnlich war«. Simon Newcomb, der herausragende amerikanische Astronom dieser Zeit, schrieb 1888:»Wenn die Öffentlichkeit enttäuscht ist, weil nicht alle Observatorien über glänzende neue Entdeckungen zu berichten haben, so müssen wir daran erinnern, dass die Hauptarbeit heutiger Wissenschaftler nicht aus dem besteht, was man Entdeckungen nennt.« Die Hauptarbeit bestand vielmehr darin, Einzelheiten in bereits Entdecktes einzufügen. Zumindest für die Astronomie, sagte Newcomb, müsse man einfach»einräumen, dass wir uns offenbar rasch den Grenzen unseres Wissens nähern«.

Für einige Wissenschaftler war jedoch gerade diese Beschränkung ein Anlass zum Optimismus. Bereits 1871 hatte der Physiker James Clerk Maxwell in seiner Antrittsvorlesung als erster Cavendish-Professor der Cambridge University bestürzt erklärt: »Offenbar scheint die Ansicht um sich zu greifen, dass in wenigen Jahren alle wichtigen physikalischen Konstanten ungefähr bestimmt sein werden und dass dann die einzige Beschäftigung für Wissenschaftler darin bestehen wird, diese Messungen auf eine weitere Dezimalstelle genau durchzuführen.« Dieser Pessimismus widerspreche seiner Meinung nach dem Geist der wissenschaftlichen Methode. Die Wissenschaft könne keine Fortschritte erzielen, ohne»die Genauigkeit der numerischen Messungen von Größen zu verbessern, mit denen sie schon lange vertraut ist«. Etwa zur gleichen Zeit schrieb William Thomson, der künftige Lord Kelvin, in der Zeitschrift *Nature*:»Genaue und eingehende Messungen scheinen dem nichtwissenschaftlichen Verstand eine weniger erhabene und edle Arbeit zu sein als die Suche nach etwas Neuem. Doch fast alle großen wissenschaftlichen Entdeckungen sind lediglich der Lohn für genaue Messungen und für geduldige, lange, mühevolle und eingehende Sichtung numerischer Ergebnisse.« Michelson selbst bedauerte die negative Deutung seiner Äußerung über die sechste Dezimalstelle. Zweifellos in Erinnerung an seine Erfahrung mit den Interferometern von Berlin, Potsdam und Cleveland, die anscheinend nicht empfindlich genug gewesen waren, schrieb er 1890: »Vor hundert Jahren galt eine Messung, die auf einen Tausendstelzoll genau war, als phänomenal. Heute verlangt man sie bereits von unseren Präzisionsmaschinen. Nur noch in wenigen Fällen verlassen wir uns heute auf Messgenauigkeiten im Bereich von einem Tausendstelzoll. Es gibt Situationen, in denen eine Genauigkeit von einem Millionstel Zoll erreicht werden muss. Sogar Unterschiede von einem Fünfmillionstel Zoll lassen sich entdecken. Die Vergangenheit lehrt uns, dass wir nur die Erfordernisse einer nicht allzu fernen Zukunft vorwegnehmen, wenn wir die Mittel zur Bestimmung so kleiner Größen entwickeln.«

Bei dem Versuch, die Frage der Vollständigkeit zu beantworten, stellte sich an der Wende zum 20. Jahrhundert zumindest teilweise das gleiche Problem wie an der Wende zum 17. Jahrhundert. Während damals nicht ganz klar war, ob eine Zeit anfing, wie es sie in der Geschichte noch nie gegeben hatte, war jetzt ebenso unklar, ob eine Zeit zu Ende ging, die es so noch nie gegeben hatte. Niemals zuvor waren die Fakten der Natur und die allgemeinen Wahrheiten, auf die sie schließen ließen, von so vielen Wissenschaftlern so begierig und so lange erforscht worden. Daher ließ sich beim besten Willen nicht sagen, ob sich irgendein Bild des Universums, das sich aus diesem Bemühen ergab, als die endgültige Erklärung erweisen würde oder ob das gegenwärtige Wissen durch künftige Entdeckungen verändert und verbessert werden würde. Während den Naturforschern um 1600 keine Präzedenzfälle für die individuellen Entdeckungen bekannt waren, die Galilei und Leeuwenhoek bald machen sollten, fehlte es den Forschern um 1900 an Präzedenzfällen für die *kollektiven* Entdeckungen, wie sie die Physiker und Physiologen in den vorangegangenen drei Jahrhunderten gemacht hatten. War die Entdeckung einer scheinbaren Anomalie wie der Röntgenstrahlen der Schlüssel zur Vollendung eines der beiden ehrgeizigsten wissenschaftlichen Programme der Geschichte? Oder stand sie nur für die vielen Wege, auf denen das medizinische Wissen ständig vertieft wurde? Wie dem auch sei, einer Sache konnten die Naturforscher an der Wende zum 20. Jahrhundert zumindest gewiss sein. Durch *Schauen*, und dann durch noch etwas genaueres Hinschauen, waren die Naturwissenschaftler zu einem Maß an Genauigkeit vorgedrungen, das vor kurzem noch unvorstellbar gewesen wäre. Diese neuen Gebiete ließen sich ebenso befahren – und erobern – wie die Neue Welt.

Als jedoch Einstein und Freud einen ersten Blick auf ihre neuen Universen warfen, stellte sich heraus, dass es hier keineswegs darum ging, eine weitere Dezimalstelle zu finden oder neue numerische Daten auszuwerten. Der Äther hatte sich auch mit verbesserten Teleskopen nicht entdecken lassen. Zwar hatten verbesserte Mikroskope die Entdeckung des Neurons ermöglicht – aber das reichte nicht. Doch getreu dem Beispiel der Riesen, auf deren Schulter sie saßen, hatten beide Männer sorgsam und auf je eigene Weise geschaut, bis ihnen die herkömmlichen Untersuchungsmethoden keine Ergebnisse mehr lieferten. Da jedoch alles noch nicht recht zusammenpasste, schauten sie weiter, bis sie es fanden: nicht etwas Ferneres, nicht etwas Tieferes – nicht etwas *mehr* –, sondern etwas *anderes*.

Als Einstein sich anschickte, das Problem des Äthers zu untersuchen, gab er sich damit zufrieden, dem Beispiel seiner Zeitgenossen zu folgen. Zunächst versuchte er sich Instrumente vorzustellen, mit denen sich der Ätherwind entdecken ließ. Dann beschäftigte er sich mit der Frage des absoluten Raums. Selbst als er erkannte, dass die Lösung möglicherweise nicht in einer Neufassung des absoluten Raums, sondern der absoluten Zeit lag, ging er immer noch von den gleichen Voraussetzungen aus wie seine fortschrittlicheren Kollegen.

Einstein hat sich immer gefragt, warum ihm niemand in Sachen Relativitätstheorie zuvorgekommen war – warum niemand zu der gleichen Erkenntnis über die absolute Zeit gelangt war wie er in jener Mainacht des Jahres 1905 in Bern. In den kommenden Jahren sprach Einstein immer von dem »Schritt«, als wäre es eine fast unvermeidliche Entdeckung gewesen, als hätte er nur einen Fuß vor den anderen setzen müssen. Einstein schrieb in einem Nachruf auf Ernst Mach, den damals bedeutendsten Wissenschaftsphilosophen deutscher Sprache und einen der beiden Denker, die seine physikalischen Vorstellungen am stärksten beeinflusst hatten: »Es ist nicht unwahrscheinlich, daß Mach auf die Relativitätstheorie gekommen wäre, wenn in der Zeit, als er jugendfrischen Geistes war, die Frage nach der Bedeutung der Konstanz der Lichtgeschwindigkeit schon die Physiker bewegt hätte.«

Allerdings kam ein anderer Physiker praktisch zur selben mathematischen Formulierung der Relativitätstheorie wie Einstein, und das sogar ein Jahr früher: Hendrik Antoon Lorentz, jener Physiker, der nach Henri Poincarés Auffassung eine Hypothese zu viel entwickelte, um das Nullresultat der verschiedenen Michelson-Experimente zur Entdeckung des Äthers zu erklären. Dass Einstein und Lorentz unabhängig voneinander zu zwei Spielarten derselben Gleichungen gelangten, war kein bloßer Zufall. Beide entwickelten ihre Formeln aus den Gleichungen, die Maxwell in den 1860er Jahren zum Elektromagnetismus aufgestellt hatte, und aus Überlegungen zu Phänomenen, die Lorentz treffend im Titel eines Aufsatzes beschrieb: »Elektromagnetische Erscheinungen in einem System, das sich mit beliebiger, die des Lichtes nicht erreichender Geschwindigkeit bewegt.« Da beide Artikel große Ähnlichkeit miteinander hatten, zog Einsteins Aufsatz, als er am 28. September 1905 in den *Annalen der Physik* erschien, weniger Aufmerksamkeit auf seine Aussagen am Anfang als auf seine mathematischen Ausführungen am Ende: Viele Leser verstanden Einsteins Spielart schlicht als eine leichte Verbesserung der Lorentzschen Version, weshalb die Formel mehrere Jahre unter der Bezeichnung Lorentz-Einstein-Theorie lief. Nur allmählich wurde der Unterschied zwischen den beiden Versionen sichtbar. Dabei ging es weniger um die Formel selbst als um die Überlegungen, die zu ihr führten, und die Schlussfolgerungen, die sich aus ihr ergaben. Lorentz wollte die Kontraktion der Elektronen (etwa in Michelsons Interferometer) beschreiben, die der Druck des Äthers bewirkt, wenn sich die Erde durch ihn hindurchbewegt. Doch infolge der beiden Postulate, die Einstein im zweiten Abschnitt dieses Aufsatzes einführt – dass Galileis Relativitätsprinzip auch für die Elektrodynamik und die Optik gilt und dass die Lichtgeschwindigkeit im Vakuum konstant ist –, wird der Äther für ihn »überflüssig«. Ferner beschrieb Lorentz' Formel physikalische Veränderungen, denen Körper bei der Annäherung an die Lichtgeschwindigkeit unterworfen sein sollten. Einstein dagegen beschrieb Veränderungen in der *Wahrnehmung* von *Beobachtern*: Messungen, die von der relativen Bewegung des beobachteten Objekts abhängig waren und durch die hohe, endliche und – vor allem – konstante Geschwindigkeit der elektromagnetischen Wellen zustande kamen, die die Information an den Beobachter übermitteln.

Poincaré – vermutlich der bedeutendste Mathematiker seiner Zeit und neben Mach der Denker, der Einstein am stärksten beeinflusst hatte – hatte sich intensiv mit der Eigenbewegung des Lichts auseinander gesetzt. Anders als Mach, der der vorangehenden Generation, oder Lorentz, der der eigenen Generation angehörte, hatte Poincaré nicht nur ein theoretisches, sondern auch ein durchaus praktisches Interesse an dieser Frage. 1893 wurde

Poincaré Mitglied des Pariser Bureau des Longitudes, 1902 Professor an der École Professionelle Supérieure des Postes et Télégraphes. In beiden Funktionen musste er sich mit einer der dringlichsten Fragen der Zeit beschäftigen: der Koordinierung von Uhren – insbesondere der Koordinierung von *elektrischen* Uhren.

Im Gegensatz zu mechanischen Uhren ermöglichten elektrische Uhren die Informationsübertragung von Ortschaft zu Ortschaft, Stadt zu Stadt, Metropole zu Metropole – und das Ganze mit Lichtgeschwindigkeit. Fortan brauchten die Kommunen ihre Zeit nicht mehr von dem Augenblick abhängig zu machen, da die Sonne um zwölf Uhr mittags über ihren Köpfen stand. Ganze Regionen von Ländern und Kontinenten mit gleicher Länge konnten jetzt demselben 24-Stunden-Plan folgen – was für Zugverkehr, militärische Operationen, Nautik und andere höchst praktische Bereiche beträchtliche Vorteile brachte. In den Jahren unmittelbar vor und nach der Wende zum 20. Jahrhundert – und an keinem Ort so konsequent wie in Paris, der heimlichen Hauptstadt Europas, in der Poincaré in allen Fragen der Zeitmessung ein entscheidendes Wort mitzureden hatte – verfielen die Uhren in Gleichschritt.

Das war kein einfaches Unterfangen. Poincaré hat in seinen Schriften und Vorträgen häufig darauf hingewiesen, wie schwierig eine Definition der Gleichzeitigkeit ist. 1898 schrieb er in dem viel gelesenen und einflussreichen Aufsatz *La mesure du temps* (»Das Maß der Zeit«), ein Geograph oder Navigator, der wissen wolle, wie spät es in Paris sei, ohne in Paris zu sein, könne sich dazu auf ein telegrafisches Signal verlassen. »Es ist klar, dass die Aufnahme des Signals in Berlin zum Beispiel später erfolgt als die Aufgabe des gleichen Signals in Paris«, heißt es weiter. »Aber um wie viel später? Gewöhnlich vernachlässigt man die Dauer der Übertragung und betrachtet die beiden Ereignisse als gleichzeitig.«

Wie alle anderen Naturforscher seiner Zeit wusste Poincaré,

dass die Lichtgeschwindigkeit eine natürliche Grenze bei der Übertragung und dem Empfang von Informationen bildet. Zwei Jahre danach, in einem Aufsatz aus dem Jahr 1900, und noch einmal vier Jahre später, in einem Vortrag auf der Weltausstellung in St. Louis im Jahr 1904, forderte er seine Leser beziehungsweise Zuhörer auf, sich mit ihm zusammen zwei Beobachter vorzustellen, die versuchten, ihre Uhren mit Hilfe von Lichtsignalen zu synchronisieren. In St. Louis sagte er: »Die Uhren, die in dieser Weise synchronisiert sind, zeigen daher nicht die wahre Zeit; sie zeigen, was man ›lokale‹ Zeit nennen kann, so daß eine von ihnen gegenüber der andern nachgeht.« Und fügte hinzu: »Es macht wenig aus, denn wir haben kein Mittel, um das festzustellen.« Diese letzte Bemerkung erinnert an die Auffassung, die der englische Astronom Robert Hooke äußerte, als er hörte, Ole Rømer habe die Lichtgeschwindigkeit bestimmt, indem er die Finsternisse der Jupitermonde untersucht habe. »Sie ist so außerordentlich hoch …, dass ich keinen Grund sehe, warum sie nicht ebenso gut instantan sein sollte.«

Hooke konnte aus gutem Grund keinen Grund finden: Er hatte die Bedingungen des neuen, gerade erst entstehenden neuen Weltbildes noch nicht begriffen, in dem die Berücksichtigung solcher winziger Bruchteile eine immer größere Bedeutung gewinnen sollte. Gleiches galt jetzt von Poincaré. Während die Koordinierung von Uhren durch Fortschritte in der elektromagnetischen Technik ermöglicht wurde, sorgten Fortschritte in anderen Technikbereichen dafür, dass die Koordinierung *notwendig* wurde. Ein Zug, der sich nicht eng an seinen Fahrplan hielt, sah sich auf seinem Gleis möglicherweise (und nicht selten auch tatsächlich) einem entgegenkommenden Zug gegenüber. Trotz des großen Interesses, das Poincaré den philosophischen, physikalischen und praktischen Aspekten des Problems entgegenbrachte, wurde ihm nicht richtig bewusst, dass es notwendig war, wie der Direktor einer Schweizer Telegrafengesellschaft sagte, »nicht nur die Stunde zu meistern, sondern auch die Minute, die Sekunde und in besonderen Fällen sogar den zehnten, hundertsten, tausendsten und millionsten Teil einer Sekunde«.

Hatte sich Einstein die Erfordernisse des neuen, gerade entstehenden Weltbilds gründlicher zu Eigen gemacht als Poincaré? Vielleicht. Sicherlich hatte er dazu mindestens so gute Voraussetzungen wie Poincaré. Als Experte im Patentamt musste er ständig mit Geräten und Systemen zur Zeitkoordinierung in Berührung kommen. Besonders deutlich wurde Einstein das Problem, als er im Mai 1905 mit seiner Familie aus einer Wohnung in der Berner Innenstadt, von wo sie die mit einer »Zentraluhr« verbundenen Turmuhren sehen konnten, in den Vorort Muri zogen, wo die Turmuhren nicht zentral gesteuert wurden. In Erinnerung an den entscheidenden Augenblick schrieb Einstein später: »Meine Lösung war eine Analyse des Begriffs der Zeit.«

Also, warum Einstein und nicht Poincaré? In einem anderen Zusammenhang hat Poincaré einmal einen möglichen Grund angedeutet. In Bezug auf den wissenschaftlichen Prozess im Allgemeinen schrieb er: »Wir müssen uns z. B. der Sprache bedienen, und unsere Sprache ist von lauter vorgefaßten Meinungen durchdrungen, und es kann nicht anders sein. Es sind unbewußte vorgefaßte Meinungen, die tausendmal gefährlicher als die anderen sind.« Doch das Problem der Zeit erwies sich für ihn als unüberwindliches Hindernis. Einstein schrieb später, die Illusion der absoluten Zeit – der Gleichzeitigkeit – »war unerkannt im Unbewußten verwurzelt«.

Unerkannt im Unbewussten verwurzelt war auch das *Bewusstsein*, wenn Freud Recht hatte. So schrieb er: »Die Philosophen heißen in ihrer überwiegenden Mehrzahl psychisch nur das, was ein Bewusstseinsphänomen ist. Die Welt des Bewusstseins deckt sich ihnen mit dem Umfang des Psychischen.« Das hätte die Philosophen in ihrer Mehrzahl wohl einigermaßen überrascht, die seit den Tagen von Descartes die Auffassung vertraten, der Bewusstseinsbegriff solle und könne nicht alles Psychische umfassen (wobei Freud selbst zugab, er wünsche sich, in der Philosophie besser beschlagen zu sein). Jedenfalls aber liefert die Annahme, die Freud zu widerlegen glaubte, vermutlich eine zutreffendere Beschreibung seiner eigenen Auffassung, die unwissentlich seinen Bemühungen zugrunde lag, die Nervenfasern und -fibrillen des Gehirns nachzuzeichnen oder, später, die geistigen Funktionen im Gehirn zu kartieren. Sogar als er zu dem Schluss gelangte, der Geist selbst enthalte Konflikte und Widersprüche, beschrieb er damit nichts Neues.

Von Gedanken, die außerhalb der bewussten Erfahrung liegen, weiß der Mensch, seit er angefangen hat, über das Denken nachzudenken. Der griechische Arzt Galen hat darüber geschrieben. 200 Jahre später und 1200 Jahre vor Descartes fragte sich Augustinus, wie ein Gedanke außerhalb des Gedächtnisses und vorübergehend unauffindbar sein, sich aber trotzdem im Gedächtnis befinden und letztlich auffindbar sein könne. Mit anderen Worten, wie es möglich sei, dass er abwesend und doch anwesend sei. Descartes' strenge Unterscheidung zwischen Materie und Geist – und besonders seine stillschweigende Voraussetzung, dass der Geist, wenn er denn eine äußere Entität sei, eine einzige, *unteilbare* Entität darstelle – unterstrich nur diese semantische Lücke, die nachfolgende Generationen von Physiologen und Philosophen zu füllen suchten. Anfang des 18. Jahrhunderts schrieb Gottfried Wilhelm Leibniz: »Unsere klaren Begriffe sind wie Inseln, die sich aus einem Meer von unklaren erheben.« Spielarten des Wortes *unconscious* fanden Mitte des 18. Jahrhunderts Eingang in die englische Sprache, ins Deutsche (*Unbewusstsein* und *bewusstlos*) Ende des 18. Jahrhunderts und ins Französische (*inconscient*) Mitte des 19. Jahrhunderts.

Wenn unsere Sprache, wie Poincaré schrieb, tatsächlich von vorgefassten Ideen durchdrungen ist, bedeutet das Erscheinen eines neuen Wortes in der Sprache möglicherweise das Auftreten einer *neu* gefassten Idee – oder zumindest die Vorstufe einer solchen Idee. Der Arzt und Psychologe Wilhelm Griesinger schrieb 1845:»Im Verstand gibt es Leben und Bewegung, die wirklich, aber unbewußt sind. Wir erkennen sie an ihren Ergebnissen, die häufig aus einem unbekannten Ursprung ganz plötzlich hervortreten. Ständige Aktivität herrscht in diesem fast, wenn auch nicht ganz, verdunkelten Bereich, der viel größer und viel charakteristischer für die Individualität ist als die relativ kleine Zahl von Eindrücken, die durch unseren Bewußtseinszustand gehen.« Ein Jahr später schrieb der Physiologe und Psychologe Karl Gustav Carus in dem einleitenden Satz seiner außerordentlich einflussreichen Schrift *Psyche*:»Der Schlüssel zur Erkenntnis vom Wesen des bewußten Seelenlebens liegt in der Region des Unbewußtseins.« 1869 vermochte der junge deutsche Philosoph Eduard von Hartmann in seiner *Philosophie des Unbewußten* mindestens 26 Aspekte unbewusster geistiger Aktivität benennen, die bis zu Descartes zurückgehen. Vielleicht mehr als irgendein anderes Werk der Zeit hat dieses umfangreiche Buch den Begriff des Unbewussten populär gemacht; die Ideen und der Name des Autors waren während Freuds Jugend in aller Munde. Bald folgten französische und englische Übersetzungen sowie viele andere Schriften über das Unbewusste in allen drei Sprachen. 1890 verglich der Amerikaner William James das Bewusstsein mit einem Strom.

Wie Freud stellten diese Philosophen und Psychologen fest, dass sie durch die Postulierung des Unbewussten alltägliche Effekte wie Kreativität, Willen und Emotionen erklären konnten, die sonst vielleicht den Anschein erweckt hätten, überhaupt keine Ursachen zu haben. Im Unterschied zu Freud hatten sie allerdings keinen Grund zu der Annahme, sie könnten die unbewussten Prozesse selbst beobachten. Sie hatten die Wirkungen gesehen und sie hatten Ursachen postuliert, aber sie hatten nicht die Ursachen gesehen, die zu den Wirkungen *führten*. Genauer, sie hatten nicht erlebt, wie die Beseitigung der Ursachen zur *Beseitigung der Wirkungen* führte. Das nämlich glaubte Freud beobachtet zu haben, als er die von seinem Kollegen Breuer empfohlene kathartische Therapie durchführte.

Also auch mit der kathartischen Therapie und der Einschätzung ihrer Bedeutung für den Begriff des Unbewussten stand Freud nicht allein. Als Freuds Vortrag mit der Formulierung »Wenn die Ursache aufhört, hört auch die Wirkung auf« im Januar 1893 im Druck erschien, waren als Verfasser angegeben »Dr. Josef Breuer und Dr. Sigm. Freud aus Wien«. Tatsächlich hatte sich Freud bei dem Vortrag weitgehend an den Aufsatz »Über den psychischen Mechanismus hysterischer Phänomene (Vorläufige Mitteilung)« gehalten – eine Zusammenfassung ihrer gemeinsamen Arbeit, die sie erstmals im gleichen Monat in medizinischen Zeitschriften in Berlin und Wien und dann noch einmal 1895 in der Einleitung der von ihnen beiden verfassten Schrift *Studien über Hysterie* veröffentlichten. Das Buch entstand, weil Freud von der Heilung der Anna O. durch Breuers kathartische Methode so fasziniert war. Zusammen hatten Breuer und Freud die kausale Erklärung entwickelt, die sie erstmals (auf Freuds Veranlassung) in der »Vorläufigen Mitteilung« beschrieben: »[Wir dürfen] wohl aus diesen Beobachtungen schließen, der veranlassende Vorgang wirke in irgendeiner Weise noch nach Jahren fort, nicht indirekt durch Vermittlung einer Kette von kausalen Zwischengliedern, sondern unmittelbar als auslösende Ursache.« Mit dem »Unbewussten« schufen Freud und Breuer insofern einen neuen Begriff, als sie das Wort, das es bis dahin nur als Adjektiv gab (etwa in »unbewusste Erinnerung«), in den *Studien über Hysterie* nominalisierten – nicht abwesend und doch anwesend, sondern abwesend und doch aktiv.

Doch selbst als Breuer und Freud ihre »Vorläufige Mitteilung« veröffentlichten, wichen die Überlegungen, die sie zu dieser Neufassung des Unbewussten veranlassten, voneinander ab – und damit auch die Schlussfolgerungen, die sie daraus ableiteten. Eine Vorstellung, die irgendwie abwesend und doch aktiv war, ließ nach Breuer auf eine Art Disposition für ein bestimmtes Verhalten – einen »hypnoiden Zustand« – schließen. Zunächst folgte Freud dieser Auffassung. Doch noch vor der gemeinsamen Arbeit mit Breuer an der »Vorläufigen Mitteilung« entwickelte Freud eine abweichende Deutung, die neben den hypnoiden Zuständen bestehen konnte. 1894 beschrieb er diese Alternative in einem Aufsatz: »[Ich werde sie] als Abwehrhysterie bezeichnen und durch diesen Namen von [der] Hypnoidhysterie sondern.« Ein Jahr später begann seine Ambivalenz in den *Studien über Hysterie* deutlicher zutage zu treten: »Ich [lasse] mich … gerne bestimmen …, an der Aufstellung der Hypnoidhysterie festzuhalten. Meiner eigenen Erfahrung ist merkwürdigerweise keine echte Hypnoidhysterie begegnet.« Ein weiteres Jahr später konnte Freud in einem Artikel, den er in Anlehnung an einen Vortrag über Hysterie verfasste, seine Ungeduld mit dem Begriff kaum verhehlen: »Allein ich finde, daß zur Voraussetzung solcher hypnoider Zustände oftmals jeder Anhalt fehlt.«

Freud fand die Hypothese des hypnoiden Zustands unter anderem deshalb problematisch, weil sie einen Begriff – und damit die Notwendigkeit einer neuen Erklärung – einführte, ohne selbst irgendetwas wirklich zu erklären. Später schrieb Freud: »Damit war eine neue Frage, die nach der Herkunft solcher Hypnoide, aufgeworfen.« Hingegen lieferte Freuds eigener Begriff der Abwehr oder der Verdrängung eine Erklärung. Danach bleibt im Unbewussten nicht nur das ursprüngliche Trauma tage- oder jahrelang aktiv, sondern auch die Kraft der Verdrängung, welche die andauernden Auswirkungen der ursprünglichen Ursache abwesend erscheinen lässt.

Egal, ob der Wissensvorrat endlich war, ob die Naturwissenschaften sich ihrem Ende näherten oder nicht – Einstein und Freud wussten beide, dass sie mit ihren Untersuchungen erst am Anfang standen. Die Verheißung des Äthers hatte sich als falsch erwiesen. Den Äther gab es nicht – brauchte es noch nicht einmal zu geben, um zu erklären, was Einstein auf seinen Wanderungen rund um Bern gefunden zu haben glaubte. Auch die Verheißung der Neuronen erwies sich als falsch. Zwar gab es das Neuron – es konnte aber nicht erklären, was Freud in den Gesprächen mit seinen Patienten in Wien gefunden zu haben glaubte.

Nur weil jemand glaubte, er habe etwas entdeckt, hieß das natürlich noch lange nicht, dass er tatsächlich etwas entdeckt hatte – besonders wenn angesichts dessen, was er entdeckt hatte, wäre es bekannt geworden, die Leute gesagt hätten: »Der Einstein (oder der Freud) ist wohl verrückt geworden.« Die Geschichte kennt viele Visionäre, die glaubten, sie hätten das Gelobte Land gefunden, nur um festzustellen zu müssen, dass niemand ihre Beschreibungen mit der eigenen Erfahrung in Einklang bringen konnte – nur um festzustellen zu müssen, dass ihre Ergebnisse der Prüfung durch die wissenschaftliche Methode nicht standhielten. Wenn ein ungewöhnlicher Befund – ein relativistisches Universum dort draußen oder ein unbewusstes Universum hier drinnen – wissenschaftliche Gültigkeit beanspruchen wollte, galt es, ihn einer unabhängigen Verifizierung zu unterwerfen. Es mussten sich Beweise für ihn finden lassen, und diese Beweise mussten von jedem anderen Wissenschaftler produziert und reproduziert werden können. Bis dahin hatte der ungewöhnliche Befund dort zu bleiben, wo ein Einstein oder ein Freud ihn entdeckt hatte – in jenem unergründlichen, hoffnungslos unzuverlässigen und doch unentbehrlichen wissenschaftlichen Instrument, das wir den menschlichen Geist nennen.

Doch als Einstein und Freud gerade erst anfingen, ihre Entdeckungen den ausgeklügelten Verfahren der wissenschaftlichen Methode zu unterwerfen, setzten sie sich schon mit einer weit unmittelbareren Frage auseinander – einer Frage, die sich jeder Naturforscher stellen muss, wenn er sich mit Daten konfrontiert sieht, auf die vor ihm noch niemand gestoßen ist: Gibt es … noch mehr?

II. Erst die Materie, dann der Geist

Kapitel *vier*
Der Sprung in den Glauben

Im Geiste fiel er. Fiel er und fiel nicht. Hinter ihm war ein Dach, auf dem er sich noch einen Augenblick zuvor befunden hatte, und vor ihm war der Boden, auf dem er sich einen Augenblick später befinden würde. In diesem Sinne fiel er. Doch in einem anderen Sinne war er bereits in Ruhe. Jedes Stück Materie im gesamten Universum übte einen exakt vorhersagbaren Einfluss auf ihn aus – vor allem natürlich die Erde, der er gerade entgegenraste; aber auch das Dach, auf dem sein Fall begonnen hatte; auch der Mond, so gewiss, wie dieser die Gezeiten bewirkt; die Sonne, das ungeheure Zentralgestirn, das die Bahnen aller Körper in seinem System organisiert; sogar die Sterne, trotz ihrer unvorstellbaren Entfernungen, und alles, was sich zwischen ihnen und ihm befinden mochte. Doch selbst wenn man das alles zusammenrechnete – im Augenblick des freien Falls spürte er ... nichts davon.

Trotzdem war es etwas, dieses Nichts. Es war natürlich eine Abwesenheit: ein Mangel an Bodenständigkeit, ein vorübergehender Schwebezustand, der alles erfasste, was mit ihm fiel – eine Waage zum Beispiel. Eben noch, auf dem Dach, und in Kürze, auf dem Boden, würde die Waage, falls der Mann auf ihr stünde, einen wenig überraschenden Wert zeigen: sein Gewicht. Zwischen dem Ausgangs- und Endpunkt seines Falles aber würden sich Waage und Mann mit der gleichen Geschwindigkeit bewegen. Bliebe der Mann auf seinem Weg zur Erde auf der Waage, wöge er während der gesamten Dauer des Falls gar nichts.

Daher ist dieses Nichts unzweifelhaft eine Gegenwart, eine Beziehung, die unseren Sinnen bis dahin verborgen war: Die Wirkung der Beschleunigung und die Wirkung der Gravitation heben sich gegenseitig auf. Die Erkenntnis dieser entscheidenden Äquivalenz – dass etwas und etwas zusammen nichts ergeben – traf Albert Einstein wie ein Keulenschlag.

Später sprach er vom »glücklichsten Gedanken meines Lebens« – ein Gedanke, der möglicherweise auf eine Stufe mit Newtons Überlegungen zu Äpfeln und Schwerkraft zu stellen ist. Um die Schwerkraft, die Gravitation, ging es auch im Herbst 1907, als Einstein in jenem Tagtraum seinen imaginären Flug antrat oder von ihm mitgerissen wurde. Er saß im Berner Patentamt, wo er immer noch als technischer Experte tätig war, und dachte über einen Artikel nach, um den ihn der Herausgeber des *Jahrbuchs der Radioaktivität und Elektronik* gebeten hatte. Darin sollte er die Gedanken des Aufsatzes »Zur Elektrodynamik bewegter Körper« zusammenfassen und fortführen – jenes Artikels über die spezielle Relativitätstheorie, den er zwei Jahre zuvor in den *Annalen der Physik* veröffentlicht hatte. Dieser frühe Aufsatz und einige andere, gleichfalls aus dem Jahr 1905, hatten zwar Einsteins Ansehen unter den Physikern gefördert, nicht aber seine Lebensverhältnisse. »Ich muss Ihnen offen sagen, daß ich mit Staunen gelesen habe, daß Sie 8 Stunden am Tage in einem Bureau sitzen müssen! Es gibt oft einen Treppenwitz in der Geschichte«, schrieb ihm ein Fachkollege, der sich anschickte, die gut 500 Kilometer von Würzburg nach Bern zu reisen, um mit dem Theoretiker zusammenzuarbeiten, dessen Artikel er bewunderte und der ihm brieflich mitgeteilt hatte, wo er zu finden sei.

Einstein selbst beklagte sich nicht. Er war 28 Jahre alt und Vater eines dreijährigen Sohnes, bezog ein regelmäßiges (sogar »hübsches«) Einkommen, pflegte enge Freundschaft zu Besso, einem ebenfalls an der Physik interessierten Kollegen am Patentamt, hatte eine geregelte Arbeitszeit, die zwar 48 Stunden in der Woche verschlang, ihm aber »noch acht Stunden Allotria und noch einen Sonntag« ließ. Das hieß freilich nicht, dass die Arbeitszeit ideal war. So bat Einstein den Herausgeber des oben erwähnten *Jahrbuchs*, ihn mit einschlägiger Literatur zu versorgen, »da in meiner freien Zeit die Bibliothek geschlossen ist«. Trotzdem schätzte Einstein die Arbeit im Patentamt, »da sie ungemein abwechslungsreich ist und viel zu denken gibt«, wie er einmal in einem Brief an einen Freund schrieb. »Vielseitig« nannte er sie bei einer anderen Gelegenheit. Als technischer Experte musste Einstein den Patentantrag eines Erfinders nicht nur auf seine Originalität, sondern auch auf seinen praktischen Wert prüfen, und das ausschließlich anhand von Zeichnungen und Beschreibungen. Der Amtsleiter erklärte ihm: »Wenn Sie ein Gesuch zur Hand nehmen, dann denken Sie, es sei alles falsch, was der Erfinder sagt.« Andernfalls nämlich »folgen Sie dem Gedankengang des Erfinders, und dadurch sind Sie befangen. Es gilt kritisch-wachsam zu bleiben.« So kam Einstein in der Stellung am Patentamt eine besondere Fähigkeit zugute: Er konnte ein physikalisches System und seine wesentlichen Eigenschaften mit einem Blick erfassen – begreifen, wie es arbeiten sollte und ob es dazu imstande sei.

Zum Teil hatte Einstein es dieser Begabung zu verdanken, dass er auf den Gedanken mit dem fallenden Menschen kam. Obwohl der Vorgang nur in seiner Vorstellung existierte, erkannte Einstein sofort, dass er *stimmte*. In der Äquivalenz zwischen der Trägheit – dem Bestreben eines auf dem Dach ruhenden Objekts, dort zu bleiben – und der Gravitation – dem Bestreben eines nicht ruhenden Objekts, vom Dach auf den Boden zu fallen – (zwischen Fallen und Nichtfallen also) erahnte er eine mögliche Antwort auf eine Frage, die sich ihm erstmals zwei Jahre zuvor gestellt hatte. Damals hatte er an dem Artikel gearbeitet, von dem er jetzt eine Zusammenfassung für das Jahrbuch schreiben wollte. Er hatte zwischen einem ruhenden Körper und einem, der sich mit gleichförmiger – also unveränderlicher – Geschwindigkeit bewegt, eine mathematische Beziehung entdeckt. Nun wollte er mit diesen Gleichungen verfahren, wie er es eigentlich schon 1905 vorgehabt hatte: sie dergestalt erweitern, dass sie auch für einen Körper in Ruhe und einen Körper mit *ungleichförmiger* Geschwindigkeit gültig war, das heißt für ein Objekt, das eine Beschleunigung erfährt, wie zum Beispiel ein Mensch, welcher der Schwerkraft unterworfen ist. Bevor er den *Jahrbuch*-Artikel Anfang Dezember 1907 abschickte, fügte Einstein, ermutigt von dem »glücklichen« Gedanken an den Menschen, der vom Dach fällt, einen Abschnitt hinzu, in dem er die Hoffnung ausdrückt, er werde den betreffenden Nachweis führen können, sobald er die mathematischen Probleme bewältigt habe.

Die Mathematik ist der Teil eines jeden physikalischen Beweises, der zweifellos notwendig, aber auch vernachlässigbar ist. Einstein jedenfalls vernachlässigte ihn. Sogar während seiner Studienjahre hatte er die Mathematikvorlesungen häufig geschwänzt und sich stattdessen an die sorgfältigen Notizen eines guten Freundes gehalten. Später schrieb Einstein: »Eigentlich [hätte ich] eine tiefe mathematische Ausbildung erlangen können. Ich aber arbeitete die meiste Zeit im physikalischen Laboratorium, fasziniert durch die direkte Berührung mit der Erfahrung.« Für Einstein wurde die Mathematik, mochte sie auch noch so komplex, erhaben und wichtig sein, ein Mittel zu weitaus faszinierenderen Zwecken.

Dabei war sie für ihn früher einmal ein Zweck an sich gewesen. Als Kind hatte Einstein die Mathematik mit einer an Verehrung grenzenden Hochachtung betrachtet, verwandt mit dem Gefühl, das der Anblick des väterlichen Kompasses in ihm ausgelöst hatte, als er sich gefragt hatte, was wohl die Richtung der

Nadel bestimmen mochte. Nichts, soweit er sehen konnte – woraus folgte, dass das, was er sehen konnte, nicht ausreichte.

Mit diesem Verdacht stand er beileibe nicht allein da. Ohne große Übertreibung lässt sich wohl sagen, dass sich der kleine Einstein in diesem Augenblick in eine lange Kette von Philosophen einreihte, die mindestens bis Platon zurückreichte. Dieser hatte mit seinem Höhlengleichnis eine unübertreffliche Metapher für eine charakteristische Eigenschaft unserer Zivilisation geliefert: unsere möglicherweise fatale, aber unvermeidliche Abhängigkeit von Sinneswahrnehmungen auf der Suche nach der Wirklichkeit. Im Höhlengleichnis beobachten angekettete Gefangene Schatten an den Wänden und versuchen, aus diesen flackernden Schemen auf die verborgenen Formen zu schließen, die sie erzeugen, oder sogar das Rätsel der noch ferneren Lichtquelle zu lösen. Was war also die Alternative zum Schattenraten oder zur Kompassbeobachtung? Die Antwort, zu der Einstein eines Tages gelangen sollte, war ebenso unoriginell wie seine Einsicht in die Begrenztheit der Sinnesdaten – und gleichermaßen zeitlos: die Mathematik.

Mit zwölf Jahren bekam Einstein ein geometrisches Lehrbuch in die Hand, und abermals übertreiben wir kaum, wenn wir sagen, dass er sich auch in diesem Augenblick einer altehrwürdigen Tradition anschloss, die allerdings nicht ganz so weit zurückreichte wie die philosophische Ahnenreihe. Gewiss, Platon hatte den Mitgliedern seiner Akademie empfohlen, mathematische Muster in den Himmelsbewegungen zu suchen, um herauszufinden, ob sich die Geometrie, ein griechisches Wort, das »Landmessung« bedeutet, auch auf den Himmel anwenden lasse. Und das gelang ihnen auch bis zu einem gewissen Grade. Der Zusammenhang zwischen den Diagrammen, die sie aufs Papier zeichneten, und den Bewegungen, die sie am Himmel beobachteten, war immerhin so eng, dass er Astronomen mehr als tausend Jahre lang dazu diente, Sonnenfinsternisse und Jahreszeiten vorherzusagen, Ernten und Feste zu planen.

Dennoch stellte dieser Zusammenhang nur eine ziemlich grobe Näherung dar. Da die späteren Mathematiker nicht wirklich wussten, was es mit den Himmelskörpern auf sich hatte, konnten sie, wie sie selbst sagten, nicht mehr tun, als »den Schein zu wahren« – Sphären innerhalb von Sphären zu beschreiben, auf denen sich Sonne, Mond und Planeten bewegten, und diesen Bewegungen dann Kreisformen in Kreisformen zuzuschreiben, bis das mathematische Bild auf dem Papier dem Geschehen am Himmel ähnelte. Was dort tatsächlich passierte, war nicht bekannt und, da keinerlei Untersuchung zugänglich, auch unerkennbar.

Und doch *war* es erkennbar – zumindest so erkennbar wie alle anderen Ereignisse in der Welt. Diese Überzeugung war in der modernen wissenschaftlichen Tradition verkörpert, der sich der zwölfjährige Einstein verschrieb. Bevor er sich mit dem Geometriebuch vertraut machte, hatte der junge Einstein versucht, seine Sehnsucht nach einer verborgenen Ordnung der Dinge zu befriedigen, indem er eine »tiefe Religiosität« praktizierte, obwohl seine jüdischen Eltern »ganz irreligiös« waren. Laut bayerischem Gesetz musste jedes Kind eine religiöse Erziehung erhalten. Ein entfernter Verwandter erteilte sie Albert ab seinem siebten Lebensjahr im elterlichen Haus in München. Jahrelang hielt sich Albert streng an alle religiösen Vorschriften, bis hin zum Verzicht auf Schweinefleisch. Diese Phase endete, als er anfing, populärwissenschaftliche Bücher zu lesen. Später schrieb er: »[Ich] kam … bald zu der Überzeugung, daß vieles in den Erzählungen der Bibel nicht wahr sein konnte.« Beispielsweise entsprach eine Sechs-Tage-Schöpfung nicht den Abläufen in der wirklichen Welt, zumindest wenn man sich nicht zum Sprung in den Glauben entschloss. Die Geometrie entsprach ihnen sehr wohl – da war kein Sprung in den Glauben erforderlich.

Oder vielmehr war in der Mathematik ein anderer Glaube erforderlich. Vergessen waren die Freunde. Vergessen waren die Spiele im Freien. Albert hatte nur noch Augen und Ohren für seine Gleichungen. Als er dreizehn war und Algebra und Geometrie im Mathematikunterricht des Gymnasiums bekam, kaufte er sich im Voraus alle Mathematikbücher, die der Lehrplan vorsah. In den Ferien erarbeitete er sich methodisch jeden Lehrsatz. Tagelang konzentrierte er sich auf ein Problem, bis er einen Beweis gefunden hatte – der mochte manchmal von dem im Lehrbuch abweichen, war aber, soweit er sehen konnte, nicht weniger legitim. Es gelang ihm sogar, einen eigenen Beweis für den Satz des Pythagoras zu finden. Vielleicht war ja in der Mathematik weniger wichtig, *wie* man zu einer Antwort gelangte, als dass es *überhaupt* eine Antwort gab, zu der man gelangen konnte: eine unwandelbare Beziehung zwischen dem Quadrat über der Hypotenuse und der Summe der Quadrate über den Katheten. Das ist eine Gleichung, die für alle rechtwinkligen Dreiecke gilt, egal, wie sie aussehen.

Als Einstein später seine erste Begegnung mit dem Satz des Pythagoras schilderte, schrieb er: »Auch schienen mir die Gegenstände, von denen die Geometrie handelt, nicht von anderer Art zu sein als die Gegenstände der sinnlichen Wahrnehmung.« Gab es einen Unterschied? Schließlich hatten die alten Griechen die Abstraktionen der Geometrie aus den Besonderheiten des alltäglichen Lebens abgeleitet – warum sollte dann die Manipulation geometrischer Formen nicht Erkenntnisse über das Geschehen im Universum liefern? Eröffnete die Mathematik einen Weg zu den Rätseln des Kosmos und damit letztlich zu ihrer Lösung?

Der neuzeitliche Glaube an die Mathematik setze »Glaube an die Gesetzlichkeit« voraus, schrieb Einstein im ehrenden Gedenken an Johannes Kepler, den deutschen Mathematiker und Astronomen, der sich diesen Glauben Anfang des 17. Jahrhunderts als erster neuzeitlicher Denker zu Eigen machte. Das sei umso bemerkens- und bewundernswerter gewesen, merkte Einstein an, als Kepler in einer Zeit gelebt habe, »in der das Bestehen einer allgemeinen Gesetzlichkeit des Naturablaufs noch keineswegs gesichert war«.

Vor Kepler hatten die Mathematiker lediglich bewiesen, dass sie durch die Geometrie den Schein wahren, dass sie Näherungen für die Bewegungen am Himmel liefern konnten. Dazu meinte Thomas von Aquin im 13. Jahrhundert: »Die Annahmen, von denen die Astronomen ausgehen, müssen nicht notwendig wahr sein. Zwar scheinen diese Hypothesen mit den beobachteten Erscheinungen übereinzustimmen, … doch vielleicht lässt sich die beobachtete Bewegung der Himmelskörper auf eine andere Weise erklären, die bislang noch nicht entdeckt worden ist.« Zu Keplers Zeit hatten diese mathematischen Hypothesen der Alten jedoch noch nicht einmal mehr den Vorzug, mit den beobachteten Erscheinungen übereinzustimmen: Die Abfolge der Jahreszeiten war im Laufe der Jahrhunderte allmählich von den im Kalender eingebetteten mathematischen Voraussagen abgewichen. Als Nikolaus Kopernikus 1543 in seiner Schrift *Sechs Bücher über die Umläufe der Himmelskörper*, einem Meisterwerk der mathematischen Astronomie, ein neues System des Universums vorschlug, in dem die Sonne den Mittelpunkt bildete und die Erde sie umkreiste, war sein vordringliches Ziel noch immer, »den Schein zu wahren«: Gleichungen zu finden, die lediglich erklärten, was am Himmel zu geschehen *schien*.

Kepler jedoch ging an der Wende zum 17. Jahrhundert von einer ganz anderen Voraussetzung aus. Er glaubte, dass der Himmel den Gesetzen der Geometrie nicht nur scheinbar, sondern tatsächlich folge – und dass man daher mit Hilfe der Geometrie nicht nur die scheinbaren, sondern auch die wirklichen Abläufe am Himmel beschreiben könne.

Bei diesen Bemühungen profitierte Kepler von einem enormen Vorteil gegenüber allen früheren Mathematikern: Berechnungsdaten von nie da gewesener Genauigkeit. Im Jahr 1600 trat Kepler in die Dienste des dänischen Astronomen Tycho Brahe, der unlängst kaiserlicher Mathematiker in Prag geworden war. Vor dieser Berufung hatte Tycho mehr als zwanzig Jahre damit verbracht, Tabellen der Planetenbewegungen zusammenzustellen. Dank einer mehr als großzügigen Zuwendung des Königs von Dänemark hatte er sich eine Insel gekauft, dort nach genauen Plänen ein Observatorium (mit vier Beobachtungsräumen) erbauen lassen und in einer Werkstatt auf dem Eiland die bis dahin raffiniertesten und genauesten astronomischen Instrumente gefertigt.

Was Kepler zu Tychos Daten beisteuerte, war nicht weniger wertvoll: eine mathematische Genauigkeit, die ebenso einzigartig war. Wie Kopernikus erkannte Kepler, dass ein heliozentrisches Universum eine Neuordnung am Himmel ermöglichen würde. Statt sich allerdings über die verbleibenden Widersprüche zwischen Mathematik und Daten hinwegzusetzen, entschied sich Kepler für den kompromisslosen Versuch, sie miteinander in Einklang zu bringen. Wenn dem Himmelsgeschehen tatsächlich eine Gesetzmäßigkeit innewohnte und wenn die Mathematik wirklich in der Lage war, diese Gesetzmäßigkeit zu beschreiben, brauchte er nur die mathematischen Grundlagen auszuarbeiten und sie so lange zu korrigieren, bis sich das, was sein Mentor Tycho beobachtet, und das, was er selbst errechnet hatte, *exakt* deckte.

Bevor Tycho 1601 starb, hatte er Kepler noch die Aufgabe gestellt, die Bahn des Mars mathematisch zu beschreiben. Rasch stellte Kepler fest, dass zwei von Tychos sorgfältigen Beobachtungen der Planetenposition von seinen eigenen Berechnungen nur um 8 Bogenminuten abwichen – um 8 von 21 600 Bogenminuten, die eine vollständige kreisförmige Umlaufbahn umfasst. 8 Bogenminuten stellten ein Maß an Genauigkeit dar, das kein früherer astronomischer Beobachter auch nur annähernd erreicht, geschweige denn zur Norm erhoben hatte. Kepler tat es und vertiefte sich wieder in seine Berechnungen. Seine mathematischen Ansprüche verlangten es.

Dabei war Kepler durchaus nicht in jeder Hinsicht ein neuzeitlicher Denker. Während er Jahr um Jahr über den Berechnungen saß, die eine neue Ära der Himmelsmechanik einleiteten, lauschte er mit einem Ohr stets auf die Sphärenmusik – in der sich nach traditioneller Auffassung die innere Ordnung des Universums äußerlich manifestierte. Sogar seine Überzeugung, dass der Himmel letztlich mathematischen Regeln folge, resultierte teilweise aus dem Glauben, der Schöpfer habe die Bahnen Seiner sechs Planeten mit Hilfe der fünf regelmäßigen geometrischen Körper ineinander gefügt – Pyramide, Würfel, Oktaeder, Dodekaeder und Ikosaeder (Zwanzigflächner). Diese alten Vorurteile sollten Kepler teuer zu stehen kommen. Bei seinen Versuchen, eine mathematische Formulierung für die Umlaufbahn des Mars zu finden, stieß er auf eine Form, die sich später als richtig erweisen sollte, aber da sie kein Kreis war – seit der Antike das Symbol für himmlische Vollkommenheit –, ließ er sie wieder fallen. Als er sieben Jahre und viele tausend Manuskriptseiten später abermals zu ihr gelangte, erkannte er in ihr die Ellipse, die er einst verworfen hatte. »Ach, was für ein lächerlicher Vogel bin ich doch gewesen«, notierte er.

Mit dieser Genauigkeit setzte Kepler jedoch einen neuen und durch und durch neuzeitlichen Maßstab für die Mathematiker und die Mathematik selbst – für die Rolle, die die Mathematik bei der Erforschung der Natur spielen konnte. Nach der herkömmlichen Auffassung hatten die Bewegungen der Himmelskörper kreisförmig zu sein. Als Kepler die Mars-Aufgabe gelöst hatte, gelangte er zu dem Schluss, diese Bahnen müssten elliptisch sein. Nach herkömmlicher Auffassung mussten die Bewegungen gleichförmig sein; Kepler vertrat die Ansicht, dass sie sich verändern – dass ein Planet langsamer wird, wenn er sich auf seiner Bahn von der Sonne entfernt, und dass er beschleunigt, wenn er sich der Sonne nähert. Genauer: Die Verbindungslinie zwischen einem Planeten und der Sonne überstreicht in gleicher Zeit gleiche Flächen. Diese ersten beiden Gesetze veröffentlichte Kepler 1609. Zehn Jahre später fügte er ein drittes hinzu: Je größer die durchschnittliche Entfernung eines Planeten von der Sonne ist, desto länger braucht er für seine Bahn. Genauer: Das Quadrat der Umlaufzeit eines Planeten um die Sonne verhält sich wie der Kubus (die dritte Potenz) der durchschnittlichen Entfernung des Planeten zur Sonne. *Das* war das tatsächliche und nicht nur das scheinbare Geschehen am Himmel, denn *das* war jene Übereinstimmung zwischen Beobachtungen und Berechnungen, die als Beweis dienen konnte.

Doch *wie* geschieht am Himmel das, was dort geschieht? Fast 2000 Jahre lang hatte eine einzige Antwort genügt: Die Sonne, der Mond und die sechs Planeten wandern auf festen Sphären entlang. Es spielte keine Rolle, dass niemand diese Sphären sehen konnte; sie mussten da sein, weil die Himmelsobjekte sich an *irgendetwas* entlangbewegen mussten. Im Jahr 1588 erklärte dann aber Tycho Brahe, er glaube nicht mehr an die Existenz dieser Sphären, denn nachdem er die Bahn des Kometen berechnet hatte, den er 1577 entdeckt hatte, war er zu dem Schluss gelangt, dass der Komet mitten durch die Sphären geflogen und sie eine nach der anderen zerschmettert hätte. Welche Alternative zu dieser uralten Interpretation hatte *Astronomia nova* (*Neue Astronomie*), wie Kepler seine Abhandlung aus dem Jahr 1609 nannte, also zu bieten? Nachdem er *De magnete, magnetisque corporibus, et de magno magnete tellure* (*Über den Magneten, magnetische Körper und den großen Magneten Erde*) gelesen hatte, die Schrift, in der der englische Arzt William Gilbert 1600 die radikale Behauptung aufstellte, dass die Erde selbst ein Magnet sei, glaubte Kepler die Antwort gefunden zu haben: Vielleicht war auch die Sonne ein Magnet, der die Planeten mit seiner Kraft auf ihren Bahnen hielt. Doch wo waren die mathematischen Verfahren, um *diese* Behauptung zu beweisen?

Das war wiederum der Kernpunkt der Frage, die sich Isaac Newton laut der zweifelhaft klingenden, aber offenbar wahren Geschichte stellte, wonach ihm dieser Gedanke gekommen sei, als er eines Tages im Jahr 1665 in seinem Garten einen Apfel habe fallen sehen. Newton besaß den gleichen Vorteil gegenüber Kepler, den dieser gegenüber seinen eigenen mathematischen und astronomischen Vorgängern gehabt hatte: eine bislang nie da gewesene Genauigkeit der Beobachtungsdaten. Nach der Erfindung des Teleskops Anfang des 17. Jahrhunderts hatten die Astronomen seit Galilei Daten zusammengetragen, die nicht nur Kopernikus' heliozentrische Interpretation des Kosmos untermauerten, sondern auch eine Fülle an neuem Zahlenmaterial für jede Formel lieferten, mit deren Hilfe die Mathematiker herauszufinden suchten, warum die keplerschen Gesetze so erfolgreich waren. Bei der Untersuchung der Bewegungen von Sonne, Mond und Planeten – einer Kategorie, der jetzt auch die Erde zugerechnet wurde, da sie nicht mehr den Mittelpunkt des Kosmos bildete – konnten sich Newton und seine englischen Landsleute ferner auf Descartes' Erkenntnis stützen, dass die Gesetze der euklidischen Geometrie gleichermaßen für die Bereiche von Himmel und Erde galten, deren Unterschiede immer mehr verblassten.

Dabei gingen sie von zwei Annahmen aus: Erstens, jede derartige Anziehungskraft, egal, ob von magnetischer oder anderer Art, geht vom Massenmittelpunkt eines Objekts – beispielsweise vom Erdmittelpunkt – und nicht von seiner Oberfläche aus. Zweitens, diese Anziehungskraft wird von der Formel bestimmt, mit der auch die Helligkeit der Sonne oder eines Planeten berechnet wird: Die Größe nimmt mit dem Quadrat der Entfernung ab (das quadratische Abstandsgesetz, wie es später genannt werden sollte). Um diese beiden Ideen zu überprüfen, verglich Newton die Beschleunigung eines Apfels an der Erdoberfläche – mit anderen Worten, einen Erdradius vom Erdmittelpunkt entfernt – mit der Beschleunigung des Mondes, der, wie er wusste, nach den damaligen Messungen einen Abstand von 60 Erdradien hatte. Folgten diese beiden Beispiele dem quadratischen Abstandsgesetz? Betrug die Anziehungskraft der Erde auf dem Mond tatsächlich $1/60^2$ – also $1/3600$ – der Erdanziehung auf den Apfel? Entsprach die mathematische Verifizierung wahrhaftig den vorliegenden Beobachtungen? Newton rechnete es durch und gelangte zu dem Schluss: »Ziemlich genau«.

Nun zum schwierigeren Teil: Welche *genaue* Form würde ein Planet im Raum beschreiben, wenn sich seine Bahn um die Sonne nach diesen beiden Grundsätzen richtete? Das war die Frage, die der englische Astronom Edmund Halley im August 1684 bei einem Cambridgebesuch beiläufig an Newton richtete. Ebenso beiläufig erwiderte Newton, er komme zwar im Augenblick nicht an die Unterlagen, habe die Lösung aber schon einige Jahre zuvor errechnet: eine Ellipse. Der völlig verblüffte Halley drängte Newton, die Berechnungen zu suchen und zu veröffentlichen. Waren sie nämlich richtig, so war das nichts weniger als die mathematische Bestätigung der keplerschen Gesetze. (Was auch Newton klar gewesen sein muss, den aber, wie üblich, die öffentliche Resonanz seiner Arbeit wenig interessierte.) Drei Jahre später und dank Halleys Bereitschaft, die Druckkosten zu übernehmen, legte Newton sein Werk *Philosophiae naturalis principia mathematica* (*Mathematische Grundlagen der Naturphilosophie*) vor.

Der Glaube, der die Mathematiker beflügelte, begann sich allmählich zu verändern. An der Wende zum 17. Jahrhundert hatte Kepler die Auffassung vertreten, die Natur gehorche bestimmten

Gesetzen. Damit hatte er das alte Interesse an der Erklärung scheinbarer *Unregelmäßigkeiten* bei der Erforschung von Himmelsbewegungen – zur Wahrung des Scheins – in das vollkommen neue Bestreben verwandelt, durch die Anwendung von drei einfachen Gesetzen, die den tatsächlichen Beobachtungen entsprachen, *Regelmäßigkeiten* zu erkennen. Nun gab Newton dem Interesse bei der Erforschung des Himmels abermals eine neue Richtung – von der Regelmäßigkeit zur *Vorhersagbarkeit*. Damit weckte die Mathematik in ihren Adepten nicht nur die Hoffnung, sie könnten alles erklären, was im Himmel geschieht, sondern seien bei genügend Informationen und richtiger Anwendung der Formeln auch in der Lage, zu antizipieren, was *demnächst* geschehe.

»Ein Verstand, der zu einem gegebenen Zeitpunkt alle in der Natur wirkenden Kräfte und die momentanen Positionen aller das Universum konstituierenden Dinge kennt, wäre in der Lage, die Bewegungen der größten Körper der Welt zu verstehen«, schrieb der französische Mathematiker Pierre-Simon de Laplace Ende des 18. Jahrhunderts. »Nichts wäre ungewiss, Vergangenheit wie Zukunft wären gegenwärtig.« Mehr noch, in zwei Abhandlungen, der allgemeinverständlichen Schrift *Exposition du système du monde* (*Darlegung des Weltsystems*) und dem wissenschaftlich sehr viel anspruchsvolleren fünfbändigen Werk *Traité de mécanique céleste* (*Abhandlung über die Himmelsmechanik*), das er in den Jahren zwischen 1799 und 1825 veröffentlichte, gelang es Laplace, eindrucksvolle Belege für die Durchführbarkeit seines ehrgeizigen Programms zusammenzutragen. Augenscheinlich brauchten spätere Generationen von Astronomen und Mathematikern, sofern sie interessiert waren, das Programm nur noch *umzusetzen* – die Beobachtungen und Berechnungen immer weiter zu verbessern und die verbleibenden Unstimmigkeiten zu beseitigen. Laplace selbst zeigte 1785, dass Schwankungen in den Bahnen von Jupiter und Saturn, die seit langem Rätsel aufgaben, durch Gravitationseffekte hervorgerufen werden, dass es sich also nicht um unerklärliche Unregelmäßigkeiten handelt, sondern um quantifizierbare, vorhersagbare, stinknormale Regelmäßigkeiten. Zwei Jahre später gelang ihm das gleiche Bravourstück mit den scheinbaren Unregelmäßigkeiten des Mondes. Als zwei Astronomen 1846 unabhängig voneinander anhand der scheinbaren Unregelmäßigkeiten in der Bahn des Uranus die Existenz und die genaue Position eines weiteren *Planeten*, des Neptuns, vorhersagten, war die einhellige Meinung, damit habe Newtons universelles Gravitationsgesetz seinen größten Triumph erzielt. Unregelmäßigkeiten waren nichts als Regelmäßigkeiten, die auf eine Erklärung warteten. Nach den *Principia* konnten sich die Astronomen und Mathematiker 200 Jahre lang zufrieden sagen, dass sie fast alles erforscht hatten, was es über die Gravitation in Erfahrung zu bringen gab, mit einer Ausnahme: was sie überhaupt war.

Was also war Gravitation? Das war im Grunde die Frage, die sich Einstein stellte, als er einen Mann vom Dach »fallen« sah. In seiner Vorstellung suchte Einstein nach einer Möglichkeit, die Gravitation in seine zwei Jahre zuvor entwickelte Relativitätstheorie einzugliedern. Wie jemand an Bord des alten galileischen Schiffes mit dem gleichen Recht zwei Aussagen machen konnte – das Schiff verlässt den Hafen, aber auch, der Hafen verlässt das Schiff –, so durfte der Mann, der im freien Fall dem Boden entgegenstürzte, mit Fug und Recht denken, er selbst sei in Ruhe und der Rest des Universums befinde sich in einem Bewegungszustand. Was einem Beobachter (etwa auf dem Dach oder auf dem Boden) als Gravitation erschiene, würde dem Fallenden wie Trägheit vorkommen – *und sie hätten beide Recht*.

Damit betrieb Einstein nicht etwa müßige Philosophie, sondern seriöse Physik, zumal er über die mathematischen Verfahren verfügte, seine Überlegungen zu beweisen – zumindest über die

Ansätze solcher Verfahren. Als Einstein sich einen fallenden Mann vorstellte, malte er sich auch andere Objekte aus, die mit ihm zusammen fielen. Dass zwei Objekte mit verschiedenen Massen gleich schnell fallen, wenn kein Luftwiderstand vorliegt, war seit 300 Jahren wohl bekannt, seit Galilei diesen Satz aufgestellt hatte (allerdings erst nachdem er ein entsprechendes Experiment durchgeführt hatte, wobei die Geschichte, nach der er Kugeln vom schiefen Turm von Pisa ließ, zwar wahr klingt, aber vermutlich erfunden ist). Wenn der fallende Mann, so die Erkenntnis, die Einstein plötzlich auf seinem Stuhl im Patentamt kam, andere Objekte zusammen mit sich selbst fallen sähe – mit absolut gleicher Beschleunigung –, hätte er überhaupt nicht den Eindruck, dass sie fielen. Die Masseneigenschaft, die einen Mann auf einem Dach an seinem Platz hält, sprich: die Trägheit, und die Kraft, die ihn nach unten zieht, also die Gravitation – die Größen, die Nicht-Fallen und Fallen entsprechen –, sind nicht einfach zufällig gleich, wie die Physiker (unter anderem Newton in den *Principia*) seit 300 Jahren vermuteten. Sie sind zwei Seiten einer Medaille.

Nachdem Einstein zu dieser Einsicht gelangt war, musste er den Gegenstand einige Jahre ruhen lassen. Während dieser Zeit beschäftigte er sich mit anderen physikalischen Fragen, wurde – nicht von ungefähr – außerordentlicher Professor an der Universität Zürich und dann Ordinarius für Theoretische Physik an der Deutschen Universität in Prag. In diesem Zeitraum nahmen ihn die Verpflichtungen seiner steilen wissenschaftlichen Karriere zunehmend in Anspruch – Vorlesungen, die er halten, Tagungen, die er besuchen, Berufungen, die er erwägen musste. Außerdem war es um seine Ehe nicht zum Besten bestellt. Doch als sich Einstein endlich wieder mit der Erweiterung der Relativitätstheorie beschäftigte, tat er es, wie er es immer in beruflichen Dingen gehalten hatte – mit Besessenheit.

Im Juni 1911 reichte Einstein einen Aufsatz über das Thema

ein und veröffentlichte im Februar und März des folgenden Jahres zwei weitere Artikel zur Gravitation. In einem nachgeschobenen Artikel vom Juli desselben Jahres bekannte er, dass er nicht weiterwisse, und schrieb:»Ich möchte alle Kollegen auffordern, sich mit diesem wichtigen Problem zu beschäftigen.« Einmal begab sich Einstein auf eine »kleine Gebirgsreise« mit der französisch-polnischen Chemikerin Marie Curie. Offenbar achtete er ebenso wenig auf die Schönheit der Gebirgswelt wie auf die Schwierigkeiten, die sein Gast hatte, sein Deutsch zu verstehen, während er ununterbrochen über die Gravitation sprach.»Sie begreifen«, sagte Einstein und packte plötzlich ihren Arm,»daß ich genau wissen muß, was den Insassen eines Fahrstuhls geschieht, der ins Leere fällt …«

Einstein hatte in seiner Vorstellung den früheren freien Fall durch die Bewegungen eines hypothetischen Fahrstuhls ersetzt. Im Grunde hatte er damit den imaginären Mann aus der imaginären widerstandsfreien Luft herausgenommen und in ein imaginäres Labor gesteckt, damit er dort (mit Einsteins Hilfe) reale Ergebnisse erzielte. Wenn dieser Mensch scheinbar in Ruhe aufrecht im Fahrstuhl steht, kann er unmöglich in Erfahrung bringen, ob er Gravitation oder Beschleunigung erfährt – ob der Fahrstuhl einfach auf der Erdoberfläche steht oder durchs All aufsteigt, vorausgesetzt, seine Beschleunigung hat den richtigen Wert (9,8 Meter pro Sekunde zum Quadrat, die Gravitationskraft an der Erdoberfläche). In beiden Fällen würde der Mensch das Gleiche spüren – eine perfekte Illustration des Äquivalenzprinzips, das Einstein 1907, an seinem Schreibtisch sitzend, intuitiv erfasst hatte.

Einstein unterstellte, dass sich der Fahrstuhl tatsächlich *hob* – dass er an einem riesigen Kran hing, der ihn durch den Raum nach oben zog. Weiter stellte er sich vor, ein Lichtstrahl falle in den bewegten Fahrstuhl – dringe durch die eine Wand ein, durchquere den Innenraum und verlasse ihn durch die andere Wand. Wenn der Fahrstuhl relativ zur Lichtquelle aufstiege, so Einsteins Schlussfolgerung, würde der Eintritt des Lichts auf der einen Seite des Fahrstuhls nicht auf gleicher Höhe erfolgen wie der Austritt auf der anderen Seite. Das heißt, aus Sicht des Passagiers würde der Lichtstrahl gekrümmt.

Nun unterstellte Einstein, der Fahrstuhl würde in Wirklichkeit *nicht* aufsteigen. Er malte sich aus, der Lift befände sich in Ruhe auf der Erdoberfläche. Und dann fragte er sich: Da die beiden hypothetischen Situationen – ein Fahrstuhl, der im Raum die richtige Beschleunigung erfährt, und ein Fahrstuhl, der auf der Erdoberfläche steht – dem Anschein nach gleich sind, muss dann nicht auch der gleiche Effekt in beiden Situationen zu beobachten sein? Mit anderen Worten, muss nicht auch die Gravitation das Licht krümmen?

»Grossmann, du musst mir helfen, sonst werd ich verrückt«, rief Einstein an einem Augustabend des Jahres 1912 aus, als er nach mehrjähriger Abwesenheit nach Zürich zurückkehrte und seinem alten Freund ins Haus platzte. Marcel Grossmann und Einstein hatten Ende der 1890er Jahre zusammen an der ETH (Eidgenössischen Technischen Hochschule) in Zürich studiert, als sie noch das Schweizer Polytechnikum hieß. Die erwähnten Vorlesungsmitschriften hatte Einstein damals von Grossmann erhalten. Als Einstein mit seinem aufmüpfigen und respektlosen Verhalten jede Chance verspielt hatte, eine Empfehlung für eine künftige Assistentenstelle zu erhalten, hatte Grossmann dafür gesorgt, dass sein Freund eine Stellung am Berner Patentamt bekam. Jetzt, zehn Jahre später, verwendete sich Grossmann abermals für Einstein und verschaffte ihm eine Professur an ihrer Alma Mater. Grossmann – einer der Begründer der Schweizer Mathematischen Gesellschaft, selbst ordentlicher Professor für Mathematik an der ETH und dort seit dem vorangegangenen Jahr auch Vorstand der Abteilung VIII für Fachlehrer in Mathematik und Physik – war reiner Mathematiker.

Einstein erläuterte seinem Freund, dass die Gravitation nichts als eine nützliche Einbildung sei, ein Begriff, der uns das Verständnis einer Bewegung durch Raum und Zeit ermöglichen solle, wozu unsere armseligen dreidimensionalen Sinneswahrnehmungen nicht in der Lage seien. Vielleicht wäre es reine Geometrie, wenn man den Fall eines Mannes von einem Dach in vier Dimensionen nachzeichnen könnte. Aber was für eine Geometrie?

1901 hatte Einstein die Mathematik noch reichlich herablassend abgetan, als er seiner Verlobten schrieb, ihr gemeinsamer Freund Grossmann promoviere in nichteuklidischer Geometrie, und gleich darauf bekannte: »Ich weiß nicht genau, was das ist.«

Jetzt sollte er es herausfinden. Einstein gestand offen ein, dass die mathematische Strategie, die er vorläufig gewählt hatte, um Relativitätstheorie und Gravitation in Einklang zu bringen, »nicht selbstverständlich erlaubt« sei. Wie Grossmann ihm erläuterte, lag das Problem in den Grenzen, die den Gesetzen der euklidischen Geometrie gezogen sind. Euklids Geometrie war dazu gedacht, dreidimensionale physikalische Beziehungen auf einer zweidimensionalen Fläche zu beschreiben – auf der Leinwand eines Malers zum Beispiel. Doch wie verhält es sich mit einer dreidimensionalen Fläche, die sich in sich selbst zusammenkrümmt, etwa einer Kugelfläche, oder einer Fläche, die sich nach außen krümmt, einer Sattelfläche zum Beispiel? Auf der ersten »Leinwand« würden sich so genannte Parallelen schneiden, auf der zweiten auseinander laufen, und in keinem Fall würde der von Einstein so geschätzte Satz des Pythagoras gelten.

»Gegen dies Problem ist die ursprüngliche Relativitätstheorie eine Kinderei«, klagte Einstein in einem Brief an einen Freund. Vielleicht hatte er die Mathematik unterschätzt. Vielleicht hätte er damals an der ETH diese Vorlesungen häufiger besuchen sollen, denn unter den Vorlesungen, die er nominell belegt hatte, war auch eine über ... nichteuklidische Geometrie. Anfang des 19. Jahrhunderts hatten mehrere Mathematiker unabhängig voneinander damit begonnen, eine Geometrie zu untersuchen, die *nicht* den der Sinneswahrnehmung zugänglichen Objekten entsprach. Mitte des Jahrhunderts war es dem deutschen Mathematiker Bernhard Riemann gelungen, die verschiedenen Ansätze zu einem großen übergreifenden System zu vereinigen. Wie die zweidimensionale euklidische Geometrie als Näherung für die dreidimensionale Welt der Materie im Raum dienen kann, so kann die dreidimensionale riemannsche Geometrie als Näherung für eine Welt von Körpern dienen, die sich durch einen vierdimensionalen Raum bewegen, das heißt auch durch die Zeit. In dem erwähnten Brief schrieb Einstein weiter: »Aber das eine ist sicher, dass ich mich im Leben noch nicht annähernd so geplagt habe, und dass ich grosse Hochachtung für die Mathematik eingeflösst bekommen habe, die ich bis jetzt in ihren subtileren Teilen für puren Luxus ansah!«

Als er 1905 untersucht hatte, welche Beziehung zwischen einem ruhenden und einem bewegten Körper mit unveränderlicher oder gleichförmiger Geschwindigkeit vorliegt, hatte er festgestellt, dass die Berechnungen zwar einfach waren, aber merkwürdige Konsequenzen für die Zeit hatten. Als er nun die Beziehung zwischen einem ruhenden Körper und einem bewegten Körper mit veränderlicher oder ungleichförmiger Geschwindigkeit zu ergründen trachtete, bemerkte er, dass seine Berechnungen merkwürdige Folgen für den Raum hatten. Wenn er sich nicht verrechnet hatte, war davon auszugehen, dass sich der Raum krümmte.

Gekrümmtes Licht? Verbogener Raum? Gab es in der Welt der Sinneswahrnehmungen Beobachtungen, die den extremen Konsequenzen dieser Berechnungen entsprachen?

Nach Einsteins Überzeugung gab es sogar drei. Eine dieser Beobachtungen hätte sich beim damaligen Stand der Technik nicht mit der nötigen Genauigkeit durchführen lassen. Eine zweite hätte eine vollkommene Sonnenfinsternis verlangt, nicht gerade ein alltägliches Ereignis, was ihn jedoch nicht daran gehindert hatte, seinen Fachkollegen diesen Test in einem frühen Entwurf der Theorie ans Herz zu legen: »Ich komme auf dies Thema wieder zurück, ... weil ich nun ... einsehe, daß eine der wichtigsten Konsequenzen jener Betrachtung der experimentellen Prüfung zugänglich ist. Es ergibt sich nämlich, daß Lichtstrahlen, die in der Nähe der Sonne vorbeigehen, durch das Gravitationsfeld derselben nach der vorzubringenden Theorie eine Ablenkung erfahren, so daß eine scheinbare Vergrößerung des Winkelabstandes eines nahe an der Sonne erscheinenden Fixsternes von dieser im Betrage von fast einer Bogensekunde eintritt.« Gegenüber einem Berliner Astronomen, von dem Einstein glaubte, er könne eine Expedition organisieren, um eine vollkommene Sonnenfinsternis zu fotografieren, äußerte sich Einstein ausgesprochen kleinlaut: »Auf theoretischem Wege läßt sich da nichts machen. In dieser Sache könnt Ihr Astronomen nächstes Jahr der theor. Physik einen geradezu unschätzbaren Dienst leisten.«

Doch einen dritten Test seiner neuen Version der Relativitätstheorie konnte Einstein mit eigenen Mitteln durchführen. Auch hier handelte es sich um einen Extremfall der Natur, den Einstein aber, wie Kepler 300 Jahre vor ihm, dadurch klären konnte, dass er seine Berechnungen mit Beobachtungen in Einklang brachte, welche die Astronomen bereits mit größter Sorgfalt vorgenommen hatten: Es ging um die Umlaufbahn des Merkurs.

Die Möglichkeit, die sich daraus für seine Theorie ergab, hatte Einstein sofort erkannt. Am Heiligen Abend des Jahres 1907, nur zwei Monate nachdem er sich den Mann im freien Fall vorgestellt hatte, schrieb er einem Freund, er arbeite jetzt »über das

Gravitationsgesetz«, mit dem er die »noch unerklärten säkularen Änderungen« der Merkurbewegung zu erklären hoffe – damals ein berüchtigtes astronomisches Problem. Im Jahr 1840 hatte der Direktor des Pariser Observatoriums einem Assistenten – eben-jenem Urbain-Jean-Joseph Le Verrier, der in wenigen Jahren Nep-tun entdecken sollte – den Auftrag erteilt, eine Theorie für die Bewegung des Merkurs zu entwickeln, wobei »Theorie« in die-sem Falle jene Art von Übereinstimmung zwischen Beobachtun-gen und Berechnungen bedeutete, für die Kepler ein erstes Bei-spiel geliefert hatte. Da es sehr schwer ist, einen Planeten zu beobachten, der sich so nahe an der Sonne befindet, hatten die Astronomen seit jeher Probleme mit einer Theorie für den Mer-kur gehabt, doch 1843 gelang es Le Verrier trotzdem, mit den verfügbaren Daten die vorläufige Version einer solchen Theorie zu veröffentlichen. Als genaue Beobachtungen des Merkurs keine Bestätigung seiner mathematischen Vorhersagen brachten, nahm er sich das Problem erneut vor und veröffentlichte elf Jahre später eine umfassende Revision seiner Theorie. Einen Schönheitsfehler hatte sie allerdings: eine Unregelmäßigkeit der Merkurbahn, die seine Gleichungen nicht erklären konnten.

Obwohl der Ursprung seines Bemühens im keplerschen Glau-ben an die Regelmäßigkeit der Naturgesetze wurzelte, war sein unmittelbarer Ansatz das charakteristische nach-newtonsche Ver-trauen in die Vorhersagbarkeit der Naturerscheinungen. Durch strenge Anwendung des quadratischen Abstandsgesetzes sollte ein Astronom in der Lage sein, die Position eines Planeten zu jedem gegebenen vergangenen oder künftigen Zeitpunkt zu er-klären. Bestünde das Sonnensystem nur aus einem Planeten und der Sonne – hätten wir es also mit einem Zwei-Körper-Problem zu tun, wie die Astronomen sagen –, brauchte man vermutlich nur die Zahlen für Masse und Abstand in Newtons quadratisches Abstandsgesetz einsetzen, um die Lösung zu erhalten. Doch wie

Laplace in seiner *Himmelsmechanik* schlüssig nachgewiesen hat, ist ein Uhrwerk-Universum ein so komplexer Mechanismus, dass man ganz außergewöhnliche mathematische Fähigkeiten braucht, um ihn zu ergründen. Le Verrier musste bei der Berechnung der Merkurbahn nicht nur die vom Abstandsgesetz bestimmten gravitativen Wechselwirkungen des Merkurs mit jedem anderen Planeten berücksichtigen, sondern auch deren Wechselwirkungen untereinander. Wie er feststellte, veränderte sich der Punkt auf der Merkurbahn, an dem der Planet der Sonne am nächsten kommt – das Perihel –, im Laufe der Zeit langsam, aber messbar, infolge des kombinierten Effekts der anderen Körper des Sonnensystems. Nach seinen Berechnungen ist Venus für mehr als die Hälfte dieses Gravitationseffekts verantwortlich, das heißt für 280,6 Bogensekunden, denn sie verfügt zwar im Vergleich zu anderen Objekten des Sonnensystems nur über eine geringe Masse, ist Merkur aber am nächsten. Jupiter erklärt fast ein Viertel des Gesamteffekts – 152,6 Bogensekunden –, denn er ist zwar weit entfernt von Merkur, besitzt aber eine enorme Masse. Die Störungen der Merkurbahn durch die anderen Planeten reichen von den 0,1 Bogensekunden des Uranus bis zu den 83,6 Bogensekunden der Erde. Wenn man sie alle addiert, beläuft sich der Gesamteffekt auf 526,7 Bogensekunden pro Jahrhundert.

Zumindest war das die Zahl auf dem Papier. Aufgrund der vielen hundert Beobachtungen, die die Astronomen des Pariser Observatoriums seit 1801 zusammengetragen hatten, und der Daten, die andere Astronomen seit 1661 ermittelt hatten, gelangte Le Verrier zu einer anderen Zahl: weitere 38 Bogensekunden pro Jahrhundert. Später korrigierte der amerikanische Astronom Simon Newcomb diesen Wert auf 42,95. Le Verrier versuchte, die Variablen entsprechend anzupassen – hier die Schätzung einer Planetenmasse, dort eine Fehlerspanne in einer Beobachtung –, musste aber einsehen, dass es nichts gab, was diese Lücke hätte schließen können. Astronomen und Mathematiker bissen sich an dieser Anomalie des Merkur-Perihels gleichermaßen die Zähne aus.

Es war nur eine kleine Anomalie, doch wie Kepler dargelegt und mehrere Generationen von Naturforschern verinnerlicht hatten, sind Unregelmäßigkeiten lediglich Regelmäßigkeiten, die einer Erklärung bedürfen. Also suchten die Astronomen nach einer solchen. Vielleicht war bislang unentdeckte Planetenmaterie dafür verantwortlich – ein Planet zwischen Merkur und der Sonne (Vulkan taufte Le Verrier ihn vorsorglich), ein Asteroidengürtel in der Nähe der Sonne oder ein Mond des Merkurs. Mehr als ein halbes Jahrhundert bemühten sich die Astronomen, diesen »materiellen Grund« zu finden, wie Le Verrier ihn nannte. Einige Forscher behaupteten sogar, sie hätten den geheimnisvollen Planeten gesehen, doch in nachfolgenden Beobachtungen konnten diese Sichtungen nie bestätigt werden. Schließlich begannen einige Astronomen widerwillig eine andere, weit weniger willkommene Möglichkeit ins Auge zu fassen: eine Unzulänglichkeit in Newtons Gravitationsgesetz.

Genauso eine Unzulänglichkeit glaubte Einstein in seinen Berechnungen entdeckt zu haben. Wenn sich der Raum tatsächlich in Gegenwart einer Masse krümmte, musste nach Einsteins Schätzung diese Krümmung auf der raschen Umlaufbahn des vergleichsweise winzigen Planeten Merkur zu entdecken sein, der tief im Gravitationsfeld der Sonne kreiste. Da die Astronomen die notwendigen Beobachtungen des Merkurs bereits vorgenommen hatten, brauchte Einstein, um seine Theorie mit Hilfe dieses Planeten zu testen, eigentlich nur noch die Zahlen der vorliegenden Daten in seine neue Formel einzusetzen, und er konnte feststellen, inwieweit sich seine Berechnungen mit Newcombs 43 Bogensekunden pro Jahrhundert deckten.

Sein Ergebnis kam diesem Wert noch nicht einmal nahe:

30 Bogen*minuten*. Einstein erkannte rasch, dass er einen Fehler gemacht hatte, und wiederholte seine Rechnung. Dieses Mal lag die Lösung – 18 Bogensekunden – in der Tat viel näher an dem erhofften Wert. Aber sie war noch keineswegs befriedigend, zumindest nicht in einem Universum, das von einem keplerschen Maß an Genauigkeit bestimmt wird.

Vielleicht war Merkur also gar kein geeigneter Testfall. Vielleicht gab es eine andere, einfachere Erklärung für das Vorrücken des Perihels, eine Erklärung, die nichts mit Einsteins Theorie zu tun hatte. Auf jeden Fall beschloss Einstein, sich bei der weiteren Ausarbeitung seiner Theorie keine Gedanken mehr um Merkur zu machen. »Die Gravitationsangelegenheit ist zu meiner vollen Zufriedenheit geklärt«, teilte er im September 1913 einem Freund mit. Nicht ganz, wie sich herausstellte. Er nahm weitere Verbesserungen vor und legte seine Ergebnisse im folgenden Jahr auf einer Tagung der Preußischen Akademie der Wissenschaften vor und erklärte, die Theorie stehe kurz vor ihrem Abschluss. Seine Fachkollegen waren sich da nicht so sicher. Einige glaubten, einen mathematischen Fehler entdeckt zu haben. Den sah Einstein nicht. Ein Jahr später entdeckte er ihn. Doch da war es zu spät: Er hatte sich zu vier weiteren Vorträgen vor der Preußischen Akademie verpflichtet.

Am 4. November 1915 bekannte er vor den Mitgliedern der Akademie, er habe, was seine Theorie angehe, »vollständig das Vertrauen verloren«. Er arbeite jedoch an einer Neufassung, die er kurz skizzieren wolle. In der folgenden Woche erläuterte er der Akademie die Neufassung eingehender und führte einige neue Gleichungen ein. Später, zu Hause, nahm er eine weitere Korrektur vor. Dann erinnerte er sich an den früheren Test und nahm sich noch einmal Merkurs Bahn vor, um zu sehen, ob die neue Version seiner Theorie den Bewegungen des Planeten standhielt. Er setzte die Zahlen ein, nahm die Berechnungen vor und hatte schließlich das Ergebnis vorliegen: exakt 43 Bogensekunden pro Jahrhundert.

Es war wie ein Schock. Später erklärte er, er habe in diesem Augenblick das Gefühl gehabt, in ihm »wäre etwas zersprungen«. Sein Herz begann wild zu klopfen, als hätte die Unregelmäßigkeit, die sein Bleistift aus dem Himmel verbannt hatte, in seinem Brustkasten Zuflucht gesucht. Einem Freund schrieb er: »Ich war einige Tage fassungslos vor freudiger Erregung.« Da war sie wieder – die Empfindung, dass es mehr gebe, als das Auge erfassen könne. Dieses Mal war es jedoch anders. Er war kein Kind von fünf oder sechs Jahren mehr, das zum ersten Mal einen Kompass erblickte, und auch kein Jugendlicher, der sich mit einem alten Lehrsatz auseinander setzte. Dieses Mal war er selbst der Schöpfer der mathematischen Zeichen, die den Bewegungen am Himmel entsprachen. Dort oben waren Schatten, die sich über das Himmelsgewölbe bewegten, und hier unten waren die Formen, die jene an das Gewölbe warfen – nicht-euklidische geometrische Konstrukte, die er eigenhändig entwickelt hatte. Und die Lichtquelle? Vielleicht jener Geist, der einst einen fallenden Mann imaginiert hatte?

So könnte es scheinen. Einige Jahre später, in den ersten Herbsttagen des Jahres 1919, sprach Einstein, inzwischen Physikprofessor in Berlin, mit einer Studentin in seinem Büro über ein Buch, das Einwände gegen seine allgemeine Relativitätstheorie erhob. Allgemeine Relativitätstheorie, so hieß sein Entwurf von 1915, der erklärt, wie sich Materie in beschleunigter Bewegung verhält, im Gegensatz zur früheren, speziellen Theorie von 1905, welche Materie in gleichförmiger Bewegung beschreibt. Mitten in dem Gespräch mit der Studentin griff der Herr Professor beiläufig nach einem Telegramm, das auf der Fensterbank lag, und reichte es ihr. Das werde sie vielleicht interessieren, sagte er. Das Telegramm enthielt die Ergebnisse einer Expedition, die kürzlich versucht hatte, die gravitative Ablenkung des Sternenlichts während einer totalen Sonnenfinsternis zu ermitteln – einer jener drei Tests der allgemeinen Relativitätstheorie, die Einstein gleich zu Anfang beschrieben hatte. Laut Einsteins allgemeiner Relativitätstheorie lässt sich die durch einen massereichen Riesenkörper wie die Sonne hervorgerufene Raumkrümmung während einer totalen Finsternis messen, indem man die Verschiebung des Lichts ferner Sterne am Rande der Sonne beobachtet und ihre Positionen mit denen vergleicht, die sie einnähmen, wenn die Sonne nicht da wäre. Die Studentin sah sogleich, dass die Messungen, die der englische Astronom Arthur Eddington vorgenommen hatte, Einsteins Vorhersagen exakt entsprachen, und brachte ihre Freude zum Ausdruck. »Ich wusste ja, dass die Theorie stimmt«, unterbrach Einstein sie. Ach ja, erwiderte sie, und was wäre gewesen, wenn die Beobachtungen nicht mit seinen Berechnungen übereingestimmt hätten? »Da könnt mir halt der liebe Gott leid tun«, erwiderte Einstein. »Die Theorie stimmt doch.«

Die Theorie allein reichte jedoch *nicht*, und Einstein wusste das. Er hatte dieses Telegramm, das ihn über eine vorläufige Bestätigung seiner Theorie in Kenntnis setzte, von Lorentz aus Leiden erhalten, weil die wissenschaftliche Gemeinde in Berlin während der Nachkriegszeit Informationen aus dem Ausland nur über Mittelsmänner erhalten konnte. Deshalb hatte er brieflich um Auskunft über die Ergebnisse der englischen Expedition gebeten. Mochte er sich auch seiner Studentin gegenüber äußerlich ruhig gezeigt haben, seinem Gemütszustand entsprachen wohl eher die Worte, die er einige Tage später seiner kranken Mutter schrieb, als er von dem Erhalt des Telegramms berichtete: »Heute eine freudige Nachricht.«

Schließlich hätte er sich auch irren können. Im März 1914 hatte er einem Freund über die allgemeine Relativitätstheorie in ihrer damaligen Form geschrieben: »Nun bin ich vollkommen befriedigt und zweifle nicht mehr an der Richtigkeit des ganzen Systems, mag die Beobachtung der Sonnenfinsternis gelingen oder nicht.« Zum Glück für Einstein verhinderten zwei Ereignisse – der Kriegsausbruch in Europa und schlechtes Wetter –, dass zwei separate Expeditionen die totale Sonnenfinsternis über Russland am 21. August 1914 beobachteten. Wenn es einer der beiden Expeditionen gelungen wäre, brauchbare Daten zu ermitteln, hätte Einsteins »Theorie« einen schweren Rückschlag erlitten, denn sie sagte noch immer eine Ablenkung des Sternenlichts voraus, die halb so groß war, wie sie die endgültige Formulierung – viele verwickelte mathematische Korrekturen und mehr als ein Jahr später – prognostizierte.

Da reichte auch Merkur allein nicht. Die Übereinstimmung, die Einstein zwischen den Messungen des Merkur-Perihels und seinen eigenen Berechnungen festgestellt hatte, mochte ihm damals, im November 1915, eine höchst befriedigende, ja transzendente Einsicht in die Macht der Mathematik vermittelt haben. 1916 führte Einstein in seinem Artikel »Die Grundlage der allgemeinen Relativitätstheorie« aus, dass seine Gleichungen nicht nur zu Newtons Gravitationsgesetz führen, sondern auch darüber hinaus. Ausführlich legt er dar, dass sie weit besser in der Lage sind, die Perihel-Anomalie des Merkurs zu erklären. Das müsse, schreibt er, »nach meiner Ansicht von der physikalischen Richtigkeit der Theorie überzeugen«.

Diese Beweise wurden jedoch nicht allgemein akzeptiert, und das nicht nur, weil der Erste Weltkrieg die Verbreitung wissenschaftlicher Informationen beeinträchtigte. Schließlich konnte ja die Entdeckung des Planeten Vulkan oder irgendwelchen anderen Planetenmaterials in der Nähe des Merkurs oder die Entwicklung einer ebenso radikalen Theorie durch einen ebenso begabten jungen Mathematiker immer noch eine Erklärung für die Diskrepanz zwischen den Beobachtungen des Merkurs und der

Theorie von Newton liefern. Sogar der deutsche Physiker Max von Laue, Einsteins langjähriger Fürsprecher, schrieb 1917 über die allgemeine Relativitätstheorie: »Diese Übereinstimmung zwischen zwei einzelnen Zahlen … scheint zwar bemerkenswert, aber doch kein hinreichender Grund zu sein, um das ganze physikalische Weltbild so gründlich zu verändern, wie Einstein es in seiner Theorie tat.«

Genau. Im Herbst 1919 war Einstein vielleicht wirklich so gründlich zu der Überzeugung bekehrt, die Mathematik sei der Beobachtung überlegen, wie es das Gespräch mit seiner Studentin anlässlich des Lorentz-Telegramms anzudeuten scheint. Trotzdem begriff er, dass er etwas Endgültiges – oder zumindest etwas Eindeutigeres als den auf dem Merkur-Perihel fußenden Beweis – brauchte, um seine Fachkollegen, die wissenschaftliche Gemeinschaft im Allgemeinen und vielleicht sogar die Weltöffentlichkeit dazu zu bringen, ein Bild des Universums aufzugeben, das zwei Jahrhunderte lang jede Frage beantwortet hatte, die aufgeworfen worden war.

Wie in Lorentz' Telegramm vorhergesagt, erfolgte der Durchbruch im Herbst desselben Jahres. »Revolution in der Wissenschaft«, lautete eine Schlagzeile der Londoner *Times* vom 7. November 1919. »Neue Theorie des Universums. Newtons Begriffe überholt.« Die *New York Times* konnte mit dem vollmundigen Ton des Londoner Blattes locker mithalten: »Schiefes Licht am Himmel – Wissenschaftler mehr oder weniger verblüfft über Beobachtungsdaten der Sonnenfinsternis.« Die Ergebnisse der beiden britischen Expeditionen zur Beobachtung der totalen Sonnenfinsternis vom 29. Mai 1919 lagen vor und bestätigten Einsteins Vorhersage in jeder Hinsicht: Die Gravitation der Sonne lenkte das Sternenlicht genau um den von seiner Theorie genannten Betrag ab. Einsteins Theorie sei folglich, wie der Royal Astronomer Frank Dyson erklärte, »eine der bedeutendsten, wenn nicht überhaupt die bedeutendste Äußerung menschlichen Denkens«.

Und das war erst der Anfang. Die Bekanntgabe der Ergebnisse auf einer gemeinsamen Sondersitzung der Royal Society und der Royal Astronomical Society am 6. November 1919 lieferte der Wissenschaftsgeschichte einen ihrer seltenen unstrittigen Vorher-nachher-Augenblicke. »Einstein versus Newton«, fasste die Londoner *Times* die Situation einige Tage später in einer Überschrift zusammen. Monatelang brachten Zeitungen und Zeitschriften in aller Welt Artikel, in denen man in allen Einzelheiten darzulegen versuchte, was Einsteins Theorien für die Wissenschaft, für den Mann auf der Straße und für Einstein selbst bedeuteten, der am Ende Fotos von sich verkaufte (und den Erlös hungernden Kindern zukommen ließ). Im *Scientific American* hieß es: »Dieser Bericht sorgt für einen der seltenen Fälle, in denen ein rein wissenschaftliches Thema so viel journalistische Bedeutung gewinnt, dass spaltenlange Kabelberichte gerechtfertigt erscheinen, und zumindest in diesem Fall entspricht die tatsächliche Bedeutung der Entdeckung der öffentlichen Aufmerksamkeit, die ihr entgegengebracht wird.«

Auf jeden Fall *war* es eine ungewöhnliche Reaktion – so ungewöhnlich, dass die öffentliche Aufregung selbst Nachrichtenwert hatte. »Diese Welt ist ein sonderbares Narrenhaus«, schrieb Einstein 1920 an einen Freund, und an einen anderen, er komme sich vor »wie ein Götzenbild«. Einige Beobachter führten die Wirkung der Bekanntgabe vom 6. November auf die Tatsache zurück, dass die Wissenschaftler während des Krieges in relativer Isolation gelebt hatten und nun mehr oder weniger fassungslos waren. Manche Kommentatoren sahen in der britischen Bestätigung einer deutschen Theorie ein machtvolles Symbol der Aussöhnung ehemaliger Kriegsgegner, während andere in den scheinbaren Absurditäten der Relativitätstheorie ein ebenso deutliches

Zeichen für Nachkriegsmoral und gesellschaftliche Auflösungs-
erscheinungen erblickten.

Bei den Physikern hingegen, die sich jetzt intensiv mit Einsteins Ideen beschäftigten, galt die Reaktion zumindest teilweise
der Mathematik selbst und dem, wofür *sie* stand.

Der Glaube, den die Mathematik in ihren leidenschaftlichsten
Vertretern zu wecken vermochte, begann sich abermals zu wan-
deln. Zunächst hatte Kepler bei der mathematischen Behandlung
des himmlischen Geschehens die Aufmerksamkeit von der Unregelmäßigkeit der Abläufe auf ihre Regelmäßigkeit verlagert.
Dann hatte Newton die Regelmäßigkeit als Ziel der mathematischen Beschreibung durch die Vorhersagbarkeit ersetzt. Jetzt
hatte Einstein für eine weitere Akzentverschiebung gesorgt: von
der Vorhersagbarkeit der Bewegung eines Himmelsobjekts zur
Vorhersage seiner Existenz.

Natürlich hatte dies auch schon – und zwar in triumphaler
Weise – für die Entdeckung Neptuns rund siebzig Jahre zuvor
gegolten: Berechnungen auf der Grundlage von Newtons Gesetzen hatten die Position eines Planeten ergeben, den bis dahin niemand an dieser Stelle vermutet hatte. Tatsächlich zog der Präsident der Royal Society genau diesen Vergleich, als er von den
Beobachtungen der Lichtablenkung während der Sonnenfinsternis berichtete und laut der Londoner *Times* vom »bemerkenswertesten wissenschaftlichen Ereignis seit der Entdeckung der vor-
hergesagten Existenz des Planeten Neptun« sprach.

Doch Neptun war ein Planet. Planeten kannten die Menschen, nicht aber eine Raumkrümmung, die für Merkurs exzen-
trisches Verhalten verantwortlich sein sollte. Das konnte niemand
vorhersagen, außer Einstein.

Der neue Glaube, den Einsteins Mathematik weckte, erwuchs
nicht aus ihrer Fähigkeit, die Unregelmäßigkeiten in den Bewegungen kosmischer Objekte zu erklären, indem sie die Existenz

bislang unbekannter Objekte von bekannter Art vorhersagte: eines Planeten, eines Asteroiden, eines Mondes. Vielmehr erwuchs er aus der Fähigkeit, die Unregelmäßigkeiten in den Bewegungen von Himmelskörpern durch die Vorhersage von bislang unentdeckten *und* unbekannten Dingen zu erklären: von abgelenktem Licht, gekrümmtem Raum.

Das war es, was Einstein an jenem Novemberabend im Jahr 1915 so ergriffen hatte, als sein Herz in Synkopen schlug. Er hatte eine Unregelmäßigkeit am Himmel durch ein Phänomen erklärt, dessen Existenz noch niemand anders vorhergesagt hatte. Eine weitere Konsequenz dieser Erklärung war ihm indes entgangen.

Während der vorangegangenen 200 bis 300 Jahre waren die Mathematiker von Keplers Annahme ausgegangen: Was sich astronomisch am Himmel befindet, lässt sich mathematisch zu Papier bringen. Jetzt begannen sich die Mathematiker im Sinne Einsteins zu fragen, ob man nicht von der umgekehrten Annahme ausgehen könne: Was sich mathematisch zu Papier bringen lässt, befindet sich auch astronomisch am Himmel.

Wie so häufig im Falle einer kühnen neuen Lehre, nehmen einige Jünger die Verkündigungen des Propheten ernster als er selbst. 1917, ein Jahr nachdem Einstein seine allgemeine Relativitätstheorie veröffentlicht hatte, schrieb er einen Artikel, in dem er »Kosmologische Betrachtungen« anstellte, die sich aus der Theorie ergaben. Konnte er seine Ideen über Raum und Gravitation auf die großräumigen Abläufe des Universums anwenden? Wie Newton vor ihm hatte Einstein erkannt, dass ein Universum, in dem jedes Objekt jedes andere durch die Gravitationskraft anzieht, über kurz oder lang in sich selbst zusammenstürzen muss. Einsteins Lösung bestand in der Einführung eines mathematischen Terms, »einer vorläufig unbekannten, universellen Konstante – λ«, die diesem universellen Kollaps entgegenwirkte, zumindest auf dem Papier.

Doch auf dem Papier begannen einige Physiker von einer ganz anderen Wirklichkeit auszugehen, vor allem nachdem im November 1919 das Beobachtungsergebnis der Sonnenfinsternis bekannt gegeben und damit die Existenz von gebeugtem Licht und gekrümmtem Raum bestätigt worden war. Einer dieser Physiker war Alexander Alexandrowitsch Friedmann, der an der Universität von Petrograd (Sankt Petersburg) Meteorologie, Physik und Mathematik lehrte. Als er Einsteins Artikel über die kosmologische Anwendung der allgemeinen Relativitätstheorie studierte, begriff er, warum Einstein eine Konstante einführen wollte, um den Auswirkungen der Gravitation entgegenzuwirken, fragte sich aber auch, was geschehen würde, wenn er dieses mehr oder weniger beliebige Element entfernte. Friedmann tat es 1922, mit dem Erfolg, dass sich ein Universum abzeichnete, das sich mit der Zeit bewegte: ein Universum, das sich zusammenzieht, möglicherweise auch expandiert, oder beides in periodischen Schwankungen tut. Das war ungeheuerlich, aber seit 1919 war kosmologisch alles möglich. Also musste Friedmann sich fragen: Könnte dieses Universum auf dem Papier dasjenige sein, das den tatsächlichen Bewegungen am Himmel entspricht?

Einstein hielt dagegen. Zunächst glaubte er, einen Fehler in Friedmanns Berechnungen entdeckt zu haben, und veröffentlichte eine entsprechende Erwiderung. Allerdings stellte sich heraus, dass er selbst den Rechenfehler begangen hatte. Das gestand er zwar ein Jahr später öffentlich ein, vertrat im privaten Rahmen aber unwillig die Meinung, Friedmann habe allenfalls eine mathematische Übung ohne praktischen Wert vorgelegt. Doch noch während Einstein diese Einwände erhob, fand der amerikanische Astronom Edwin Hubble heraus, dass zumindest einer der Lichtflecken an der äußersten Grenze der Region, die dem damals leistungsfähigsten Teleskop zugänglich war – dem 2,54-m-Teleskop des Mount-Wilson-Observatoriums in den Bergen nordöstlich von Los Angeles –, außerhalb unseres eigenen Sternensystems, der Milchstraße, lag. Und wenn sich dieser eine Fleck, dieses eine Insel-Universum von Sternen, außerhalb unseres eigenen befand, galt das dann nicht möglicherweise auch für einige der anderen Flecke? Durchaus, wie Hubble bald feststellte. 1929 entdeckte er dann noch etwas anderes, nämlich dass sich diese Inseluniversen allem Anschein nach von unserem eigenen mit einer Geschwindigkeit entfernen, die mit wachsender Entfernung zunimmt. Mit anderen Worten, das Universum – diese Ansammlung von Lichtflecken, alle von ungefähr gleicher Größe und Helligkeit wie unser eigener Fleck mit seinen Zigmilliarden Sternen, einschließlich der Sonne – scheint sich auszudehnen.

Was für ein närrischer Vogel war Einstein doch gewesen! Wie Kepler drei Jahrhunderte zuvor hatte er einen hohen Preis für alte Vorurteile bezahlt. Und wie seinerzeit Poincaré hatte Einstein die Möglichkeiten eines neuen, gerade entstehenden Weltbildes noch nicht verinnerlicht. Zwar schrieb er selbst zur Einführung von Lambda in die kosmologischen Gleichungen: »Hierin liegt ein besonders schwerwiegender Schönheitsfehler der Theorie«; trotzdem hielt er die Konstante für unverzichtbar, »um eine quasistatistische Verteilung der Materie zu ermöglichen, wie es der Tatsache der kleinen« Sterngeschwindigkeiten entspricht«. Relativ zu den Bewegungen der Erde waren die Geschwindigkeiten der Sterne in der Tat klein. Das galt aber ganz und gar nicht für die Geschwindigkeiten der Sternensysteme *außerhalb* unserer eigenen Galaxie.

Selbst als er Newtons bis dahin unantastbaren Gleichungen korrigierte – und trotz seines ausdrücklichen Glaubens an die eigenen Gleichungen, die ihn in die, wie sich später herausstellte, richtige Richtung wiesen –, vermochte Einstein kein Weltbild zu akzeptieren, das den vorliegenden Beobachtungsdaten so eindeutig zu widersprechen schien. Er konnte einfach nicht glauben, dass sich das Geschehen im Universum auf Skalen vollzog, die zeitlich tausendmal länger und räumlich milliardenmal größer waren als alles, was Astronomen bis zu diesem Zeitpunkt beobachtet hatten. Das newtonsche Bild des Universums hatte ihn noch zu fest im Griff. Die Illusion eines Uhrwerk-Kosmos, dessen Teile mit wunderbarer Regelmäßigkeit arbeiteten, das sich aber in seiner Gesamtheit nicht veränderte, war, wie er vielleicht selbst gesagt hätte, unerkannt in seinem Unbewussten verwurzelt.

1931 besuchte Einstein Hubble auf dem Mount Wilson und nahm die empirischen Daten selbst in Augenschein. Diesen neuen Tatsachen könne die allgemeine Relativitätstheorie »ungezwungener ... gerecht werden« – das heißt ohne Einführung der kosmologischen Konstante, die er selbst etwas gezwungen eingeführt hatte. Wie er jetzt eingestand, war die Einführung dieser Konstante die »größte Eselei meines Lebens«. Sie hatte ihn blind gemacht für eine Erkenntnis, die sich aus seinen eigenen Gleichungen ergab und die unter Umständen ebenso eindrucksvoll war wie seine neue Gravitationstheorie. Diese Erkenntnis führte zu einer neuen Theorie des Kosmos als Ganzes, mithin zu einer neuen Kosmologie, mithin zu einer neuen Wissenschaft.

Kapitel fünf
Die Abstammung eines Menschen

Im Geiste fiel er. Nacht um Nacht fiel er aus großer Höhe. Seine Wachstunden waren nicht weniger albtraumhaft. Einige Wochen zuvor hatte ihn eine Frau des Diebstahls bezichtigt, seither hatte seine Sehkraft nachgelassen: Er sah alles nur noch in Grauschattierungen. Während dieses Zeitraums war auch sein Gedächtnis unzuverlässig geworden. In seinen Ohren klingelte es, die Zunge klebte ihm trocken im Mund, der Magen schmerzte. In der linken Hand und im linken Fuß hatte sich ein Tremor eingestellt, so dass er mit 29 Jahren und nach zehnjähriger Lehrzeit als Kupferstecher einsehen musste, dass er nicht mehr arbeiten konnte. Seine gesamte linke Körperhälfte fühlte sich an, als hätte er einen Schlaganfall gehabt. Er hatte Schmerzen in der linken Seite seines Rachens, in der linken Leiste und, beim Gehen, auch im linken Knie und in der linken Fußsohle. Wenn man ihn jedoch irgendwo auf der linken Köperseite in die Haut kniff oder eine Hautfalte mit einer Nadel durchstieß, spürte er … nichts.

Er war genau der Richtige. Der behandelnde Arzt hatte mehr als hundert Fälle daraufhin überprüft, ob er sie der Wiener Kaiserlichen Gesellschaft der Ärzte vorführen konnte. Für seine Zwecke war August P. aus verschiedenen Gründen der ideale Kandidat. Bei einer Zusammenkunft der Gesellschaft eine Woche zuvor hatte dieser Arzt – Sigmund Freud, damals ein gefragter Privatdozent am Wiener Allgemeinen Krankenhaus – die Ergebnisse einer Studienreise nach Paris resümiert, von der er unlängst

133

zurückgekehrt war. Nach seinem Referat hatte eines der einfluss-
reicheren Mitglieder der Gesellschaft Freud aufgefordert, mit je-
mandem wiederzukommen, dessen Symptome denen des betreffenden Pariser Patienten ähnelten, einem Patienten, der *tatsächlich*
einen Sturz erlitten habe und behauptete, er habe dadurch einen
Arm verloren, der aber keinerlei körperliche Anhaltspunkte erkennen ließ, die eine solche Behauptung erklärten.

Aus Freuds Sicht erfolgten diese Auftritte vor der Gesellschaft
im Oktober 1886 zu einem günstigen Zeitpunkt seiner beruflichen Laufbahn. Im April desselben Jahres hatte er, nicht lange
nach seiner Rückkehr aus Paris, in Wien eine Privatpraxis eröff-
net. Doch mochten Zeitpunkt und Anlass auch noch so vorteil-
haft sein – ein junger Arzt, der Gelegenheit bekam, vor den Mitgliedern einer der angesehensten medizinischen Gesellschaften
Europas zu sprechen –, Freud hätte trotzdem kaum um diese
Chance nachgesucht, wenn er nicht etwas Neues zu berichten gehabt hätte. Seit seinem Parisaufenthalt drängte er die Gesellschaft,
ihm Gelegenheit zu einem Vortrag zu geben, um die erlauchten
Mitglieder über seine Arbeit an der Salpêtrière zu informieren,
dem legendären Krankenhaus auf dem linken Seineufer. Vor allem
wollte er darlegen, was er bei dem weltberühmten Jean-Martin
Charcot, dem charismatischen Direktor der Salpêtrière und füh-
renden Neurologen der Zeit, gelernt hatte.

Und er hatte etwas in Paris gelernt, das wusste er. Bei seinem
ersten Auftritt vor der Wiener Gesellschaft der Ärzte berichtete
Freud, er habe in Paris gelernt, zwischen zwei Arten der Hysterie
zu unterscheiden, der *grande hystérie* und der *petite hystérie*, die jeweils durch eine Reihe bestimmter Symptome gekennzeichnet
seien. Ein Mitglied der Ärztegesellschaft wandte ein, er habe in
seiner Praxis Hysteriker behandelt, deren Symptome weder in
die eine noch in die andere Kategorie passten. Darauf entgegnete
Freud, in Paris habe er gelernt, dass die Hysterie – obwohl sich

ihre Bezeichnung von dem griechischen Wort für »Gebärmutter« herleite, da die Alten geglaubt hätten, die Krankheit entstehe durch eine wandernde Gebärmutter – bei Männern gar nicht so selten sei. Nun meldeten sich zwei Mitglieder zu Wort und erklärten, ihnen sei die männliche Hysterie durchaus geläufig. Einer von ihnen wies darauf hin, dass er bereits sechzehn Jahre zuvor einen Artikel über die männliche Hysterie veröffentlicht habe. Abschließend meinte Freud, in Paris habe er gelernt, dass es für die Behandlung bestimmter Traumen, wie etwa im beschriebenen Fall – einem Mann, der von einem Gerüst gestürzt sei –, durchaus sinnvoll sein könne, die Symptome als Erscheinungsform der männlichen Hysterie aufzufassen. Der Vorsitzende der Zusammenkunft, einer der vier Professoren, die Freud das Stipendium für den Studienaufenthalt in Paris bewilligt hatten, erklärte, diese Spekulation sei im günstigsten Falle als voreilig zu bezeichnen. Er habe nichts Neues in dem Bericht von Dr. Freud entdecken können, da alles, was dieser gesagt habe, schon lange bekannt sei.

Wie auf den Sitzungen der Gesellschaft üblich, waren die Fragen und Kommentare, denen sich der Vortragende nach seinem Referat stellen musste, kritisch, scharf und unbarmherzig. Dieses Mal fiel die Reaktion jedoch besonders ablehnend aus. Was war falsch gelaufen? Selbst wenn Freud den Interessantheitsgrad dessen, was er in Paris gelernt hatte, falsch beurteilt hatte, konnte er sich doch kaum in der grundsätzlichen Bedeutung dieser Erkenntnisse getäuscht haben. Vielleicht hoffte Freud, er könne den anderen Mitgliedern der Gesellschaft dadurch, dass er mit einem Probanden wie dem armen August P. zurückkehrte und an ihm einige der Phänomene vorführte, die er in Paris beobachtet hatte, verständlich machen, was er verzweifelt in Worte zu kleiden suchte.

Zehn Jahre später bemühte er sich noch immer darum. Dieses Bemühen gipfelte 1895 in dem Versuch, eine »Psychologie für den Neurologen« zu schreiben – oder genauer, in der Preisgabe dieses Projekts. Als Freud beschloss, sich nicht weiter um die Bahnen im Gehirn zu kümmern und stattdessen diejenigen des Geistes zu erforschen, traf er damit eine Unterscheidung, um die er schon seit seinem Besuch in Paris rang und die ihn vor allem zwang, so gut wie alles zu überdenken, von dem er meinte, es seither gelernt zu haben. Damals, im Jahr 1886, war es ihm gelungen, die Gesellschaft der Ärzte bei seinem zweiten Auftritt – mit August P. – zu beeindrucken, wenn auch nur deshalb, weil der Anblick eines Mannes, der es ohne erkennbares körperliches Unbehagen über sich ergehen lässt, dass man ihn kneift, das Ohrläppchen verdreht, das Handgelenk mit Nadeln durchbohrt, mit einem Finger in den Rachen fährt und ihm ein Papierröllchen weit in die Nase schiebt, einfach tiefen Eindruck machen muss. Doch Freud hatte keine neuen Informationen vorgelegt, nichts, was seine Argumentation vom ersten Auftritt wesentlich weitergeführt hätte, keine Antwort auf die immer noch offene Frage, welche Bedeutung das hatte, was er in Paris gelernt hatte – die Frage, auf die er nun zurückkommen musste. Denn als Freud am 13. Oktober 1885 in Paris angekommen war, hatte er vorgehabt, seine bereits umfangreichen und wertvollen Untersuchungen über die Funktionen der anatomischen Teile des Nervensystems fortzusetzen – mit einem Wort, seine neurologische Forschung. Als er Paris am 28. Februar des folgenden Jahres verließ, hatte sich sein Interesse verlagert: Es galt jetzt dem Verhalten, das durch das Nervensystem hervorgebracht wird – der Psychologie. Irgendwann während dieser viereinhalb Monate hatte er die Augen vom Mikroskop erhoben und zum ersten Mal während seines Erwachsenenlebens das Labor verlassen.

Zwölf Jahre zuvor hatte Freud das Labor betreten, nachdem ihn einige Goethe zugeschriebene Worte zutiefst ergriffen hatten: »Natur! Wir sind von ihr umgeben und umschlungen – unvermögend aus ihr herauszutreten, und unvermögend tiefer in sie hinein zu kommen.« Als er Anfang 1873, siebzehnjährig, einen feierlichen Vortrag dieses hundert Jahre alten Fragments hörte, beschloss er, wie er später schrieb, sich an der Universität Wien für das Medizinstudium einzuschreiben. Sein Motiv war jedoch nicht, »leidenden Menschen zu helfen«. Er sei, wie er später in einer autobiographischen Notiz schrieb, »eigentlich kein richtiger Arzt gewesen«. Vielmehr habe er beschlossen, wie er einem Freund schrieb, »Naturforscher zu werden«. Er wolle »Einsicht nehmen in die jahrtausendealten Akten der Natur, vielleicht ihren ewigen Prozeß belauschen und meinen Gewinst mit jedermann teilen, der lernen will«.

Ohne große Übertreibung lässt sich wohl sagen, dass der junge Freud in diesem Augenblick einer philosophischen Tradition folgte, die mindestens bis Aristoteles zurückreichte, der empfahl, die natürliche Welt zu erforschen, indem man nur das untersucht, was sich den Sinnen darbietet. Aristoteles lehnte die Methode seines Lehrers Platon ab, der empfahl, nach den verborgenen Formen zu suchen, die die Schatten an die Höhlenwand werfen. Durch die Ketten unserer fünf Sinne gefesselt, so Aristoteles, werden wir diese Formen nie direkt erfahren. Daher können wir sie niemals mit Gewissheit erkennen. Wir tun folglich besser daran, die Kräfte unserer Erkenntnisfähigkeit auf die Schatten selbst und nur auf die Schatten zu konzentrieren – das heißt auf die Naturerscheinungen, die wir, wie unzulänglich auch immer, durch unsere Sinne direkt erfahren können. Und wo können wir eine derartige Konzentration unserer Erkenntniskräfte finden? Wo bündelt man die eigene Erkenntnisfähigkeit in geeigneter Weise? Die Antwort, die Freud für sich fand, war so vorhersagbar wie einleuchtend: im Labor.

Ein Jahr nach Beginn des Studiums schrieb er einem Freund: »Auf die Frage, was mein größter Wunsch sei, [hätte ich] geant-

wortet: ein Laboratorium und freie Zeit.« Und abermals übertreiben wir kaum, wenn wir sagen, dass er sich auch in diesem
Augenblick einer altehrwürdigen Tradition anschloss, die allerdings nicht ganz so weit zurückreichte wie die philosophische
Ahnenreihe. Gewiss, Aristoteles hatte die unzähligen Tiere und
Pflanzen, die er zu diesem Zweck in seinem Garten gesammelt
hatte, einer wissenschaftlichen Untersuchung unterzogen, doch
die Tierart, der Freud schließlich mit seinem Seziermesser zu
Leibe rückte, war der Mensch: eine moderne Spielart der Natur-
forschung.

Vor dem 16. Jahrhundert stand ein Dozent, der die Anatomie
des Menschen lehrte, vor seinen Studenten und las aus einem
antiken Text vor, während ein Assistent die betreffenden anatomischen Teile vorwies. Doch in den 1530er Jahren beschloss der
belgische Anatom Andreas Vesal (Vesalius), damals noch keine
dreißig und Professor an der Universität von Padua, die Sektionen eigenhändig durchzuführen. Der Reichtum an Informationen,
den er auf diese unorthodoxe Weise zusammentrug, veranlasste
ihn, seine Ergebnisse zu Papier zu bringen. So entstand 1543
De humani corporis fabrica (*Über den Bau des menschlichen Körpers*), die
erste umfassende Anatomie des Menschen in der Neuzeit.

Bei diesem Unterfangen verfügte Vesal über einen erheblichen
Vorteil gegenüber seinen Vorgängern und Zeitgenossen: unbegrenzte gestalterische Möglichkeiten. Die meisten, wenn nicht sogar alle Abbildungen in der *Fabrica* wurden von Schülern des
unvergleichlichen Tiziano Vecellio – kurz Tizian – aus dem nahen
Venedig angefertigt, die unter der Aufsicht und Anleitung von
Vesal arbeiteten. Diese Zusammenarbeit zwischen Kunst und
Wissenschaft in der *Fabrica* führte nicht nur zu einem nie da gewesenen Maß an anatomischer Detailgenauigkeit, sondern auch
zu einer solchen Feinheit im Zusammenspiel der anatomischen
Teile, dass man meinen konnte, nicht einen ruhenden Leichnam,

sondern eine bewegte menschliche Gestalt vor sich zu haben – einen lebendigen, wenn auch abgehäuteten Organismus.

Was Vesal selbst zur *Fabrica* beisteuerte, war nicht weniger wertvoll: eine Beobachtungsmethode, wie es sie noch nie gegeben hatte. Dadurch, dass er die Sektionen selbst durchführte, überbrückte er nicht nur die konkrete Distanz zwischen Dozent und Untersuchungsobjekt, sondern auch eine metaphorische Distanz – die zwischen zeitgenössischen Untersuchungen und alten Lehren. In der ersten Ausgabe des Buches wiederholte Vesal noch vorsichtig die uralte Behauptung, dass das Blut durch winzige Poren in der Scheidewand von einer Herzkammer in die andere gelange. In einer zweiten Ausgabe zwölf Jahre später hieß es jedoch: »Die Herzscheidewand ist so dick, dicht und kompakt wie das übrige Herz. Daher sehe ich keine Möglichkeit, dass auch nur ein winziges Teilchen durch die Scheidewand von der rechten in die linke Kammer transportiert werden kann.« Bei diesem und zahlreichen anderen Beispielen gelangte er zu der Überzeugung, er tue gut daran, wenn er sich auf die Ergebnisse seiner eigenen Untersuchungen verlasse, selbst wenn sie den antiken Lehren und der herrschenden Meinung widersprächen, denn er habe, wie er schrieb, »bei der Sache selbst Hand angelegt«.

Nicht, dass Vesal in jeder Hinsicht der Neuzeit angehörte. In der Frage, was ein Lebewesen eigentlich lebendig mache, gab er sich mit der vorherrschenden Erklärung zufrieden, die dafür »animalische Geister« in der Blutbahn verantwortlich machte, kleine Geschöpfe, welche die Lebenskraft vom Schöpfer höchstselbst erhalten haben sollten. Doch mit seiner Methode des Selbst-Handanlegens setzte er neue Maßstäbe für die Rolle, die empirische Evidenz in der anatomischen Forschung und im Naturstudium überhaupt spielen konnte.

Was war der menschliche Körper? Man lege ihn auf einen Untersuchungstisch und schaue selbst. Was tat er? Hundert Jahre nach Vesal beschrieb Descartes die Arbeitsweise des Herzens und der Arterien: »Denn da diese Bewegung die erste und allgemeinste ist, die man in den Tieren beobachtet, so wird man leicht beurteilen können, was man von den anderen zu denken hat.« Zunächst aber hatte er eine Bitte an die Leser: »Um das [F]olgende leichter zu verstehen, mögen die in der Anatomie gar nicht Bewanderten ... sich die Mühe nehmen, das Herz irgendeines großen, mit Lungen begabten Tieres vor ihren Augen zerschneiden zu lassen, denn es ist dem des Menschen in allen Punkten ähnlich.« Die Bewegung, die sie dort finden – den Blutfluss ins Herz hinein –, beschrieb Descartes in allen anatomischen Einzelheiten. Am Ende blieb kaum ein Zweifel daran, dass die Bewegung nicht nur »bloß aus der Ordnung der Organe ... folgt«, sondern dass er sie auch mit mathematischer Genauigkeit wiedergeben konnte: »Ich könnte hier noch verschiedene Regeln aufstellen, um im einzelnen zu bestimmen, wann, wie und um wieviel die Bewegung jedes Körpers durch die Begegnung mit anderen umgeleitet, vermehrt oder vermindert werden kann; was summarisch alle Wirkungen der Natur enthält.«

Sogar eine Antwort auf die Frage, *wie* der Körper bewerkstelligte, was er tat, ließ nicht lange auf sich warten. Der englische Arzt William Harvey, der an derselben anatomischen Fakultät der Universität von Padua studierte, an der Vesal ein halbes Jahrhundert zuvor seine revolutionären Untersuchungen durchgeführt hatte, lieferte sie 1628 in seiner Schrift *Exercitatio Anatomica de motu cordis et sanguinis in animalibus* (*Anatomische Studien über die Bewegung des Herzens und des Blutes in Tieren*): Das Blut zirkuliert. Wie Vesal behauptet hatte, sickert es nicht durch die Herzscheidewand, sondern verlässt das Herz, so Harvey, durch die Arterien und kehrt durch die Venen zurück. Weniger als zehn Jahre nach diesem Vorschlag von Harvey berief sich Descartes auf ihn, als er seinen überwiegend mechanischen Entwurf des menschlichen Körpers vorstellte: »Und tatsächlich kann man die Nerven der Maschine, die ich beschreibe, sehr gut mit den Röhren der Maschinen bei diesen Fontänen vergleichen, ihre Muskeln und Sehnen mit den verschiedenen Vorrichtungen und Triebwerken, die dazu dienen, sie in Bewegung zu setzen, ihre Spiritus animales mit dem Wasser, das sie bewegt, wobei das Herz ihre Quelle ist und die Kammern des Gehirns ihre Verteilung bewirken.«

Nicht, dass der Mensch ein bloßer Automat wäre – ein *gänzlich* mechanisches Geschöpf. Für Descartes war er das eindeutig nicht. Wenn man seine Stofflichkeit mittels der drei Koordinaten des Raumes in einem Diagramm abbildet und ihn den Gesetzen unvermeidlicher Kausalität unterwirft, ist man laut Descartes noch lange nicht in der Lage, all das zu erklären, dessen wir fähig sind. Möglich, dass das Gehirn eines Tieres wie eine Verrechnungsstelle arbeitet: Die Außenwelt sendet Signale, die die Sinnesorgane aktivieren, die ihrerseits Signale an das Gehirn schicken. Die Reaktion des Gehirns besteht aus Signalen, welche die Bewegungsorgane aktivieren, die wiederum eine Erfolgsmeldung aus der Innenwelt an das Gehirn zurücksenden. Auf diese Weise bestimmt das Gehirn eines Tieres, wann es isst, läuft, blinzelt, ausscheidet, schläft, sich paart, seine lebenswichtigen Funktionen einstellt. Das Gleiche bewirkt das Gehirn des Menschen. Aber: Der Mensch besitzt überdies die Fähigkeit zum Überlegen und Denken – ein Innenleben, ein Bewusstsein. Für Descartes reichte diese Eigenschaft aus, um den Menschen vom Tier zu unterscheiden.

Descartes selbst sah voraus, dass man dagegen Einwände erheben würde. Er forderte sie, erhielt sie und beantwortete sie – wenigstens zur eigenen Zufriedenheit, wie es scheint. Und dann war er es selbst, der zwölf Jahre, nachdem er zum ersten Mal die Trennung von *res extensa* und *res cogitans* – von ausgedehntem und denkendem Ding – gefordert hatte, den ersten Schritt auf den schlüpfrigen, abschüssigen Pfad wagte und versuchte, den Sitz der Seele *irgendwo* zu lokalisieren. Für ihn war der Sitz der Seele nicht »das ganze Gehirn, sondern nur der innerste von dessen Teilen, welches eine gewisse sehr kleine Drüse ist, die inmitten der Hirnsubstanz liegt und so oberhalb des Wegs, den die Lebensgeister von dessen vorderen Kammern zu den hinteren nehmen«.

In den folgenden 200 Jahren gab es kaum jemanden, der sich beim Studium der psychischen oder physischen Aspekte des Menschen an diese strikte Trennung hielt. Allerdings folgte man der grundlegenden Unterscheidung zwischen Geist und Gehirn, durch die man die herausgehobene Stellung des Menschen unter Gottes Geschöpfen festschrieb. Goethe war zwar nicht, wie Freud irrtümlich meinte, der Autor des Aufsatzes gewesen, der ihn veranlasst hatte, sich der Laborforschung zu verschreiben, doch betrieb der Dichter Forschungen am Zwischenkieferknochen von Mensch und Tier, um die »unmögliche Synthese« zu leisten, das heißt, »das Tier und den Menschen zu verbinden«. Verbinden ja, gleichsetzen nein. Zwar schrieb Goethe auch, dass »der Mensch aufs Nächste mit den Tieren verwandt« sei, erläuterte aber an anderer Stelle: »Im Menschen ist das Tierische zu höheren Zwecken gesteigert.« Das also war der Mensch an der Wende zum 19. Jahrhundert: Nicht gesondert, aber auch nicht gleich.

Das änderte sich, als sich Charles Darwin seiner annahm. Im Jahr 1859 – »ich war schon am Leben«, sagte Freud gerne, obwohl er damals erst drei Jahre alt war – veröffentlichte Darwin sein Werk *Die Entstehung der Arten*. Der Mensch fand darin genau eine Erwähnung, nämlich in dem Versprechen, das der Autor für ein künftiges Werk ablegte: »Licht wird auf den Ursprung der Menschheit und ihre Geschichte fallen.« 1871, als Freud das Gymnasium besuchte, gelangte dieses angekündigte Werk in den deutschsprachigen Raum: *Die Abstammung des Menschen*, eine zweibändige Schrift, die Freud bis zu seinem Lebensende in seinem Bücherregal stehen hatte. In diesem Buch, einer Art Fortsetzung des ersten, sprach Darwin klipp und klar aus, was er in dem ersten aus guten Gründen nur zwischen den Zeilen angedeutet hatte: dass der gleiche Prozess der natürlichen Selektion, den er für Pflanzen und Tiere entdeckt hatte, auch für den *Homo sapiens* gilt. »Der Mensch ist nicht anders [als die Tiere]«, fasste Freud einmal Darwins Botschaft zusammen, und er fügte einen Zusatz hinzu, der diese Behauptung ausdrücklich *nicht* einschränkte: »und nichts Besseres als die Tiere«. Darwin selbst schrieb einmal über seine eigene Art: »Ich sehe keine Möglichkeit, eine Linie zu ziehen und zu sagen, bis hierhin und nicht weiter.« Der Unterschied war jetzt nicht mehr zu retten. Hier am Fuße des abschüssigen Weges wartete ein neues Menschenbild: nicht gesondert, sondern gleich – ja sogar ein Automat.

Vom Jahr 1873, der Zeit, als Freud sein Studium an der Universität Wien aufnahm – nur vierzehn Jahre nachdem die *Entstehung der Arten* und zwei Jahre nachdem *Die Abstammung des Menschen* erschienen waren, berichtete Freud später: »Die damals aktuelle Lehre Darwins zog mich mächtig an.« Selbst wenn Freud die Theorie der natürlichen Selektion noch nicht für sich entdeckt gehabt hätte, wäre das nur eine Frage der Zeit gewesen, denn Darwins Ideen lagen den Forschungsprogrammen zugrunde, die der empfängliche junge Sigmund an der Universität kennen lernte. Im selben Jahr wie Freud kam auch Professor Carl Claus, einer von Darwins einflussreichsten Schülern auf dem europäischen Kontinent, an die Wiener Universität und übernahm das Institut für Zoologie und vergleichende Anatomie. Während des ersten Semesters musste Freud einige Grundkurse des Medizinstudiums belegen, im zweiten hörte er bei Claus die Vorlesung »Biologie und Darwinismus«. Im vierten, dem Sommersemester 1875, wechselte Freud von den Lehrveranstaltungen des medizinischen Studiengangs – der »Zoologie für Medizinstudenten« – zur eigentlichen Zoologie, wodurch er direkt bei Claus studieren

konnte. Dies verschaffte Freud im folgenden Jahr einen For-
schungsauftrag an seiner neu gegründeten zoologischen Versuchs-
station in Triest. Claus verlängerte das Stipendium und konnte
im März 1877 bei der Akademie der Wissenschaften in Wien –
Freud war noch keine 21 Jahre alt – die erste wissenschaftliche
Arbeit seines begabten Studenten einreichen. Sie wurde im folgenden Monat in den *Sitzungsberichten* der Akademie veröffentlicht. Damit reihte Freud sich endgültig in die Ahnenreihe ein,
die mit Aristoteles beginnt, hatte sich dieser doch selbst an dem
Thema versucht, wenn auch ohne Erfolg. Freuds Beitrag hieß:
»Beobachtungen über Gestaltung und feineren Bau der als Hoden
beschriebenen Lappenorgane des Aals«.

Inzwischen hatte Freud einmal mehr sein Studienfach ge-
wechselt, das heißt die Zoologie mit Ernst Brückes Institut für
Physiologie vertauscht – wo die Forschungsprojekte, soweit möglich, noch darwinistischer ausgerichtet waren. Dreißig Jahre zuvor
hatte Brücke einer Gruppe junger Physiologen in Berlin angehört,
die Darwins streng physikalistische Interpretation des Menschen
vorwegnahmen (und vermutlich auch beeinflussten). 1842 schrieb
der viel versprechende Neurophysiologe Emil Du Bois-Reymond
in einem Brief: »Brücke und er hätten geschworen, der Wahrheit
zum Sieg zu verhelfen, die da laute, dass im Organismus keine
anderen Kräfte am Werke seien als die gewöhnlichen der Physik
und Chemie.« Dieser Schwur war eine direkte Reaktion auf die
alte Vorstellung von den »animalischen Geistern«, das heißt auf
den »Vitalismus«, der die Physiologie zu dieser Zeit noch weitgehend beherrschte. Ein namhafter französischer Physiologe beschrieb ihn im selben Jahr »als unwägbare Wirkkraft, die man als
Prinzip, Agens, Nervenfluss, Nervenkraft, aktives Prinzip der Nerven etc.
bezeichnet«. Du Bois-Reymond hatte bereits (mit anderen Forschern zusammen) entdeckt, dass ein Nervenimpuls chemische
Veränderungen im Nervensystem hervorruft. 1850 war es seinem

Kollegen Hermann von Helmholtz gelungen, die Geschwindigkeit des Nervenimpulses an Fröschen zu messen: rund 27 Meter pro Sekunde. Sie hatten Materie, Bewegung, einen Klub – die Berliner Physikalische Gesellschaft – und einen Vorsatz: Sie wollten für die Physiologie des inneren menschlichen Universums leisten, was Laplace für die Physik des äußeren getan hatte, sie nämlich ein für allemal in rein mechanischen Begriffen beschreiben.

Das war die Grundlage von Brückes physiologischen Vorlesungen, die Freud an der Universität Wien hörte, und die Philosophie hinter Brückes Forschungsprogramm, an dem Freud jetzt teilnahm. Freud sollte der Frage nachgehen, ob das Rückenmark der niederen Fischart *Ammocoetes petromyzon* bestimmte Eigenschaften mit dem Zentralnervensystem höherer Arten, am Ende einschließlich des Menschen, gemein hatte. Das war der Fall, wie Freud feststellte. Daraufhin nahm er eine ähnliche Untersuchung an den Nervenzellen des Flusskrebses vor. Als Freud 1882 schließlich Brückes Institut (und damit auch die Universität) verließ, um eine Stelle am Allgemeinen Krankenhaus der Stadt Wien anzutreten, war der nächste Schritt, den er in seiner Forschung tat, so logisch, wie er ein oder zwei Generationen zuvor noch ketzerisch oder gar unsinnig erschienen wäre. Als sich Freud später an diesen Übergang von der Universität ans Krankenhaus erinnerte, schrieb er: »Brücke hatte mich an das Rückenmark eines der niedrigsten Fische (Ammocoetes-Petromyzon) als Untersuchungsobjekt gewiesen, ich ging nun zum menschlichen Zentralnervensystem über.«

Das menschliche Zentralnervensystem – das war sicherlich der Sitz von … etwas. Ob man es nun Bewusstsein, Geist oder Seele nannte, auf jeden Fall genügte es nicht mehr, die »animalischen Geister« der Alten oder Decartes' *res cogitans* zu beschwören. Was immer es war, immateriell musste es nicht mehr sein. War es auch nicht, wenn man der Beweiskette folgte, die mit Vesals Untersuchungen begonnen, ihre vollständige dreidimensionale Gestalt in Descartes' Beschreibungen erhalten und schließlich neue rhetorische Höhen und physiologische Tiefen in den Verlautbarungen der Berliner Physikalischen Gesellschaft erreicht hatte. Wen interessierte da noch, was das Bewusstsein war? Wichtig war nur: Was war diese Zelle hier, diese Faser, diese netzartige Struktur, diese Läsion?

Nach der Antwort auf solche Fragen suchte Freud Anfang der 1880er Jahre. Als er im Herbst 1885 nach Paris reiste, wollte er diese Suche fortsetzen. Was er stattdessen fand, war die winzige und doch beherrschende Gestalt des Jean-Martin Charcot, der sich damals in der intensivsten Phase seiner Hysterieforschung befand.

Jahrtausendelang war die Hysterie »die bête noire der Medizin«, wie Freud einmal schrieb. Als häufige und bequeme Diagnose umfasste sie so viele Symptome, dass sie im Grunde bedeutungslos wurde. So wurde sie zusammengeworfen mit »allgemeiner Nervosität, Neurasthenie, vielen psychotischen Zuständen und vielen … Neurosen«. Nicht so an der Salpêtrière. Dort wurde die Hysterie »aus dem Chaos der Nervenerkrankungen … hervorgehoben«, weil der große Charcot das Sagen hatte und die historisch ununterscheidbaren Krankheiten voneinander schied, ihnen Namen gab und sie kategorisierte, so dass er seinem Beinamen »Napoleon der Neurosen« alle Ehre machte. Freud verglich ihn lieber mit Adam, »dem der Herr die Geschöpfe des Paradieses vorführte, damit er sie benenne und in Gruppen einteile«.

Was Freud bei seinem Studienaufenthalt an der Salpêtrière erlebte, war in der Tat eine Art Schöpfungsgeschichte: die Geburt einer neuen Betrachtungsweise des Gehirns. Wie Frankreich selbst hatte auch die Neurologie hundert Jahre zuvor eine Revolution erlebt. In den Mauern der Salpêtrière – Besucher wurden durch ein Porträt in Charcots Hörsaal daran erinnert – hatte der Arzt Philippe Pinel in demselben Geist, der die Massen auf der anderen Seite der Seine beim Sturm auf die Bastille beflügelte, die Geisteskranken von ihren Ketten befreit. Fortan sah man in psychisch gestörten Menschen keine Geschöpfe mehr, die von Dämonen besessen waren, sondern behandelte sie als Opfer ihrer Anatomie, der Schädigungen ihres Gehirns – das heißt, fortan waren keine Priester mehr für sie zuständig, sondern Ärzte. Als Charcot 1862 an die Salpêtrière berufen wurde, verwandelte er ihre langen aus dem 17. Jahrhundert stammenden Ziegelbauten aus einem riesigen Armenhaus für 4000 bis 5000 ältere Frauen – vermutlich eine humanere Institution als das frühere Irrenhaus, aber wohl kaum wissenschaftlicher in seinem Charakter – in eines der einflussreichsten Forschungszentren in der Geschichte der Medizin. Charcot führte Fallgeschichten, Autopsien und die Einweisung männlicher Patienten ein, er versah seine Klinik mit Labors, Untersuchungszimmern, einem Fotostudio, einem Museum, einer Ambulanz und einem Hörsaal und versammelte einen außerordentlich fähigen Stab von Mitarbeitern um sich, die ihm halfen, der Neurologie, die Freud damals noch völlig zutreffend als »junge Wissenschaft« bezeichnete, einen festen Platz in der Medizin zu verschaffen.

Als Freud in Paris eintraf, hoffte er, seine eigene Forschung auf diesem Gebiet fortsetzen zu können. Doch nach kaum der Hälfte der vorgesehenen Zeit war er, wie er in Briefen an seine Verlobte Martha Bernays bekundete, aus zumindest teilweise persönlichen Gründen entschlossen, nach Hause zurückzukehren. Die Stadt war so kostspielig und er so arm, dass er sich einen Stift mit einer feineren Spitze kaufte, um Papier und Postgebühren zu sparen, dass er sich mit den billigsten Plätzen im Theater zufrieden gab – »wirklich schändlichen Taubenlöcherlogen«. Besonders enttäuscht war er jedoch von den Menschen der Stadt. Sie »scheinen mir von ganz anderer Art als wir«, schrieb er am 3. Dezember, sieben Wochen nach seiner Ankunft. Die Geschäftsleute »betrügen einen dann mit kalt lächelnder Unverschämtheit«. Alles ist trügerisch: die »glänzende Außenseite«, »die allgemeine Freudigkeit und Höflichkeit der Leute«. »Wie du merkst«, fährt er fort, »mein Herz ist deutsch-kleinstädtisch und ist überhaupt nicht mit mir hier angekommen. Darum erhebt sich die Frage, ob ich nicht zurückkehren soll es zu holen.«

Doch schlimmer als das Heimweh war die berufliche Krise, die Freud bei seiner Ankunft in Paris erwartete. Das Problem lag für ihn nicht einfach darin, dass die Laboreinrichtungen im Krankenhaus unorganisiert waren und »in keiner Weise darauf eingerichtet, einen fremden Arbeiter aufzunehmen«. Tatsächlich gelang es ihm, in den ersten Wochen seines Aufenthalts einige wichtige Studien am kindlichen Gehirn durchzuführen, seinem Spezialgebiet. Das Problem lag noch nicht einmal darin, dass Charcot zu viel um die Ohren hatte, um sich mit Freud und seinesgleichen abzugeben – den vielen Besuchern, die ständig nach Paris pilgerten, der Hauptstadt der wissenschaftlichen Welt, und staunend die Salpêtrière aufsuchten, die Kathedrale, die den Erkrankungen des Nervensystems geweiht war. Immerhin hatte Freud Gelegenheit, Charcot regelmäßig zu sehen. Ende November, zu dem Zeitpunkt, da Freud mit dem Gedanken an eine vorzeitige Rückkehr spielte, schrieb er an seine Verlobte: »Nach manchen Vorlesungen gehe ich fort wie aus Notre-Dame, mit neuen Empfindungen vom Vollkommenen.« Und weiter: »Aber er greift mich an; wenn ich von ihm weggehe, habe ich gar keine Lust mehr, meine eigenen dummen Sachen zu machen.« Das Problem lag vielmehr darin, dass Charcot, wie Freud nach seiner Rückkehr nach Wien erklärte, die Auffassung vertrat, »die Anatomie habe im großen und ganzen ihr Werk vollendet«.

Freud deutete diese Bemerkung als eine verständliche Übertreibung von Charcot – »als Ausdruck der Wandlung, die in seiner Tätigkeit eingetreten ist«. Doch zumindest an der Salpêtrière war ihr Wahrheitsgehalt unübersehbar. Etwas Neues geschah hier, und es geschah nicht in den Labors, in denen Freud sich abmühte.

Jeden Montag hielt Charcot an der Salpêtrière eine offizielle Vorlesung, immer vor einer stehenden Hörerschaft, unter die sich nicht selten Vertreter der höchsten Pariser Kreise mischten. Dienstags fand eine Art informeller Vorlesung statt: Ad-hoc-Untersuchungen an vollkommen neuen Fällen, die Charcot aus der Menge der ambulatorischen Patienten vorgeführt wurden und an denen er seine außergewöhnlichen diagnostischen Fähigkeiten demonstrierte. An den übrigen Tagen setzte Charcot die Untersuchungen bei der Visite in den Krankenzimmern fort, wobei er von allen Krankenhausmitgliedern begleitet wurde, die ihn bei der Arbeit beobachten wollten, wozu häufig auch Freud gehörte. Offenbar begnügte sich Charcot bei diesen Gelegenheiten nicht damit, sich in geschliffener Rede über die verschiedenen Gebiete medizinischen Wissens zu verbreiten, auf denen er Bahnbrechendes geleistet hatte, sondern bot darüber hinaus denkwürdige Vorstellungen, deren schauspielerische Leistung den Ansprüchen jedes Pariser Theaters genügt hätte – und dieses Mal hatte Freud einen Platz in der ersten Reihe.

Wollte Charcot ein bestimmtes Stadium oder Merkmal der Hysterie vorführen, konnte er aus dem riesigen Vorrat an menschlichem Elend schöpfen, das die Salpêtrière beherbergte, und einen Patienten vorstellen, der genau die entsprechenden Symptome aufwies. Er selbst verstand sich hervorragend darauf, Symptome nachzuahmen. Ferner beeindruckte er seine Zuhörer mit der fotografischen Projektion, einer Erfindung, die unlängst gemacht worden war, und ließ sich höchst sinnfällige Demonstrationen einfallen – so verdeutlichte er die Tremores verschiedener Krankheiten, indem er mehreren Frauen prachtvolle Hüte aufsetzte und die Zuhörer aufforderte, auf das unterschiedliche Zittern der Federn zu achten. Noch spektakulärer waren jedoch die Erfolge, die er bei den Hysterikern erzielte, die unangemeldet am Tor der Salpêtrière auftauchten, manchmal, nachdem sie um die halbe Welt gereist waren, um sich dem berühmten französischen Heiler anzuvertrauen. Unter Charcots Einfluss konnten die Gelähmten ihre Glieder wieder bewegen und erhoben sich von ihren Bahren. Die Lahmen warfen ihre Krücken fort und gingen.

»Das Paris ist einfach ein verworrener Traum«, schrieb Freud am 3. Dezember an Martha, in demselben Brief, in dem er sich gefragt hatte, ob er nicht nach Hause zurückkehren sollte, »und ich werde mich sehr freuen, aufzuwachen.« Tatsächlich wachte er noch in derselben Woche auf, allerdings nicht, indem er Paris verließ. Als er eines Tages hörte, wie Charcot sein Bedauern darüber äußerte, dass er schon lange nichts von seinem deutschen Übersetzer gehört habe, bot er dem Meister seine Dienste an. Charcot ging darauf ein, und von diesem Augenblick an sah Freud Paris in einem ganz anderen Licht. Er wurde ein häufiger Gast in Charcots palastartigem Haus auf dem Boulevard Saint-Germain. In Erwartung seines ersten Besuchs schrieb er an Martha: »Weiße Handschuhe und Krawatte, selbst ein neues Hemd, Frisieren der letzten noch übrigen Haare, und so weiter. Etwas Cocain, um das Maul öffnen zu können.« Drei Wochen später dann eine Liebeserklärung an die Stadt wie von einem geborenen Flaneur: »Was Paris für ein Zauber ist!«

So erfreulich der soziale Umgang mit Charcot auch sein mochte, beruflich erwies er sich als noch bedeutsamer für Freud. In dieser ersten Dezemberwoche des Jahres 1885 wurde Freud vom Beobachter zum Teilnehmer – vom Zuschauer, wenn auch in der ersten Reihe eines der wichtigsten Ereignisse auf der medizinischen Bühne der Zeit, zum Darsteller. An Charcots Seite und häufig in der Lage, die Diagnosen des großen Mannes durch seine eigenen Ansichten zu ergänzen, hatte Freud jetzt selbst Gelegenheit, das bizarre Erscheinungsbild der Hysterie zu beobachten und zu untersuchen.

Wie ließen sich diese Phänomene erklären? Was mochten ihre physiologischen Ursachen sein? Charcot konnte es nicht sagen und bekannte auch, dass es ihn nicht interessierte. Im Labor versuchten die Anatomen, die inneren Störungen – die Schädigungen oder Läsionen – zu lokalisieren, welche die Verhaltensweisen verursachten, auf die Freud überall in der Salpêtrière stieß. Bislang war es ihnen nicht gelungen. Offenbar reichte ihre Kunstfertigkeit noch nicht aus. Charcot zweifelte nicht daran, dass sich die äußeren Manifestationen der Hysterie letztlich auf solche Läsionen zurückführen lassen würden, sobald die Instrumente eines Tages hinreichend vervollkommnet waren, um eine genaue Untersuchung der neuroanatomischen Gewebe zu ermöglichen. Bis dahin gab sich Charcot damit zufrieden, das zu untersuchen, zu unterscheiden und in Kategorien einzuteilen, was er untersuchen *konnte*: die Symptome selbst.

Und Charcot hatte Recht, wie Freud einsah. Nicht, dass die Anatomie im Großen und Ganzen ihr Werk vollendet hätte. Kein objektiver Beobachter konnte ernsthaft zu dem Schluss kommen, diese Wissenschaft könnte an ihr Ende gelangt sein. Immerhin war die Neuroanatomie damals an die »Schwelle des Geistes« gelangt. Die Botschaft, die von der Salpêtrière ausging, lautete anders: Aus dem Dunkel des Irrenhauses brachte Charcot eine ganze Klasse von seltsamen Verhaltensweisen, die sich einer physiologischen Erklärung verweigerten, auf die Bühne der Schulmedizin, und wer die Hysterie verstehen wollte, tat gut daran, sich die Sache selbst anzusehen. Nicht Paris musste Freud verlassen, sondern das Laboratorium.

Eigentlich trug Freud sich schon seit geraumer Zeit mit der Absicht, das Labor zu verlassen. Vier Jahre zuvor, mit 26 Jahren, hatte er Martha kennen gelernt, die Frau, die schon bald seine

Verlobte wurde. Augenblicklich hatte er angefangen, für die Zeit zu planen, wo er für Frau und Kinder sorgen musste. Brücke, der zu dieser Zeit sein Mentor und der Direktor des Instituts war, an dem Freud gerade die sechs Jahre verbracht hatte, die er später als die glücklichsten seines Lebens bezeichnen sollte, riet ihm, seine medizinische Laufbahn aus finanziellen Rücksichten von der Theorie in die Praxis zu verlagern – statt im Labor zu forsche Patienten zu behandeln.

Freud hatte für sich nie die Rolle des Helfers und Heilers ins Auge gefasst. Bei der Entscheidung für das Medizinstudium hatte er an eine Form der Berufsausübung gedacht, bei der er nie direkt mit Patienten hätte zu tun haben müssen. Etwa seit der Mitte des Jahrhunderts war das eine Option, die Physiologen offen stand. Brücke selbst, der seine Laufbahn in den 1840er Jahren begonnen hatte, war nie mit einem Patienten in Berührung gekommen. Nun aber folgte Freud Brückes Rat und bewarb sich am Allgemeinen Krankenhaus der Stadt Wien, wo er schon bald die Stellung eines Sekundararztes erhielt. Während der nächsten drei Jahre arbeitete er auf den Stationen, behandelte Patienten und stellte seine diagnostischen Fähigkeiten unter Beweis.

Doch selbst unter diesen Umständen frönte Freud noch seiner Leidenschaft für das Labor. Am Krankenhaus, in einer Umgebung, in der sich leicht alle Erfahrung erwerben ließ, die man für eine Privatpraxis brauchte, fühlte sich Freud schon bald wieder zum Labor hingezogen, und zwar zum hirnanatomischen Labor. Dort zeichnete er sich durch seine Studien am verlängerten Mark aus, der Struktur, die Rückenmark und Großhirn miteinander verbindet. Hier machte er auch eine bedeutende wissenschaftliche Entdeckung, als er die Wirkung des Kokains untersuchte: Er fand heraus, dass der Wirkstoff zur örtlichen Betäubung bei chirurgischen Eingriffen eingesetzt werden kann. (Unbeabsichtigt gab Freud diese Information – und damit die Priorität – an einen

Kollegen weiter, was er später lange und heftig bedauerte.) Selbst als sich die drei Jahre, die er brauchte, um von Brückes Labor in die Privatpraxis überzuwechseln, ihrem Ende zuneigten, reiste er nicht an die Salpêtrière, um seine klinischen Kenntnisse zu vervollkommnen, sondern um zu forschen.

Noch vor seinem Pariser Studienaufenthalt gelang es Freud, eine Art Kompromiss mit sich selbst zu schließen, einen Kompromiss, in dem ihn die Erfahrung mit Charcots klinischer Meisterschaft nur bestärkte: Er konnte im Labor arbeiten *und* eine Privatpraxis aufmachen. In beiden Fällen aber wollte er seine Aufmerksamkeit auf sein Spezialgebiet konzentrieren, das Nervensystem. Unmittelbar nach seiner Rückkehr aus Paris im Jahr 1886 trat er eine Stellung an, die er bereits vorher zugesagt hatte, nämlich als Leiter der neuen neurologischen Abteilung des Kinderkrankeninstituts von Max Kassowitz, wo er die Möglichkeit hatte, seine Forschungsarbeiten am menschlichen Zentralnervensystem fortzusetzen. Außerdem setzte er eine Ankündigung in die Zeitung, der zufolge Dr. Freud aus Wien ab dem 25. April 1886 in der Rathausstraße Nr. 7 ordinierte.

Auf praktischer Ebene klappte der Kompromiss. Nach vier Monaten flossen die Einkünfte aus der Praxis so reichlich und stetig, dass er endlich in der Lage war, die Hochzeit zu planen. Persönlich jedoch sagte ihm die Behandlung von Patienten überhaupt nicht zu.

In gutem Glauben hatte er auf das Handbuch *Elektrotherapie* von Wilhelm Erb aus dem Jahr 1882 vertraut, das zwar »detaillierte Vorschriften für die Behandlung aller Symptome der Nervenleiden zur Verfügung stellte«, dessen Verfahren aber nicht die versprochene Wirkung zeitigten. Freud: »Leider mußte ich bald erfahren, daß die Befolgung dieser Vorschriften niemals half, daß, was ich für den Niederschlag exakter Beobachtung gehalten hatte, eine phantastische Konstruktion war.«

Die Terminologie war einwandfrei – sie hielt sich an die Form, welche die Naturwissenschaft in den verflossenen 200 bis 300 Jahren angenommen hatte –, nicht aber der Inhalt. Freud kam von einem Forschungsfeld, auf dem die wissenschaftliche Methode die alleinige Richtschnur war, zur Therapie und war entsetzt. Das war keine Wissenschaft, sondern Spekulation als Wissenschaft verkleidet.

Eigentlich hätte er es sich denken können, kannte er doch die Geschichte der Salpêtrière im vorherigen Jahrhundert. So lange war es noch nicht her, dass Pinel und Charcot die psychischen Erkrankungen aus der Zwangsjacke der theologischen Dämonisierung befreit hatten. Auch seine Erfahrungen als Sekundararzt am Allgemeinen Krankenhaus in Wien Anfang der 1880er Jahre hätten es ihm sagen müssen. Zwar hatte die Klinik zu diesem Zeitpunkt bei Patienten und Medizinern in aller Welt einen hervorragenden Ruf – aber nur, weil eine Hand voll von Ärzten sie in den unmittelbar zurückliegenden Jahrzehnten einer entschlossenen Modernisierung unterzogen hatte. Ehrwürdige Lehrmeinungen wurden durch Empirie, Magie durch Mikroskope ersetzt. Trotz allem hatte Freud sich vorher nie wirklich klar gemacht, *wie viel* Ignoranz im ärztlichen Beruf herrschte, auf dem Feld, dem er seine Zukunft verschrieben hatte. Später meinte er einmal über Erbs Lehrbuch: »Die Einsicht, daß das Werk des ersten Namens der deutschen Neuropathologie nicht mehr Beziehung zur Realität habe als etwa ein ›ägyptisches‹ Traumbuch, wie es in unseren Volksbuchhandlungen verkauft wird, war schmerzlich.«

Etwas mehr Erfolg hatte Freud mit einigen anderen Standardverfahren der Zeit zur Behandlung von Nervenerkrankungen – Hydrotherapie, Massage, Ruhekur. Doch Ende 1887, als Freud sich noch immer außerstande sah, seinen Patienten so zu helfen, wie er es gerne getan hätte, aber mehr denn je darauf angewiesen war, seinen Lebensunterhalt zu verdienen (sein erstes Kind, eine

Tochter, war im Oktober geboren worden), beschloss er, einen Versuch mit der Hypnose zu wagen.

Im Jahr zuvor hatte Freud die Wirkung der Hypnose an der Salpêtrière beobachten können, wo Charcot mit Hilfe dieser Technik die Stadien illustriert und belegt hatte, die sich seiner Meinung nach in der Hysterie unterscheiden ließen. Wie die Hysterie hatte auch die Hypnose ihre Befreiung aus dem Getto wissenschaftlicher Ächtung in erster Linie Charcots Einfluss zu verdanken, der 1882 vor der Académie des Sciences in Paris nachdrücklich auf ihren potenziellen Wert für die Forschung hingewiesen hatte. Die Reaktionen auf seinen Vortrag und auf die Renaissance der Hypnose, die er auslöste, waren keineswegs einhellig positiv. Man müsse sich auf den medizinischen und moralischen Missbrauch der Technik gefasst machen, warnte eine lautstarke Gruppe von Kritikern, zu der auch ein ehemaliger Lehrer von Freud gehörte, Theodor Meynert, der empört meinte, unter der Hypnose würden Menschen zu willen- und vernunftlosen Wesen degradiert. Sogar einer der eifrigsten Fürsprecher der Hypnose wies seine Jünger warnend darauf hin, sie müssten damit rechnen, dass sie einen Patienten unter Hypnose in einen geköpften Frosch verwandelten.

Für jemanden mit Freuds Vorbildung – Labor und menschliche Anatomie – musste darin jedoch genau der Vorteil der Hypnosetechnik liegen: die Möglichkeit, dass man »mit einer Menschenseele wie sonst nur mit einem Tierleib experimentieren konnte«. In Paris an der Salpêtrière hatte Freud Gelegenheit gehabt, Charcot bei Anwendung der Hypnosetechnik zu beobachten. Zunächst übertrug dieser nacheinander die Symptome der Hysterie auf einen Patienten, um sie dann eines nach dem anderen wieder zu entfernen – das heißt, er verwendete die Hypnose beinah diagnostisch. 1886, bei seiner Rückkehr aus Paris, hatte Freud in dem Bericht, den er der Universität Wien vorlegte, sein Erstaunen darüber zum Ausdruck gebracht, »daß es sich hierbei um grob sinnfällige, in keiner Weise anzuzweifelnde Dinge handelt, die allerdings wunderbar genug sind, um nicht ohne eigene sinnliche Wahrnehmung geglaubt zu werden«. Kurz darauf hielt er zwei Vorträge über das Thema, am 11. Mai im Physiologischen Klub und am 27. Mai in der Psychiatrischen Gesellschaft. Ende des folgenden Jahres hatte er sich bereits vertraglich verpflichtet, die zweite Auflage des Buches *De la suggestion et de ses applications à la thérapeutique* von Hippolyte Bernheim, dem Direktor des Krankenhauses von Nancy, zu übersetzen und mit einem Vorwort zu versehen.

Diese Aufgabe bezeichnete Freud in einem Brief an einen Freund als »nicht rühmenswert«, sie dienten wohl nur dem Gelderwerb. Bernheim ging davon aus, dass alle hypnotische Wirkung ausschließlich auf Suggestion zurückzuführen sei und dass deshalb jeder Mensch hypnotisierbar sei. Dagegen glaubte Charcot – und als Physiologe musste Freud dem zustimmen –, dass alle hypnotischen Effekte durch Veränderungen im Nervensystem hervorgerufen würden. Allerdings bezweifelte Freud Charcots Behauptung, wonach sie eine bestimmte Erbanlage beim Hypnotisanden voraussetzten und diese Anlage nur bei echten Hysterikern anzutreffen sei. 1888 schrieb Freud im Vorwort zu seiner Übersetzung von Bernheims *De la suggestion*, Charcot und Bernheim könnten mit ihren jeweiligen Hypnosebegriffen nicht beide Recht haben, und versuchte dann, diplomatisch die Vorteile beider Konzeptionen zu skizzieren, ohne Bernheim zu großes Unrecht zu tun. Immerhin war er bereit, diesen Unterschied differenziert zu beurteilen: »Man muß aber Bernheim recht geben, daß die Zerteilung der hypnotischen Erscheinungen in physiologische und psychische einen durchaus unbefriedigenden Eindruck macht; es wird ein Bindeglied zwischen beiden Reihen dringend erfordert.«

Mochte Freud zunächst auch Vorbehalte gegen die Übersetzung von Bernheims Buch gehabt haben, so offenbarte diese Aufgabe doch schon bald ungeahnte Vorzüge. Bernheim praktizierte nämlich etwas ganz anderes als Charcot. Freud selbst schrieb im Vorwort, dass Bernheims Methode »dem Arzt eine mächtige therapeutische Methode schenkt« – das heißt eine Methode, die Freud bei den Patienten in seiner Privatpraxis anwenden konnte.

Natürlich hatte Freud von den therapeutischen Möglichkeiten der Hypnose bereits sechs Jahre zuvor durch seinen Freund Breuer gehört, der ihm über den Fall der Patientin berichtet hatte, die Freud später Anna O. nennen sollte. Doch als Freud diese Möglichkeit Charcot gegenüber erwähnte, zeigte der »kein Interesse«, wie Freud später erinnerte, »so daß ich nicht mehr auf die Sache zurückkam und sie auch bei mir fallen ließ« – jedenfalls bis zu den letzten Wochen des Jahres 1887. Vermutlich war es kein Zufall, dass Freud ausgerechnet zu diesem Zeitpunkt – als er mit der Übersetzung und dem Vorwort von Bernsteins Buch beschäftigt war und es daher vermutlich sehr genau las – den Versuch unternahm, die Hypnose für die Behandlung seiner Patienten einzusetzen, also zu *Heilzwecken*, wie es Bernheim und nicht Charcot empfahl.

Allerdings hatte Freud nur gelegentlich mehr Erfolg in dem Bemühen, seine Patienten in Hypnose zu versetzen, als zuvor in dem Versuch, ihr Leiden durch Elektrotherapie zu lindern. Um seine Hypnosetechnik zu verbessern, reiste er im Sommer 1889 wieder nach Frankreich, wo er von Bernheim lernen wollte. Später schrieb Freud über die Zeit unmittelbar nach seiner Rückkehr aus Frankreich: »Sobald ich aber diese Kunst an meinen eigenen Kranken zu üben versuchte, merkte ich, daß wenigstens meinen Kräften in dieser Hinsicht enge Schranken gezogen seien und daß, wo ein Patient nicht nach ein bis drei Versuchen somnambul wurde, ich auch kein Mittel besaß, ihn dazu zu machen.« Dennoch, wenn es ihm gelang, einen Patienten zu hypnotisieren, waren die therapeutischen Erfolge so vielversprechend, dass Freud seine Bemühungen fortsetzte. Bis zu dem Tag, an dem er sich anders besann.

Der Tag kam im Herbst 1892. Es ging um Fräulein Elisabeth von R., eine 24-jährige junge Dame, die über Schmerzen in den Beinen klagte und eine weitere Patientin war, die sich gegenüber Freuds Hypnoseversuchen als unempfänglich erwies. Dieses Mal aber erinnerte sich Freud an bestimmte Begleiterscheinungen, die er in Nancy beobachtet hatte, als Bernheim das Verfahren der *posthypnotischen* Suggestion anwandte. Gemeint war nicht einfach der Befehl, dass der Hypnotisand während der Hypnose die Hand hob oder senkte, auch nicht der Befehl, diese Bewegungen eine halbe Stunde nach der Hypnose auszuführen, oder das, was tatsächlich eine halbe Stunde später oder am folgenden Tag geschah, wenn der Hypnotisand die Hand hob oder senkte. Gemeint war vielmehr, was dann kam: dass der Hypnotisand behauptete, er wisse nicht, warum er die Hand gehoben oder gesenkt habe. Doch nach intensiver Befragung des selbst im Wachzustand noch hartnäckig leugnenden Patienten, »siehe da« (wie Freud schrieb), lieferte der Hypnotisand schließlich die richtige Erklärung.

Wie gelang es Bernheim, die hartnäckige Behauptung seines Patienten zu überwinden, er könne sich nicht an die hypnotischen Suggestionen erinnern? Ganz einfach, Bernheim legte ihm die Hand auf die Stirn und erklärte unbeirrt, er könne das. Und dann konnte der Patient es.

Jetzt versuchte es Freud mit dem gleichen Kunstgriff. Er beugte sich vor, legte Fräulein Elisabeth die Hand auf die Stirn und sagte: »Es wird Ihnen jetzt einfallen unter dem Drucke meiner Hand. Im Augenblicke, da ich mit dem Drucke aufhöre, werden Sie etwas vor sich sehen oder wird Ihnen etwas als Einfall durch den Kopf gehen und das greifen Sie auf. Es ist das, was wir suchen.«

Und so war es. Die Erinnerungen kamen – vielleicht nicht gleich, aber mit der Zeit, jedes Mal, wenn Freud diese Spielart der üblichen Technik wiederholte. Manchmal hielt er auch den Kopf des Patienten zwischen beiden Händen, auch da stellten sich die Gedanken ein. Dann ließ er seine Hände ganz aus dem Spiel. Oft auch seine Gedanken. Stattdessen lehnte er sich zurück, so dass die Patienten ihn nicht sehen konnten, und überließ diesen das Reden.

Dabei fiel ihm eine Ähnlichkeit zwischen dem Prozess auf, der vermutlich der Abwehr des Patienten gegenüber dem ursprünglichen Trauma – seiner Verdrängung – zugrunde lag, und den Vorgängen, die aller Wahrscheinlichkeit nach für die bei Bernheim gesehenen Beispiele posthypnotischer Suggestion verantwortlich waren.

Wenn ein Hypnotisand eine hypnotische Suggestion (beispielsweise eine Hand zu heben oder einen Satz zu sagen) minuten-, stunden- oder sogar tagelang mit sich herumträgt, bis irgendein äußerlicher Auslöser sie zur Ausführung bringt, dann kommt die Veränderung im Gehirn sicherlich nicht durch eine spontane Läsion im Gehirn zustande, sondern geht auf einen weit subtileren Prozess zurück – eine Veränderung nicht in der Struktur des Gehirns, sondern *in seiner Funktionsweise*. Was aber ist genau unter der »Funktionsweise des Gehirns« zu verstehen? Wenn keine Läsionen verantwortlich sind, was gehen unter diesen Umständen für physiologische Veränderungen im Gehirn vor?

Diese Frage führte Freud an den Ausgangspunkt seiner Untersuchungen zurück. Damals, im Februar 1886, während seiner letzten Tage an der Salpêtrière, hatte er Charcot von einer Beobachtung berichtet, die dieser wohlwollend zur Kenntnis genommen hatte: Dank seiner eingehenden anatomischen Kenntnisse war Freud aufgefallen, dass die Symptome der Hysterie sich nicht so darstellten, wie es dem Bau des menschlichen Körpers entsprochen hätte. Beispielsweise deckte sich die Störung bei hysterischem Verlust des Arm- oder Beingebrauchs mit der allgemeinen Annahme, die betroffene Gliedmaße gehe bis zur Schulter oder Hüfte, nicht hingegen mit der tatsächlichen Verteilung der Nerven, die nämlich über Schulter oder Hüfte hinausreichen.

Freud hatte gleich nach seiner Rückkehr aus Paris mit der Abfassung des Artikels begonnen, überarbeitete ihn aber in den kommenden Jahren. In dem Eintrag »Hysterie« für ein Handwörterbuch meinte er 1888, die Lähmung des Hysterikers sei »ebenso unwissend in der Lehre vom Bau des Nervensystems wie wir selbst, ehe wir's gelernt haben«. Freud beendete den Artikel, von dem er Charcot berichtet hatte, erst 1893. Zu den drei schon vorher verfassten Abschnitten fügte er jetzt noch einen vierten hinzu.

Der Artikel erschien im Juli 1983, wie Charcot versprochen hatte, in dessen Zeitschrift *Archives de neurologie*. Im Monat darauf verließ Charcot mit zwei Kollegen Paris, um Urlaub zu machen, nahm sich ein Hotelzimmer und verstarb in der folgenden Nacht mit 68 Jahren. In seiner Bibliothek hatte er ein Exemplar der betreffenden Nummer der *Archives* zurückgelassen und dort zwei kräftige Striche am Rand der Passage gemacht, in der Freud über die mangelnde Übereinstimmung zwischen Hysterie und Anatomie berichtete, das heißt am Ende des dritten Abschnitts. Vermutlich hatte sich Charcot dann dem vierten und letzten Abschnitt zugewandt, den Freud vor kurzem beendet hatte. Dort las Charcot: »Zum Schluss werde ich darzulegen versuchen, *welcher Art* die Läsion *sein könnte*, die die Ursache der hysterischen Lähmung ist. Ich sage nicht, dass ich zeigen werde, wie sie tatsächlich ist« – weil er das nicht konnte. Vielmehr leide der Patient, so Freud, unter »einer Veränderung des Begriffs, der Idee etwa des Arms«.

Psychisch? Physiologisch? Geistige Phänomene? Das Gehirn? Wie ließen sich diese Aspekte unterscheiden? Im Prinzip gar nicht, wenn man sich an die antivitalistische Erklärung hielt – an die physikalische und chemische Befehlskette von Neuron zu Neuron. Wenn es denn keine Läsion war, so musste doch *irgendeine* physiologische Veränderung irgendwo in den Schaltkreisen des Nervensystems stattfinden, um diese psychischen Eindrücke hervorzurufen. Allerdings hatte Freud jetzt eine andere Vorstellung von dem, was wirklich grundlegend war – von den Funktionen des Gehirns.

Tatsächlich hielt er sich einfach an den Ratschlag, den Du Bois-Reymond 1842 erteilt hatte, als er das Programm seiner und Brückes antivitalistischer Lehre proklamiert hatte: Wenn man nicht die der Materie innewohnenden chemisch-physikalischen Kräfte finden könne, die sich auf Anziehungs- und Abstoßungskräfte zurückführen ließen – wenn man also nicht der Newton der Neurologie sein könne –, dann müsse man von neuen Kräften gleichen Ranges ausgehen. Wenn Freud den Weg der »nervösen Energie«, die er in der »Psychologie für den Neurologen« optimistisch mit »Q« für Quantität bezeichnet hatte, nicht nachzeichnen konnte, wollte er sie sich als »psychische Energie« vorstellen und *deren* Weg beschreiben.

Für Freud war das freilich nicht nur eine Frage der Semantik, er ersetzte nicht einfach ein Wort in einem bestimmten Kontext durch ein anderes. Vielmehr musste er die Funktionen des Geistes in einer psychischen Sprache beschreiben, nicht nur, weil das physiologisch nicht möglich war, sondern weil die Funktionen des Geistes eben psychisch *sind*. 1895 schrieb er in den zusammen mit Breuer verfassten *Studien über Hysterie*, man gelange zu dem Schluss, »der Hysterische leide größtenteils an Reminiszenzen«, womit Freud endlich die Antwort auf eine Frage formulierte, die sich erstmals zehn Jahre zuvor gestellt hatte. Wo waren August P.s Läsionen gewesen? Möglicherweise alle in seinem Geist.

Kein Wunder, dass die *Studien über Hysterie* ein merkwürdiges Paradox enthielten, an dem die Autoren ihre Leser durchaus teilhaben ließen. Bei der Vorbereitung des Buches votierte Freud für eine physiologische Beschreibung psychischer Prozesse, während Breuer einen anderen Weg beschreiten wollte. Letzterer schrieb im einleitenden Absatz des theoretischen Teils: »In diesen Erörterungen wird wenig vom Gehirne und gar nicht von den Molekülen die Rede sein. Psychische Vorgänge sollen in der Sprache der Psychologie behandelt werden, ja, es kann eigentlich gar nicht anders geschehen.« Dann war es aber doch Breuer, der immer wieder in die Sprache der Physik und Chemie verfiel, während Freud schließlich bekannte: »[E]s berührt mich selbst noch eigentümlich, daß die Krankengeschichten, die ich schreibe, wie Novellen zu lesen sind, und daß sie sozusagen des ernsten Gepräges der Wissenschaftlichkeit entbehren.«

Was hatte ein Wissenschaftler also zu tun? Während Freud in seinem Sprechzimmer saß, sich die Geschichten seiner Patienten anhörte, sie ermutigte, in ihrer Erinnerung noch weiter zurückzugehen, bis zum Ursprung ihrer Symptome – jenen auslösenden Vorfällen oder Vorstellungen, von deren Einfluss er seine Patienten zu befreien hoffte –, fiel ihm auf, wie häufig sie die Zusammenarbeit verweigerten. Zwar versprachen ihm seine Patienten, ihr Bestes zu tun, sie sagten, ihnen sei klar, wie wichtig es sei, dass sie ihm alles berichteten, was ihnen durch den Kopf gehe – »gleichgültig, ob es ihnen beziehungsvoll erscheint oder nicht, und ob es ihnen angenehm zu sagen ist oder nicht«. Angesichts seines Nachdrucks beeilten sie sich, ihre Bereitwilligkeit zu erklären, und dann …

Und dann wechselten sie das Thema. Machten sie Ausflüchte. Zensierten sie ihre Äußerungen. Sprachen sie über das Ticken der Uhr im Nebenzimmer, über die Schwierigkeit, an etwas Nützliches zu denken oder an nichts. Oder sie schwiegen. Sie *leisteten Widerstand.*

Und *dann.*

Dann fuhren seine Patienten fort und sagten es doch. Worauf von ihnen Äußerungen zu hören waren wie: »Ich hab mir nicht denken können, daß es das sein sollte.« Oder: »Ich habe gehofft, gerade das wird es nicht sein.«

Sie konnten sich nicht denken, konnten nicht glauben, es wäre ausgerechnet *das*: Die Wahrheiten traten, auch wenn sie noch inkognito reisten, »wie die als Bettler verkleideten Prinzen der Oper« auf. Selbst wenn es noch keineswegs die auslösenden Vorfälle oder Vorstellungen waren, die den Patienten zu Bewusstsein kamen, waren es doch weitere Schritte zurück in Richtung dieser Ereignisse. Allmählich verstand Freud, dass seine Patienten alles versuchten, um den Erinnerungen auszuweichen, die auf diesem Weg lagen, zumindest so lange, wie die Unbequemlichkeit und das Unbehagen des Vermeidens nicht größer waren als der Schmerz, den sie empfanden, wenn sie sich der Erinnerung stellten. Am Ende, wenn sie ihr nicht länger ausweichen konnten, wenn sie sie anerkennen mussten, sagten sie: »Das hätte ich Ihnen schon das erstemal sagen können.« Darauf Freud ungläubig: »Warum haben Sie es nicht gesagt.«

Genau, warum *hatten* sie es nicht gesagt? Weil sie es ganz offensichtlich nicht konnten. Weil sie etwas daran hinderte. Sie wussten, was es sie zu sagen drängte, und sie wussten es nicht. Dazu Freud in den *Studien über Hysterie*: »Das Nichtwissen der Hysterischen war also eigentlich ein – mehr oder minder bewußtes – Nichtwissenwollen.« Insofern erinnerte ihn der Konflikt der Patienten mit ihm an den Konflikt der Patienten mit sich selbst. Sie enthielten ihm die Informationen nicht unbedingt absichtlich vor, so wie sie die ursprünglichen Vorfälle oder Vorstellungen, als sie das erste Mal auftraten, auch nicht unbedingt absichtlich verdrängt hatten.

Plötzlich wurde Freud dann klar, warum sie nicht sagten, was sie wussten, wenn er sie das erste Mal danach fragte: Weil das, was sie daran hinderte, ihm den Vorfall zu nennen – der Widerstand –, »wohl dieselbe psychische Kraft« war, welche das Ereignis zunächst aus ihrem Bewusstsein verbannt hatte und seither für seine Verdrängung sorgte.

Nicht alle Patienten leisteten Widerstand. Diejenigen, die Freud hypnotisierte, begannen unter seinem Befehl, wie er feststellte, eine entscheidende Erinnerung nach der anderen abzurufen, bis sie schließlich zu den Ursprüngen ihrer Hysterie gelangten. Patienten hingegen, die er nicht hypnotisierte – Patienten, die sich dem Versuch entweder durch eigene Anlage oder durch seine Grenzen als Hypnotiseur entzogen –, leisteten diesen Widerstand. Wenn Freud zur »Drucktechnik« Zuflucht nehmen, wenn er seinen Patienten die Hände auf den Kopf legen und sie zur Konzentration ermahnen musste – das heißt, immer wenn ihm nicht die überlegene Macht der hypnotischen Suggestion zu Gebote stand –, sah er sich dem Widerstand seiner Patienten ausgeliefert, so wie sich diese der Verdrängung ausgeliefert fühlen mussten.

Die Drucktechnik schien einen klaren Vorteil gegenüber der Hypnose zu haben. Zwar bot diese ihm und dem Patienten einen unmittelbareren und ungehinderteren Zugang zu dem ursprünglich verantwortlichen Ereignis. Freud versetzte den Patienten in einen somnambulen Zustand, und die beiden konnten unter Umgehung aller Widerstände jede Erinnerung aufsuchen, die sie wollten. Wenn aber Freud mit der Annahme Recht hatte, dass sich die Verdrängungskraft in seinem Sprechzimmer als Widerstand äußerte, dann bot die Drucktechnik etwas, was die Hypnose nicht liefern konnte: direkten Zugang zu den Hemmungen selbst.

Für die Patienten hatte diese langsamere, mühsamere Strategie den Vorteil, dass sie das, was sie quälte, besser verstehen lernten, was wiederum einen therapeutischen Effekt haben sollte. Für

Freud jedoch hatte die Drucktechnik gegenüber der Hypnose den Vorzug, dass sie ihm die Möglichkeit verschaffte, den Geist genau so zu untersuchen, wie er einst das Gehirn seziert hatte.

Diese Erkenntnis war, wie er Jahre später in der Rückschau feststellte, sein »Lebenstriumph«. Nur diesem Zweck dienten seine Verbote oder Befehle. Die Technik, die Freud jetzt ständig verbesserte, war zwar genauso ein therapeutisches Instrument, wie es die Hypnose gewesen war, darüber hinaus aber, wenn er Recht hatte, noch etwas anderes, etwas mehr: ein Untersuchungswerkzeug. Indem er seinen Patienten zuhörte, wie sie *nicht* taten, was ihnen aufgetragen war, wie sie seinen Aufforderungen oder ihren eigenen Hinweisen Widerstand leisteten, konnte er die Abwehr- und Verdrängungsmechanismen beobachten – ebenjene Kraft, die für die Abwesenheit des Traumas sorgte, mochte dieses auch noch so aktiv sein. Ein Stuhl, eine Couch und mehr, als das Ohr erfasst – am Ende hatte Sigmund Freud wieder ins Labor zurückgefunden.

Was war der menschliche Geist? Er wollte ihn gewissermaßen auf dem Seziertisch öffnen und selber nachschauen. Dazu sollten ihm seine neuen Instrumente in der gleichen Weise dienen, wie seine Vorgänger gelernt hatten, *ihr* Instrument, das Mikroskop, zu gebrauchen. Er hielt sich unauffällig hinter dem Patienten, hörte zu und schaute.

Wie beim Kokain zehn Jahre zuvor experimentierte Freud auch in diesem Fall an sich selbst. Wenn sein Sprechzimmer denn wirklich ein Labor war, so wollte er an sich selbst die gleiche Untersuchung vornehmen, der er seine Patienten unterzog. Also legte er sich auf die Couch und ließ seine Gedanken schweifen. Manchmal zeichnete er diese schweifenden Wanderungen auf, um zu sehen, wohin sie führten, und manchmal, um zu sehen, wohin sie *nicht* führten, was ebenso wichtig war – zeigte letzterer Fall doch, wohin er oder ein Teil seiner selbst sich weigerte zu gehen.

Und wie im Falle des Kokains war Freuds Beweggrund bei
der Erprobung des neuen Instruments nicht vollkommen selbst-
los. Denn Freud litt. Er trauerte um seinen Vater. Nicht, dass er
um diese Trauer wusste, jedenfalls nicht bewusst und nicht bevor
er sich auf die Couch begab und dem Prozess unterzog, den er
später Selbstanalyse nannte. Doch als er dort in seinem Sprechzimmer Tag um Tag auf der Couch lag und seine Gedanken beobachtete, stellte er fest, dass er an seinen Vater dachte. Stellte er
fest, dass ihm der Traum einfiel, den er nach dem Tod seines Vaters gehabt hatte. Stellte er fest, dass er überhaupt an Träume zu
denken begann. Also fragte er sich: Wenn sich die psychische
Energie auf den Bahnen des Geistes ebenso entlangbewegt wie
die nervöse Energie auf den Bahnen des Gehirns, sind Träume
dann möglicherweise streng deterministisch?

Und nicht nur Träume. Hatte dann nicht vielleicht jede Vorstellung – jeder bewusste oder unbewusste psychische Impuls –
irgendeine Bedeutung? Wie sich Darwins Anpassungen nicht von
ungefähr einstellen, sondern einem bestimmten Zweck dienen, so
verhält es sich auch mit unseren Gedanken und Vorstellungen
– den bewussten und unbewussten – sowie den Vorstellungen,
Worten und Handlungen, die jene hervorrufen. Beispielsweise
vergaß Freud 1898 in Italien den Namen eines Malers und ersetzte ihn durch die Namen zweier anderer Maler, ein Versehen,
das auf die Erinnerungsspur an ein Gespräch mit einem Fremden
zurückging und auf Freuds Wunsch, sexuelle Inhalte zu verdrän-
gen. Am Ende der kleinen Anekdote fragte Freud seinen Freund
Fließ: »Wie soll ich das nun glaubwürdig machen?« Den Versuch
machte er immerhin: Er schrieb einen Artikel darüber.

Jetzt entfernte er sich weit vom Verhalten der Hysteriker, auch
vom eigenen Verhalten nahm er Abstand. Er beschäftigte sich
nun mit dem Verhalten von jedermann. Dazu glaubte er in der
Lage zu sein, weil er in der Abgeschiedenheit seines »Labors«

langsam alle einschlägigen Daten zusammengetragen und sich so mit den Funktionen des menschlichen Geistes vertraut gemacht hatte. Zwar war es kein Labor, wie er es 1873 als Medizinstudent an der Universität Wien betreten oder wie er es während seines Forschungsstipendiums an der Salpêtrière verlassen hatte. Es war ein Labor wie das, in dem Darwin während seiner Reise auf der *Beagle* seine Studien durchgeführt hatte, wie das, in dem er hinterher Tag um Tag seine Proben auf ihre Bedeutung untersuchte, als er seine Theorie über die Arten entwickelte. Konnte Freud im Hinblick auf die eigenen Zielsetzungen Gleiches leisten? Konnte er eine Theorie über eine einzige Art entwickeln?

In der Einleitung zu seiner »Psychologie für den Neurologen« hatte Freud geschrieben: »Es ist die Absicht dieses Entwurfs, eine naturwissenschaftliche Psychologie zu liefern.« Die einzige Form der Veröffentlichung erlebte dieses Manuskript, als Freud es Fließ schickte. Immerhin kam er später darauf zurück. Es erschien, mehr oder weniger in seiner ursprünglichen Form – die physiologischen Teile gestrichen, die psychologischen erhalten –, im November 1899, als Kapitel sieben der *Traumdeutung*, und trug dazu bei, die Behandlungsmethode zu erklären, die er während der letzten Jahre in seiner Privatpraxis entwickelt hatte. In einem Artikel aus dem Jahr 1894 fand er verschiedene Bezeichnungen für diese noch in der Entwicklung befindliche Methode: »Analyse«, »hypnotische Analyse«, »psychische Analyse« und »klinisch-psychologische Analyse«. Am 5. Februar 1896 – nur zwei Monate nachdem er die »Psychologie für den Neurologen« endgültig aufgegeben hatte – schickte Freud zwei Artikel ab, den einen auf Französisch, den anderen auf Deutsch. Im französischen – »L'Hérédité et l'étiologie des névroses« (»Vererbung und Ätiologie der Neurosen«), der erstmals am 30. März erschien – berichtete er, er verdanke »seine Ergebnisse der Anwendung einer neuen Methode«. Im deutschen Artikel – »Weitere Bemerkungen über die Abwehr-Neurosen« –, der am 15. Mai erschien, sprach er »über die mühselige, aber vollkommen verläßliche Methode«. In beiden Fällen wählte er dieselbe Bezeichnung für diese Methode, eine Bezeichnung, die er fortan praktisch ausschließlich verwendete: »Psychoanalyse«. Wenn Freud Recht hatte, war die Psychoanalyse nicht nur eine neue Behandlungsmethode und nicht nur ein neues Untersuchungsinstrument, sondern das Werkzeug, das ihm erlauben sollte, eine Theorie zu bilden, die die Ergebnisse dieser Untersuchungen umfasste: ein neuer Wissenszweig.

III. Das Zittern des Tautropfens

Kapitel sechs
Diskurs über zwei neue Wissenschaften

»Was ist eigentlich ›Denken‹?«

Die Frage stellt Einstein gleich zu Anfang des Aufsatzes »Autobiographisches«, den er 1946 mit 67 Jahren schrieb. In jeder anderen autobiographischen Skizze, selbst der eines anderen Wissenschaftlers, wäre die Frage ungewöhnlich gewesen, doch für Einstein war sie typisch. Vielleicht sogar mehr als typisch: charakteristisch; die Überlegung, wer er auf einer ganz fundamentalen Ebene sei. In den Jahrzehnten, nachdem er sich einen Namen als Schöpfer der Relativität in einer neuen, nicht-galileischen Bedeutung des Wortes gemacht hatte, begann Einstein Vortrag um Vortrag und Aufsatz um Aufsatz nicht mit einer Einführung in den Gegenstand, sondern mit einem Bericht, wie er zu dem Gegenstand gelangt sei und wie Wissenschaftler im Allgemeinen zu ihren Gegenständen kämen. Selbst am Anfang hochspezialisierter wissenschaftlicher Aufsätze berichtete er häufig ganz kurz, was ihn zu den nachfolgenden Schlüssen geführt habe. Der Grund für diese erzählerische Strategie lag nicht einfach darin, dass das Publikum – selbst ein Publikum, das aus Fachkollegen bestand – eine kundige Anleitung brauchte, um den Gedanken eines Einsteins folgen zu können (obwohl es die manchmal wohl tatsächlich nötig hatte). Es war vielmehr so, dass für Einstein selbst wissenschaftliche Ergebnisse unverständlich geworden waren, solange er nicht den Prozess verstand, der zu ihnen geführt hatte. Als er daranging, den Aufsatz zu verfassen, der von allen seinen

171

Schriften einer Autobiographie am nächsten kam – oder, wie er selbst sagte, »etwas wie de[m] eigenen Nekrolog« –, befasste er sich natürlich weniger mit den konkreten Einzelheiten des Wer, Was, Wann und Wo, die in der Regel eine Lebensgeschichte ausmachen, sondern mehr mit dem abstrakten Wie: Wie sich sein Denken entwickelt hatte.

Ganz ähnlich verfuhr Freud im Fragment eines Aufsatzes, den er 1938 mit 82 Jahren schrieb, knapp ein Jahr vor seinem Tod. Darin heißt es: Die Qualität des Bewusstseins »bleibt das einzige Licht, das uns im Dunkel des Seelenlebens leuchtet und leitet«. Zu diesem Zeitpunkt hatte Freud sein ganzes Leben – zumindest in den fast fünfzig Jahren, seit er die hirnanatomischen Studien aufgegeben hatte – der Untersuchung des Geistes gewidmet. Während für Einstein der Denkprozess Mittel zum wissenschaftlichen Zweck war, wurde er für Freud der Zweck. Im selben Jahr schrieb er: »Alle Wissenschaften ruhen auf Beobachtungen und Erfahrungen, die unser psychischer Apparat vermittelt.« Seine Wissenschaft aber habe »diesen Apparat selbst zum Objekt«, das heißt die Entwicklung des Denkens bei *jedem Menschen*.

Wir dürfen wohl ohne Übertreibung sagen, dass Einstein und Freud eigentlich nur das taten, worum sich die Philosophen seit jeher bemühten, egal, ob Platon seine Ideen – oder Urgestalten – postulierte oder Aristoteles als wirklich nur akzeptierte, was fraglos vorhanden war: nachzudenken über die Art, wie wir denken. Ebenso wenig wäre die Feststellung übertrieben, dass sie taten, was die Adepten einer modernen Spielart dieser alten Disziplin – die Naturforscher oder, wie sie heute heißen, die Naturwissenschaftler – seit einigen hundert Jahren tun, während sie Himmel oder Hirn einer immer eingehenderen Untersuchung unterziehen: nachzudenken über die Art, wie wir über die Natur denken. Die besondere Beharrlichkeit aber, mit der Einstein und Freud über die persönliche und private – die subjektive – Seite der Naturwissenschaft schrieben, wirkte fast wie ein Paradox, taten sie es doch auf dem Höhepunkt einer jahrhundertealten Entwicklung, deren oberstes Ziel zu sein schien, was ihre Adepten für Objektivität hielten.

Darin hatte von Anfang an ein Reiz der wissenschaftlichen Methode gelegen. Als ein Galilei oder ein Leeuwenhoek zu dem Schluss gelangte, dass bei eingehenderer Untersuchung die tatsächlichen Prozesse des Universums – am Firmament oder im menschlichen Körper – *so* aussehen, stieß er damit nicht nur altehrwürdige Annahmen der Menschen über die Natur um. Bewusst oder unbewusst veränderte er damit auch die *Art* unseres Wissens über die Natur. Angesichts unumstößlicher Beweise entscheidet letztlich nicht mehr die Autorität der Alten oder eine ferne Gottheit über das, was wir vom Universum glauben, sondern Sie, der individuelle Naturforscher, genauer: Sie als Stellvertreter für all die anderen individuellen Naturforscher, die dann die Möglichkeit haben, Ihrer Spur zu folgen, zu beobachten, was Sie beobachtet haben, zu messen, was Sie gemessen haben, und auf diese Weise Ihre Ergebnisse zu bestätigen oder zu widerlegen.

Die Methode bewährte sich. Die Naturforscher hatten die Blicke auf den Himmel gerichtet und schließlich dank ihrer Teleskope neue Monde, Planeten, Sterne und andere Sternsysteme wie unsere Milchstraße entdeckt – Galaxien, wie man sie später nannte. Die Naturforscher hatten die Blicke auf den menschlichen Körper gerichtet, und schließlich dank ihrer Mikroskope ZNS-Nervenzellen, Fasern und die neuronalen Kontaktstelle zwischen all diesen Elementen entdeckt – Synapsen, wie man sie später nannte.

Welten dort draußen und Welten hier drinnen: Platon hatte Recht. Jahrtausendelang hatte das Universum ein bestimmtes Bild vermittelt. Als die menschliche Grundausstattung nun durch zwei neue Werkzeuge ergänzt wurde, die zum ersten Mal überhaupt einen unserer fünf Sinne erweiterten, präsentierte das Universum ein ganz anderes Bild. Teleskop und Mikroskop klärten endgültig die Frage, ob das Universum seine Geheimnisse verberge – ob das, was die unbewaffneten Sinnesorgane wahrnehmen könnten, nur ein Schatten dessen sei, was sich dort draußen befinde. Mit jeder Verbesserung, die Teleskop und Mikroskop erfuhren, offenbarten sie nämlich *mehr* von dem, was dort draußen war.

Wie viel mehr? Einstein und Freud waren keineswegs die einzigen Naturforscher, die um die Wende zum 20. Jahrhundert an die Grenzen der naturwissenschaftlichen Erkenntnis stießen und sich, wie müßig auch immer, fragten, ob wohl etwas passieren würde. Wie sich herausstellte, hätten sich alle, die sich in den ersten Wochen des Jahres 1896 Gedanken über die Zukunft wissenschaftlicher Erkenntnis machten, nur das seltsame und schattenhafte Bild von Bertha Röntgens Hand auf den Titelseiten fast aller Zeitungen ansehen müssen. Allerdings *wirkte* dieses blasse Foto kaum wie der Beginn einer zweiten wissenschaftlichen Revolution – nicht zu einem historischen Zeitpunkt, da die Zukunft der Wissenschaft auf zwei Möglichkeiten hinauszulaufen schien: die Vollendung des Wissens oder die Bestimmung einiger zusätzlicher Dezimalzahlen.

Dennoch erregte Berthas mehr oder weniger vollständige Hand Aufsehen, selbst in einem Zeitalter voller technischer Wunder. Nur zwei Monate bevor Wilhelm Röntgen die nach ihm benannten Strahlen entdeckte, bezeichnete die *New York Times* in einem Artikel über das immer noch neue Verfahren der Fotografie die verflossenen zwanzig Jahre als diejenigen, »die mehr Wunder des Erfindungsgeistes hervorgebracht haben« – unter anderem Telegraf, Telefon, Phonograph, bewegte Bilder und, vor allem, elektrisches Licht – »als die zwanzig vorhergehenden Jahrhunderte zusammengenommen«. Nachdem Röntgen seine Entdeckung bekannt gegeben hatte, berichtigte das Blatt seine Ansicht: Röntgenstrahlen seien »einzigartig«.

Nicht wirklich und nicht lange. Am 1. März 1896 – zwei Monate nach dem Tag, an dem Röntgen seinen Bericht und seine Fotografien an Fachkollegen geschickt hatte, und in direkter Reaktion auf eine solche Sendung – machte der französische Physiker Henri Becquerel eine erstaunliche Entdeckung: Wenn er eine fotografische Platte in schwarzes Papier einwickelte, auf das Papier eine Schicht jener phosphoreszierenden Stoffe legte, die er seit langem untersuchte, und das Ganze mehrere Tage lang in einer geschlossenen Schublade liegen ließ, zeigte die Platte »Silhouetten«, die sich »sehr deutlich« abzeichneten. Daraus schloss er, dass diese phosphoreszierende Substanz – das Uransalz Uran-Kalium-Hydrogensulfat – selbst in vollkommener Dunkelheit unsichtbare Strahlen emittiere. Noch im selben Jahr wiederholte der holländische Physiker Pieter Zeeman ein Experiment, das der britische Physiker und Chemiker Michael Faraday mehr als vierzig Jahre zuvor ersonnen und erfolglos durchgeführt hatte, um herauszufinden, ob Magnetismus das Licht beeinflusst. Genau das ist der Fall, wie Zeeman jetzt dank der technischen Fortschritte, die seit Faradays Zeit erzielt worden waren, bestätigen konnte. Kurz darauf fand sein Landsmann und Fachkollege Hendrik Antoon Lorentz eine mathematische Erklärung, die alle Einzelheiten dieses Befundes berücksichtigte: Durch die Bewegungen negativ geladener Teilchen in einem Atom wird demnach Licht emittiert – und das zu einer Zeit, als die Atome selbst noch hochspekulative und umstrittene Annahmen darstellten, von den Teilchen *in ihnen* gar nicht zu reden. Ein Jahr darauf, 1897, verkündete der britische Physiker Joseph John Thomson in einem »Freitagabendvortrag« in der Royal Institution seinen staunenden Zuhörern, er habe die Existenz dieser negativ geladenen Teilchen – oder Elektronen – bewiesen, indem er sie *außerhalb* ihrer Wirtsatome isoliert habe. Wieder ein Jahr später übertrug Marie Curie Becquerels Untersuchungen an Uran auf andere Stoffe und entdeckte dabei das Radium. Außerdem gab sie allen diesen Effekten einen neuen Namen: Radioaktivität.

Und das alles betraf gerade mal die Physik. Seit einiger Zeit fragten die Forscher, die sich für die Einrichtung anderer wissenschaftlicher Disziplinen einsetzten, ob sich die physikalischen Erkenntnisse über das materielle Universum – der große Triumph der kartesischen und newtonschen Auffassung von Materie und Bewegung, Bewegung und Materie – nicht auch auf weniger materielle Gebiete übertragen ließen. Ihr besonderes Augenmerk galt dabei den Wirkungen von Kräften. Vielleicht nicht von Kräften im gleichen quantifizierbaren Sinne wie in der Physik – aber wer wusste das schon, möglicherweise doch. Auf jeden Fall ging es um *Kräfte*, um Kräfte, die in der gleichen newtonschen Tradition standen wie die Gravitation: dieses Etwas, das Materie in Bewegung setzt, sei es nun die Materie von Menschen oder Monden, Zellen oder Zivilisationen.

Im 18. Jahrhundert hatte der Nationalökonom Adam Smith die Ansicht geäußert, das Marktgeschehen werde von einer »unsichtbaren Hand« bestimmt. Mitte des 19. Jahrhunderts fasste Karl Marx ganze Gesellschaften als Organismen auf. Sein Mitstreiter Friedrich Engels zog einmal selbst den Vergleich zwischen Marx und Darwin, dessen Theorie von der Evolution durch natürliche Selektion rasch zum bekanntesten Beispiel für das wissenschaftliche Naturkraft-Modell wurde. Wenn – ein großes Wenn, aber dennoch – *wenn* sich die Physik an der Wende zum 20. Jahrhundert tatsächlich ihrem Ende näherte, stand dann nicht möglicherweise den nichtphysikalischen Wissenschaften ein Aufschwung bevor? Rückblickend schrieb der Physiker Robert A. Millikan einmal: »1894 wohnte ich in einer Wohnung im vierten Stock in der 64. Straße, einen Häuserblock westlich des Broadways, mit vier anderen Studenten der Columbia University zusammen. Einer studierte Medizin, die anderen drei Soziologie und politische Wissenschaft, und ich wurde ständig gehänselt, weil ich mich so einem ›erledigten‹, ja, ›toten Fach‹ verschrieben hatte, wo doch das neue, ›lebendige‹ Gebiet der Sozialwissenschaften gerade erschlossen wurde.«

Sich selbst erneuernde Strahlen, die ganz selbstverständlich feste Gegenstände durchdrangen, da diese auf atomarer Ebene weitgehend durchlässig waren; psychologische Strömungen, die auf der Ebene von Zivilisationen und Arten wirksam wurden und sich direkter Messung und Beobachtung entzogen: Das waren die Kräfte, oder »Kräfte«, welche die alten Definitionen der Wissenschaft zunehmend in Frage stellten. Eröffneten sie jedoch auch neue Horizonte der Wissenschaft? Boten sie neue Möglichkeiten, über das Universum nachzudenken? Im Einzelnen betrachtet, gaben sie keinen unmittelbaren Grund zu dieser Annahme. Wie Galileis Jupitermonde oder Leeuwenhoeks quicklebendige Tierchen hätte jede einzelne von ihnen als Anomalie erscheinen können. Doch hier galt, was sich schon im 17. Jahrhundert gezeigt hatte: Kommen genügend Anomalien zusammen, bringen sie nicht nur unsere Annahmen über das, was wir von der Natur wissen – was wir sehen –, zu Fall, sondern sie beginnen auch zu verändern, *wie* wir die Natur erkennen: wie wir über das denken, was wir sehen.

Schließlich ging man davon aus, die wissenschaftliche Revolution habe das Unsichtbare aus dem vernunftbestimmten Diskurs beseitigt. Vielleicht nicht auf Anhieb. Gewiss, Newton gelang es, das äußere Universum von den unsichtbaren Himmelssphären zu befreien, als er erklärte, das kopernikanische System der Planetenpositionen, das sich als riesige, nach mechanischen Gesetzen ablaufende Maschine erweise, werde zum ersten Mal verstanden und erklärt. Und natürlich gelang es auch Descartes, das innere

Universum von den unsichtbaren animalischen Geistern zu befreien, als er erklärte: »So will ich … bemerken, daß diese soeben von mir erklärte Bewegung bloß aus der Ordnung der Organe, die man mit seinem Auge im Herzen sehen, und der Wärme, die man mit seinen Fingern dort fühlen, und der Natur des Blutes, die man erfahren kann, ebenso notwendig folgt, wie die Bewegung eines Uhrwerks aus der Kraft, der Lage und der Gestalt seiner Gewichte und Räder.« Ihr Universum war zwar noch unzweifelhaft in Bewegung, aber jetzt waren die Ursachen dieser Bewegungen nicht mehr fern und unzugänglich.

Waren sie also gegenwärtig und zugänglich? Weder Newton noch Descartes mochten sich auf eine Vermutung darüber einlassen. *Hypotheses non fingo*, bekannte Newton mit einer berühmt gewordenen Wendung – »[B]loße Hypothesen denke ich mir nicht aus.« Nicht anders Descartes: *Cogito ergo sum* – er denke, also sei er. Beide gestanden jedoch ein, dass die Antwort auf die Frage, *wie* sich das Universum bewege – was die Teile der Himmelsmaschinerie letztlich am Stillstand hindere oder was die Zahnräder im menschlichen Gehirn letztlich von denen anderer Tiere unterscheide –, sicherlich etwas mit einem höchsten Wesen zu tun haben müsse. »Er währt immer und ist allgegenwärtig«, schrieb Newton über Gott im Scholium Generale am Schluss der *Principia*, »und dadurch, daß er immer und überall ist, bringt er Zeit und Raum zum Sein.« Nachdem Descartes der Sektion verschiedener Tiere, einschließlich des Menschen, beigewohnt hatte, gelangte er zu dem Schluss, er könne dem Menschen tatsächlich etwas Einzigartiges zugestehen, »unter der Annahme, daß Gott eine vernünftige Seele geschaffen und sie auf eine gewisse Weise diesem so von mir beschriebenen Körper vereinigt habe«.

Eine Beschreibung aller natürlichen Dinge, die sich am Ende auf das *Übernatürliche* berufen musste, war freilich kaum als logisch schlüssig zu bezeichnen. Newton wusste selbst am besten, dass sein allgemeines Gravitationsgesetz eine entscheidende Schwäche hatte: Es erklärte nicht, worauf die Gravitation beruht. »Die Idee, wonach die Gravitation der Materie eigen, inhärent und wesentlich sein sollte, dergestalt, dass ein Körper über eine Entfernung durch ein Vakuum auf einen anderen einwirkt, ohne Vermittlung von etwas anderem, durch das seine Wirkung und Kraft auf den anderen übertragen wird, will mir so absurd erscheinen, dass meiner Überzeugung nach kein Mensch, der in philosophischen Fragen eines klaren Gedankens fähig ist, je auf sie verfallen könnte.«

Doch genau darauf verfielen viele philosophisch gestimmte Köpfe. Newtons Zeitgenossen verstanden, dass seine Theorie eine mathematische Abstraktion ist, die beschreibt, *was* die Teile des Universums tun, ohne aber zu erklären, *wie* sie das anstellen. Seinen Fachkollegen war klar, dass seine Ausführungen zur Gravitation im Grunde die gleichen Argumente waren, die die Naturforscher wiederholten, seit Galilei sie 1638, ein halbes Jahrhundert zuvor, erstmals in der Schrift *Unterredungen und Demonstrationen über zwei neue Wissenszweige* ausgeführt hatte.

Im Laufe der Jahrzehnte und Jahrhunderte aber erwiesen sich die Vorhersagen, die sich aus Newtons Gravitationsgesetz ergaben, nicht nur als erfolgreich, sondern zeigten auch – was zwar das Gleiche, aber bei der Verwandlung einer nützlichen Vermutung in eine gültige Theorie oder »Tatsache« vielleicht noch wichtiger ist – weder Fehler, Ausnahmen noch Anomalien. Die Gravitationstheorie erklärte einfach so viel so gut, dass ein Wunsch, den Newton im Vorwort des Verfassers geäußert hatte, geradezu prophetischen Charakter annahm. Nachdem er zusammengefasst hatte, wie er mit Hilfe des Gravitationsgesetzes »die Bewegungen der Planeten, der Kometen, des Mondes und des Meeres« ableiten wollte, fuhr er fort: »Wenn es doch möglich wäre, die übrigen Naturerscheinungen mit der gleichen Methode auf mechanische Grundlagen zurückzuführen.«

Das sei möglich, war die einhellige Meinung. Die Generationen von Naturforschern, die Newton und Descartes nachfolgten, hielten den beiden zugute, dass sie die Debatte über Gravitation und Bewusstsein – wie irreführend auch immer – angestoßen und die Mittel zur Klärung dieser Fragen bereitgestellt hatten. Doch dann gingen sie Probleme an, mit denen sich Newton und Descartes nicht beschäftigt hatten: War die wissenschaftliche Methode in der Lage, ein Universum zu erfassen, das jetzt nicht nur unzweifelhaft in Bewegung war, sondern auch ganz aus eigener Kraft *in Bewegung blieb*, egal, wie viele Welten hinter den bekannten Welten noch zum Vorschein kommen mochten? Konnte sie ein Universum beschreiben, das vollkommen frei war von »okkulten« Eigenschaften, wie Newton sagte? (»Okkult« kommt aus dem Lateinischen und bedeutet dort ursprünglich »verborgen«.)

In Bezug auf den Himmel hatte sich der französische Mathematiker Laplace diese Aufgabe gestellt und schien sie in der *Himmelsmechanik* auch bewältigt zu haben. »Sie haben dieses gewaltige Buch über das System der Welt geschrieben, ohne den Urheber des Universums ein einziges Mal zu erwähnen«, schalt ihn Napoleon. Laplace: »Ich brauchte diese Hypothese nicht, Sire!« Zwar stellte sich Darwin nicht ausdrücklich die gleiche Aufgabe hinsichtlich der Geschöpfe auf der Erde, schien diesem Anspruch aber dennoch zu genügen. 1859, im selben Jahr, als *Die Entstehung der Arten* erschien, schrieb er an einen Freund: »Ich würde überhaupt nichts auf die Theorie der natürlichen Selektion geben, wäre sie in irgendeinem Abstammungsstadium auf wunderträchtige Ergänzungen angewiesen.«

Nicht nur, was es ist, nicht nur, was es tut, sondern *wie es tut*, was es tut. »Jeder Astronom weiß, dass es nur ein Geheimnis des Universums zu entdecken galt und dass, als Newton es der Welt verkündete, der höchste Triumph der Astronomie vollbracht war«, schrieb der Historiker Charles Henry Pearson 1893, zu einer Zeit also, in der, wie Pearson weiter meinte, Darwin »das größte Geheimnis der Entstehung des Lebens offenbart« habe. Platon hatte die Existenz verborgener Urgestalten oder Ideen postuliert, welche die Schatten werfen, die wir sehen. Daraus hatte er das Vorhandensein eines riesigen mathematischen Systems abgeleitet – die Grundlage dieser Ideen. Und nun, mehr als 2000 Jahre nach Platon, zeigte es sich plötzlich – weit differenzierter und komplizierter als irgendein gewöhnliches Räderwerk, aber letztlich so verständlich wie eine Uhr.

Und doch – und *doch*: Trotz all dieser unstrittigen Erkenntnisfortschritte war die wissenschaftliche Methode der Beantwortung der beiden Fragen, deren Antworten Newton und Descartes nicht zuletzt aus kirchenrechtlichen Erwägungen schuldig geblieben waren, nicht einen Schritt näher gekommen: Was ist Gravitation? Was ist Bewusstsein?

An dem Erfolg der kausalen Formulierung der Mechanik gab es natürlich nichts zu deuten. Wohl aber ließ sich etwas gegen die Argumentation einwenden, die zu ihr geführt hatte, und damit gegen die Überinterpretation, zu der sie 200 Jahre lang verleitet hatte. Newtons Gravitationstheorie habe bei ihrem Erscheinen fast alle Naturforscher beunruhigt, weil sie sich auf eine ungewöhnliche Unverständlichkeit gegründet habe, heute nun sei sie zu einer *gewöhnlichen* Unverständlichkeit geworden, schrieb Mach 1872. In seinem Buch *Die Mechanik in ihrer Entwicklung* von 1883 – eine Schrift, die Einstein nach eigenem Bekunden tief beeinflusste und die Freud auf Empfehlung des gleichzeitig mit Mach und mit ihm befreundeten Breuer voller Bewunderung las – aktualisierte Mach Platons Höhlengleichnis für ein kausal gesinntes Zeitalter: »Wenn jemand die Welt nur durch das Theater kennen würde und nun hinter die mechanischen Einrichtungen der Bühne käme, so könnte er wohl auch meinen, daß die wirkliche Welt eines Schnürbodens bedürfe und daß alles gewonnen wäre, wenn nur dieser einmal erforscht wäre.« Das heißt, wenn wir die Welt erschöpfend in mechanischen Begriffen erklären könnten. Tatsächlich aber erfasse unsere Erkenntnis – alles, was wir wüssten – nur die mechanische Interpretation, die wir der Natur übergestülpt hätten, nicht aber diese selbst. »So dürfen wir auch die intellektuellen Hilfsmittel, die wir zur Aufführung der Welt auf der Gedankenbühne gebrauchen, nicht für Grundlagen der wirklichen Welt halten.« Was jenseits unserer sinnlichen Wahrnehmung, jenseits der strengsten Anwendung der wissenschaftlichen Methode, jenseits der Physik liegt, gehört zur Metaphysik – kann nur zu ihr gehören.

Im Grunde knüpfte Mach damit an eine Argumentation an, die der französische Philosoph Auguste Comte bereits in den 1830er Jahren begonnen hatte. Comte hatte die Geschichte unserer Beziehung zur Natur betrachtet und war zu dem Schluss gelangt, unsere geistige Entwicklung habe drei notwendige Entwicklungsstufen durchlaufen. Die erste umfasste alles, was vor der wissenschaftlichen Revolution lag, die Stufe, auf der man natürliche Wirkungen nicht auf natürliche, sondern auf *übernatürliche* Ursachen zurückführte – auf Himmelssphären und animalische Geister. Diese Stufe nannte Comte das theologische Stadium. Dann kam jener Abschnitt der geistigen Entwicklung, der von Newton, Descartes und gleichgesinnten Denkern eingeleitet wurde, die versuchten, natürliche Wirkungen mit natürlichen Ursachen zusammenzubringen, am Ende aber die Waffen strecken und ihr Heil in Spekulationen suchen mussten. Das war nach Comte das metaphysische Stadium.

Also was hat ein Naturwissenschaftler zu tun (und Mach legte stets Wert auf die Feststellung, dass er sich mit den inneren Widersprüchen in Newtons Theorie nicht als Philosoph, sondern als Experimentalphysiker auseinander setze)? Jedenfalls darf er *nicht* versuchen zu erforschen, was es nicht gibt. Vielmehr sollte sich der Naturforscher, so Comte, bei seinen Untersuchungen auf das beschränken, was es tatsächlich gibt, auf das, was unbezweifelbar, beweisbar vorhanden ist. Das Positive, so lautete Comtes Bezeichnung.

Der Positivismus – wie Comte diese dritte und letzte Entwicklungsstufe in der geistigen Entwicklung unserer Zivilisation nannte – fand in Mach einen entschiedenen Fürsprecher. Der Positivismus erkennt einerseits die Grenzen der Sinneswahrnehmungen an, lässt aber andererseits keinen Zweifel daran, dass die Sinneswahrnehmungen alles sind, worauf wir uns stützen können. Jede Information, die wir über das Universum erhalten, können wir nur über einen unserer fünf Sinne beziehen. So unzulänglich oder potenziell irreführend die Sinnesdaten auch sein mögen, sie sollten dennoch nicht nur einen Schwerpunkt unserer Untersuchungen bilden, wie sie es seit Beginn des wissenschaftlichen Zeitalters taten, sondern den einzigen. Der Neurophysiologe Emil Du Bois-Reymond (Urheber der antivitalistischen Maxime »keine anderen Kräfte wirken als die gewöhnlichen physikalischen und chemischen«, die sich die Berliner Physikalische Gesellschaft in den 1840er Jahren auf die Fahnen geschrieben hatte) hielt 1872 den Vortrag »Die Grenzen des Naturerkennens«, der Generationen von Naturwissenschaftlern und Wissenschaftshistorikern beeinflussen sollte. Danach lässt sich jede Naturerscheinung verstehen, auf die wir ein mechanisches Modell anwenden können. Ist unser Verständnis in solchen Fällen unvollständig, ist der Fehler bei uns zu suchen und von begrenzter Dauer. Doch für zwei Rätsel der Natur lässt sich kein mechanisches Modell konstruieren – nicht jetzt und nicht in Zukunft: Was sind Materie und Kraft, und wie sind sie in der Lage zu denken? Angesichts dieser Fragen, so Du Bois-Reymond, sollten wir nicht mit dem herkömmlichen, vorläufigen »*Ignoramus*« (»Wir wissen nicht«) antworten, sondern mit dem ehrlicheren oder sogar demütigeren »*Ignorabimus*« (»Wir werden niemals wissen«) antworten.

Was es ist, was es tut, aber nicht, *wie* es tut, was es tut: So behielt am Ende Aristoteles Recht. Die Welt besitzt keine verborgene Wirklichkeit – oder wenn doch, wie Platon meinte, dann eine tiefere Wahrheit, die auf ewig unerkennbar blieb und damit so gut wie nicht vorhanden war.

Das war das vorherrschende Kredo der Naturwissenschaftler in Europa an der Wende zum 20. Jahrhundert – das Prinzip, das die Naturforscher leitete, während sie entweder das Inventar der Natur vervollständigten oder ihre Jagd nach immer ferneren Stellen rechts vom Dezimalkomma fortsetzten. Das war auch das Kredo, das die Charta der »Olympia-Akademie« bildete, einer scherzhaft so benannten Gruppe, der Einstein und einige Freunde Anfang des 20. Jahrhunderts in Bern angehörten. Sie trafen sich einmal in der Woche, kauten Würstchen und Wissenschaft durch, unternahmen nächtliche Wanderungen in die umliegenden Berge, analysierten und priesen die Schriften von Wissenschaftsphilosophen wie Mach und Poincaré. Es war das Kredo an der zoologischen und physiologischen Fakultät der Universität Wien, wo Freud zum ersten Mal mit den Naturwissenschaften in Berührung kam, sowie am Institut für Physiologie in Wien, wo er vier für ihn höchst prägende Forschungsjahre zubrachte. Und es war schließlich das Kredo, dem sich die Verfasser des Manifests verpflichtet fühlten, das 1911 unter dem Namen der neu gegründeten Gesellschaft für positivistische Philosophie veröffentlicht wurde und zu deren 33 Unterzeichnern an hervorgehobener Stelle – mittlere Reihe, oben – »Prof. Dr. Einstein, Prag« und »Prof. Dr. S. Freud, Wien« zählt. »Von welcher Beschaffenheit sind Kraft, Geschwindigkeit, Geist?« – das waren Fragen von jener Art, die dem Physiker Heinrich Hertz in der bewussten

Nachfolge von Comte, Du Bois-Reymond und Mach »unzulässig« erschienen und denen sich Einstein und Freud, zunächst ohne es zu bemerken und häufig wider besseres Wissen, stellen mussten.

Einstein leugnete es sogar anfangs. »In deinem letzten Brief finde ich beim erneuten Lesen etwas, was mich ärgert: dass sich die Spekulation gegenüber dem Empirismus als überlegen erwiesen habe«, schrieb er im August 1918 an seinen lebenslangen Freund und Briefpartner. Diesen Einwand erhob Einstein, weil er den Eindruck hatte, Besso unterstelle ihm, er, Einstein, habe bei der Entwicklung der Relativitätstheorie Zuflucht zu nichtpositivistischen Voraussetzungen genommen. »Ich finde, diese Entwicklung lehrt etwas anderes«, fuhr Einstein fort, »dass sie nämlich praktisch das Gegenteil ist, dass sich eine Theorie, die Vertrauen verdient, auf generalisierbare Tatsachen gründet.« Zu diesen »Tatsachen« zählte Einstein die Äquivalenz von träger und schwerer Masse – etwas, was 1890 tatsächlich von dem ungarischen Physiker Baron Lóránt Eötvös experimentell nachgewiesen wurde. Zu dieser Zeit begann Einstein mit der Arbeit, die ihren krönenden Abschluss in der allgemeinen Relativitätstheorie fand, doch er wusste nichts von diesem Experiment. Die einzige »Tatsache«, die er wusste, war etwas, was er vor seinem geistigen Auge erblickt hatte, als er an einem Herbsttag im Jahr 1907 im Berner Patentamt Tagträumen nachhing.

Im Gegensatz zu Einstein hielt sich Freud nicht mit philosophischen Spitzfindigkeiten auf und wehrte sich im privaten Kreis gegen die Einschränkungen, die ihm die positivistischen Prinzipien der Zeit auferlegten. Im Dezember 1895, in dem kurzen Zeitraum zwischen seinem letzten Versuch, seine »Psychologie für den Neurologen« zu schreiben, und seinen ersten Ansätzen zu einem rein »psychoanalytischen« Verfahren, schrieb er dem Freund Wilhelm Fließ: »[Ich] hoffe, Du wirst Dich seinerzeit nicht abhalten lassen, auch Vermutungen öffentlichen Ausdruck zu geben. Man kann Leute nicht entbehren, die den Mut haben, Neues zu denken, ehe sie es aufzeigen können.« 1915, zwanzig Jahre danach, räumte Freud in der Schrift *Das Unbewusste* auch die spekulativen Ursprünge seiner eigenen Hypothese zu diesem Thema ein: »Gewinn an Sinn und Zusammenhang ist ... ein vollberechtigtes Motiv, das uns über die unmittelbare Erfahrung hinaus führen darf.«

Über die unmittelbare Erfahrung hinaus: Das war die Entscheidung, vor der, wenn auch nur in der Rückschau, Einstein und Freud an einem wichtigen Punkt ihrer Untersuchungen standen. Im Kernbereich ihres jeweiligen Forschungsfeldes sahen sie sich einem Mangel an Beobachtungsdaten gegenüber. Einstein hatte sich zunächst auf das Problem des absoluten Raums konzentriert, sich dann der absoluten Zeit zugewandt – und erkannt, dass die Lösung seines Problems in der *Abwesenheit* der absoluten Zeit lag. Freud hatte sich zunächst auf das Leib-Seele-Problem konzentriert, dann allein dem Problem des Bewusstseins zugewandt – und erkannt, dass die Lösung seines Problems in der *Abwesenheit* des Bewusstseins lag. Kein Wunder, dass sie, wenn vielleicht auch unwissentlich, gegen die Grundsätze des Positivismus verstießen – eine wissenschaftliche Auffassung, die Gültigkeit nur Belegen zuerkannte, die unzweifelhaft *anwesend* war. Als ihnen die Belege ausgingen, suchten sie intensiver, doch was sie schließlich entdeckten, waren keine neuen Daten, sondern eine neue Art, die alten zu betrachten, eine neue Art des Sehens, in der sich eine feine geistige Unterscheidung manifestierte, die vollkommen neu war, ein Wandel nicht der Wahrnehmung – nicht der Erfassung dessen, was sich den Sinnen mitteilte –, sondern der Vorstellung.

Von einem Besucher seines Labors wurde Röntgen einmal gefragt, was er gedacht habe, als er das spukhafte Leuchten zum ersten Mal beobachtete und entdeckte, dass es feste Stoffe durchleuchten könne. Stolz erwiderte Röntgen: »Ich dachte nicht; ich untersuchte.« So verhielt es sich zunächst auch mit Einstein und Freud. Sie untersuchten und dachten nur so weit, wie es der wissenschaftlichen Tradition entsprach: Sie überließen sich der Führung der Beobachtungsdaten und nicht umgekehrt. Im Übrigen untersuchten sie die gleichen Daten wie ihre Zeitgenossen. Der Mangel an Daten, mit dem sie fertig werden mussten, war der gleiche Mangel, mit dem sich auch ihre Zeitgenossen abfinden mussten. Doch Einstein und Freud wagten einen Schritt, vor dem ihre Zeitgenossen zurückscheuten, denn ab einem bestimmten Punkt untersuchten sie *nicht mehr*, sondern dachten.

Sie entwickelten eine neue Auffassung des Problems. Angesichts mangelnder Beobachtungsdaten taten sie, was ihnen Ausbildung und Überzeugung, was ihnen unzählige wissenschaftliche Anekdoten wie die über Röntgens beharrliche Untersuchung des geheimnisvollen Leuchtens, was ihnen praktisch jede Regung ihrer wissenschaftlichen Persönlichkeit ausdrücklich *verboten*. Sie dachten sich eine Hypothese aus.

Einmal trafen sich Einstein und Mach. Das war im Herbst 1913, als Einstein sich in Wien aufhielt, um eine Rede auf dem Kongress deutscher Naturwissenschaftler und Physiker zu halten. Er nutzte die Gelegenheit zu einer Pilgerfahrt in die Vororte von Wien, um dem Philosophen seine Aufwartung zu machen, der einen so nachhaltigen Einfluss auf seine philosophische Entwicklung ausgeübt hatte. Mach seinerseits war begierig darauf, den Mann kennen zu lernen, dessen neue Relativitätstheorie nach Berichten, die er gelesen hatte, teilweise auf seinen, Machs, Schriften fußte. Als Einstein eintraf, fand er einen körperlich hinfälligen Mann vor, grauhaarig, mit wildem Bart und sichtlich von der Lähmung gezeichnet, unter der er seit mehr als zehn Jahren litt. Geistig jedoch war er noch vollkommen auf der Höhe, und so nutzte Einstein die Gelegenheit, um eine Frage zu stellen, die ihm

schon seit einiger Zeit auf den Nägeln brannte: Ob man den Ansatz eines Physikers noch positivistisch nennen könne, wenn er
einen spekulativen Sprung wage, der ihm ermögliche, eine Beziehung zwischen scheinbar disparaten Phänomenen herzustellen,
dabei aber so verfahre, dass sich diese Beziehung anschließend
empirisch bestätigen lasse? Mach erwiderte, unter gewissen Umständen könne er sich das vorstellen. Zufrieden verabschiedete
sich Einstein. Mach war es offenbar weniger, denn im Vorwort
eines posthum veröffentlichten Buches bestritt er jeden Einfluss
auf Einsteins Werk und versprach sogar eine Schrift, in der er die
Voraussetzungen der Relativitätstheorie widerlegen wollte. (Allerdings lebte er nicht mehr lange genug, um sie zu schreiben.)

Vielleicht war es kein Zufall, dass sich Einstein nur wenige
Monate nach der Veröffentlichung von Machs Buch endlich eingestand, was er in der Rückschau so lange hatte leugnen wollen,
nun aber nicht mehr übersehen konnte. 1921 in London hatte
Einstein noch gesagt: »Diese Theorie ist in ihren Ursprüngen
nicht spekulativ.« Im Jahr darauf, bei einem Vortrag in Paris, vollzog er eine Kehrtwendung: »Machs System untersucht die bestehenden Beziehungen zwischen Erfahrungsdaten: Für Mach ist
Wissenschaft die Totalität dieser Beziehungen. Dieser Standpunkt
ist falsch. Tatsächlich hat Mach damit einen Katalog und kein
System geschaffen. In dem Maße, wie Mach ein guter Mecha-
niker war, war er ein beklagenswerter Philosoph.«

Um die logischen Grenzen des Positivismus zu verdeutlichen,
konnte Einstein auf seine allgemeine Relativitätstheorie verweisen. Das war eine Erklärung der Gravitation, die den Beobachtungen entsprach. Doch das galt auch für Newtons Theorie,
wenn Beobachtungen dessen, was unwiderlegbar vorhanden war,
das *Einzige* waren, worauf sich eine Theorie gründen ließ. »Der
fiktive Charakter der Grundprinzipien geht eindeutig aus der
Tatsache hervor, dass wir auf zwei im Wesentlichen verschiedene

Grundprinzipien verweisen können« – Newtons auf Fernwirkung beruhenden Gravitationsbegriff und seine eigene Relativitätstheorie –, »die beide in hohem Maße mit der Erfahrung übereinstimmen«, sagte Einstein 1933 in seinem Herbert-Spencer-Vortrag in Oxford. »Das beweist, dass jeder Versuch, die Grundbegriffe und Postulate der Mechanik aus der elementaren Erfahrung abzuleiten, zum Scheitern verurteilt ist.«

In der Rückschau zeigen Positivismus und Mechanik eine vollkommene Übereinstimmung. Wenn Sie (möglicherweise unbewusst) davon ausgingen, dass Sie ein Universum beschrieben, das nichts als Bewegung und Materie wäre, würde die Eingrenzung Ihres Forschungsfeldes auf immer detailliertere Untersuchungen von bewegter Materie nicht nur genügen – sie würde auch Ihre mechanistische Auffassung verstärken. Mach selbst hatte davor gewarnt, den Schnürboden des Geistes für die Grundlage der Wirklichkeit zu halten. Er sei nur die Grundlage des mechanischen Weltbildes, das unsere Beobachtungsgabe dieser Wirklichkeit überstülpe. Die Methodologie jedoch, die er zur Erforschung der Welt empfahl, sorgte im Endeffekt nur für die Entdeckung immer neuer mechanistischer Resultate.

Nicht, dass Machs Skepsis gegenüber Newtons Mechanik nicht nützlich gewesen wäre. Als Einstein seine spezielle Relativitätstheorie entwickelte, war für ihn Machs Kritik an der Mechanik als der Grundlage allen wissenschaftlichen Denkens sehr anregend gewesen. Machs Beispiel gab ihm den Mut, andere Interpretationen der vorliegenden Beobachtungsdaten in Betracht zu ziehen, eine geistige Schuld, die er gegen Ende seines Lebens anerkannte. Doch Einstein wäre nicht zu diesen alternativen Interpretationen gelangt – diesen beiden im Grunde nicht zu verifizierenden Postulaten: der Übertragung des Relativitätsprinzips von der Mechanik auf die Elektrodynamik und der Konstanz der Lichtgeschwindigkeit –, ohne sich auf ein Gebiet zu wagen, das

Mach mit einem Verbot belegt hatte. 1905, an jenem schicksalhaften Maiabend in Bern, entdeckte Einstein, wie er in dem Aufsatz »Autobiographisches« schrieb, dass er es nicht mit neuen Beobachtungsdaten, sondern mit der *Abwesenheit von Beobachtungsdaten* zu tun hatte: »Nach und nach verzweifelte ich an der Möglichkeit, die wahren Gesetze durch auf bekannte Tatsachen sich stützende konstruktive Bemühungen herauszufinden.« Über Machs Spielart des Positivismus schrieb Einstein an Besso, sie könne nur Ungeziefer vertilgen, aber nichts Lebendiges hervorbringen. Wenn die Methoden des Positivismus für eine mechanistische Interpretation der Welt sorgten – Zugang zu dem, dessen Vorhandensein sich nachweisen ließ –, ermöglichte die Spekulation etwas anderes – Zugang zu dem, dessen Vorhandensein sich nicht nachweisen ließ: dem Unsichtbaren. Tatsächlich war die ganze elektromagnetische Theorie, die Einstein zu seiner speziellen Relativitätstheorie geführt hatte, dank einem solchen spekulativen Sprung entstanden. Im Jahr 1821 hatte der britische Physiker Faraday den ersten Dynamo hergestellt, indem er einen Magneten auf einen Tisch gelegt und darüber einen stromdurchflossenen Draht aufgehängt hatte. Daraufhin hatte der Draht sich gewunden, als ob Elektrizität und Magnetismus zusammen einen Whirlpool gebildet hätten.

»Siehst du das?«, rief Faraday seinem Schwager zu. »Siehst du das? Siehst du das?«

Sein Schwager sah es, gewiss, entscheidender aber war, dass Faraday es zuerst gesehen hatte – noch bevor er die Batterie angeschlossen hatte. Faraday verfügte zwar nicht über eine formelle wissenschaftliche Ausbildung, dafür aber über ein ausgeprägtes intuitives Vorstellungsvermögen. Wenn er eine Batterie betrachtete, die Elektrizität erzeugte, oder einen Magneten ansah, von dem magnetische Kräfte ausgingen, sah er nicht, was sich alle anderen Physiker seiner Zeit vorstellten – gerade Kraftlinien. Stattdessen »erblickte« er Kreise, die den Whirlpool-Effekt erklärten. »Felder« nannte er diese Kreise. Am 10. April 1846 erklärte Faraday in einem Stegreifvortrag in der Londoner Royal Institution, die kreisförmigen Kraftfelder, die er seit 25 Jahren verwende, um die ansonsten unsichtbaren Wechselwirkungen zwischen Elektrizität und Magnetismus zu veranschaulichen, seien offenbar real. Auf jeden Fall könne man sie fast sehen. Wenn man einen Magneten mit einem Blatt Papier bedecke und das Papier mit Eisenfeilspänen bestreue, könne man sehen, wie sich die Späne entlang von Kraftlinien anordneten, die von den Polen der Magneten ausgingen. An diesem Tag blieben Faradays Zuhörer skeptisch, schließlich waren sie übersättigt von den sichtbaren Ursachen und Wirkungen, die ihnen 150 Jahre newtonscher Mechanik geliefert hatten. Doch sobald James Clerk Maxwell die hypothetischen Felder durch seine vier Gleichungen des Elektromagnetismus mit einem soliden Fundament ausgestattet hatte, hatten die anderen Physiker keine Wahl mehr: Sie mussten sich Faradays alternatives Weltbild zu Eigen machen. Als Einstein sich den Problemen des Elektromagnetismus zuwandte, akzeptierte er die Felder nicht nur, sondern begrüßte sie freudig. Zum hundertsten Geburtstag von Maxwell schrieb er: »Diese Veränderung der Auffassung des Realen ist die tiefgehendste und fruchtbarste, welche die Physik seit Newton erfahren hat.«

Einstein behauptete durchaus nicht, den spekulativen Sprung zu einer physikalischen Theorie erfunden zu haben. Je länger er nämlich darüber nachdachte, desto klarer wurde ihm, dass es diesen Sprung schon bei der Geburt der wissenschaftlichen Methode gegeben hatte. Schließlich war Johannes Kepler nach sieben mühevollen Jahren zu der geometrischen Form, die die Umlaufbahn des Mars beschrieb – einer Ellipse –, durch eine Vermutung gelangt und nicht durch Verallgemeinerung der Gleichungen, die er aus Tycho Brahes Beobachtungen abgeleitet hatte. Einstein: »Die

Bahnen waren empirisch bekannt, aber ihre Gesetze mußten aus
den empirischen Ergebnissen erraten werden. Zuerst eine Vermutung über die mathematische Natur der Bahnkurve aufstellen
und dann am ungeheuren Zahlenmaterial prüfen! Wenn's nicht
stimmte, eine andere Hypothese ausklügeln und wieder nachprü-
fen! Nach ungeheurem Suchen stimmte es bei der Annahme: Die
Bahn ist eine Ellipse; die Sonne sitzt in einem Brennpunkt.«

Und Kepler war nur der Anfang, das Vorbild für die wissenschaftliche Methode, wie sie von den nachfolgenden Generationen (miss)verstanden wurde. Was Männer wie Ernst Mach nicht
begriffen hätten, schrieb Einstein einmal seinem Freund Besso, sei,
»daß dieser spekulative Charakter zu Newtons Mechanik und zu
jeder Theorie gehört, deren das Denken fähig ist«. Einstein meinte
damit nicht, dass Röntgen zum Beispiel hätte denken *sollen*, statt
nur zu untersuchen, sondern dass er tatsächlich gedacht *hatte*, so
wie Faraday und wie Maxwell gedacht hatten. Einstein gestand
ein, dass die Unterscheidung zwischen Vorstellungen und Wahrnehmungen die »metaphysische Erbsünde« sei, ja, er leugnete nicht
einmal, sie begangen zu haben. Doch er stand damit nicht allein.
Im April 1954, mit 72 Jahren, also fünf Jahre vor seinem Tod,
schrieb er in einem Artikel für die Zeitschrift *Scientific American*:
»Ich glaube, daß jeder wahre Theoretiker eine Art gezähmter Me-
taphysiker ist, auch wenn er sich selbst als einen noch so reinen
›Positivisten‹ sehen möchte.« Am Anfang seines schon erwähnten
Vortrags in Oxford meinte er warnend: »Wenn Sie von theoretischen Physikern etwas über die von ihnen verwendeten Methoden erfahren möchten, rate ich Ihnen, sich eng an einen Grundsatz zu halten: Hören Sie nicht auf ihre Worte, sondern achten sie
auf ihre Taten.«

So bereitwillig Einstein anerkannte, dass er nicht als Erster
einen solchen spekulativen Sprung gewagt hatte, so wusste er
doch auch, dass er durchaus als Vorbild dienen konnte. Schließ-

lich symbolisierte die Synthese, die *er* zwischen Faradays und
Maxwells elektromagnetischer Theorie auf der einen Seite und
Newtons Mechanik auf der anderen hergestellt hatte – und nicht
deren Neufassung von Elektrizität und Magnetismus durch das
Feldkonzept –, den Höhepunkt der klassischen Physik. Einstein
konnte für seine Kollegen leisten, was Mach für ihn getan hatte –
das heißt, ihnen zeigen, wie man philosophisches Ungeziefer ver-
nichtet. Darüber hinaus konnte er für seine Kollegen auch leisten,
was Mach *nicht* für ihn getan hatte – nämlich, ihnen zeigen, wie
man etwas Neues hervorbringt. Einsteins selbst gestellte Aufgabe
bestand also nicht darin, die Art und Weise zu verändern, in der
sie taten, was sie taten, sondern die Art und Weise zu verändern,
wie sie *dachten*, dass sie taten, was sie taten. Im Grunde verschaffte
Einstein ihnen durch sein Beispiel die Erlaubnis, das zu tun, was
sie schon immer getan hatten.

Sein Kollege Werner Heisenberg berichtete über ein langes
Gespräch, das er eines Nachts im Jahr 1926 mit Einstein über
dieses Thema geführt hatte. Damals glaubte Heisenberg noch irrtümlich, Einstein sei wie er ein reiner Positivist. Heisenberg sprach
über das Problem, das ihn gerade beschäftigte. Er hatte Schwierigkeiten, anhand von empirischen Daten die Elektronenbahnen
innerhalb von Atomen mit Bestimmtheit zu beschreiben – ein
Phänomen, das nicht zu beobachten war.

»Aber Sie glauben doch nicht im Ernst‹, entgegnete Einstein,
›daß man in eine physikalische Theorie nur beobachtbare Größen
aufnehmen kann.‹

›Ich dachte‹, fragte ich erstaunt, ›daß gerade Sie diesen Gedanken zur Grundlage Ihrer Relativitätstheorie gemacht hätten? Sie
hatten doch betont, daß man nicht von absoluter Zeit reden dürfe,
da man diese absolute Zeit nicht beobachten kann. Nur die An-
gaben der Uhren, sei es im bewegten oder im ruhenden Bezugssystem, sind für die Bestimmung der Zeit maßgebend.‹

›Vielleicht habe ich diese Art von Philosophie benützt‹, antwortete Einstein, ›aber sie ist trotzdem Unsinn.‹« Beobachtungen könnten durchaus informativ und nützlich für die Entwicklung einer Theorie sein, fügte Einstein hinzu, und in seinem ursprünglichen Wunsch, die Relativitätstheorie gegen Verdächtigungen in Schutz zu nehmen, habe er an der positivistischen Lehre festgehalten und ihre Bedeutung vermutlich überbetont. Er fuhr fort: »Aber vom prinzipiellen Standpunkt aus ist es ganz falsch, eine Theorie nur auf beobachtbaren Größen gründen zu wollen. Denn es ist ja in Wirklichkeit genau umgekehrt. Erst die Theorie entscheidet darüber, was man beobachten kann.« Oder: Eine neue Wahrnehmung ist einer neuen Vorstellung zu verdanken. Die Relativitätstheorie gestattet die Wahrnehmung der verlangsamten Zeit oder des gekrümmten Raums. Das dynamische Unbewusste gestattet die Wahrnehmung des Verdrängten.

Aber: *Nichts von alledem läuft auf eine frei schwebende Annahme ohne Beobachtungsdaten hinaus.* Die Grundvoraussetzungen der wissenschaftlichen Revolution hatten sich nicht verändert: Allein ist man nicht genug, selbst wenn man ein Albert Einstein oder ein Sigmund Freud ist.

Insofern haben weder Einstein noch Freud jemals mit dem Positivismus gebrochen. Sie sind nicht einfach zu ihren Schlussfolgerungen gesprungen; sie haben nicht nur Hypothesen entworfen. Sie haben Hypothesen entwickelt und sie dann, als die Beobachtungsdaten es verlangten, revidiert, bis die Hypothesen sich mit den Beobachtungen deckten. 1915 charakterisierte Freud die wissenschaftliche Kreativität als eine »Aufeinanderfolge von kühn spielender Phantasie« – der spekulative Sprung, dessen Beteiligung an der Entdeckung des Unbewussten Freud nun endlich eingestand – »und rücksichtsloser Realkritik«. Später äußerte er sich ausführlicher über die Funktion der Spekulation im wissenschaftlichen Denken: Dort sei es das »Bestreben …, die Übereinstimmung mit der Realität zu erreichen, d. h. mit dem, was außerhalb von uns, unabhängig von uns besteht«. Ganz ähnlich äußerte sich Einstein, als er in seinem Oxford-Vortrag einen spekulativen Ansatz in der Naturwissenschaft skizzierte, der »im 18. und 19. Jahrhundert keineswegs vorherrschte«, und gleich darauf hinzufügte, dass »alle Erkenntnis mit Erfahrung beginnt und mit ihr endet«. Die Spekulation trage zur Überbrückung der Kluft zwischen »den grundlegenden Begriffen und Gesetzen auf der einen Seite und den Schlussfolgerungen auf der anderen bei«. Aber: »Die Erfahrung bleibt natürlich das einzige Kriterium für den physikalischen Nutzen einer mathematischen Konstruktion.«

Einstein hatte beispielsweise drei Vorhersagen geliefert, mit deren Hilfe sich seine mathematischen Konstruktionen an der Wirklichkeit messen ließen. Als vierte hätte er die Expansion des Universums anbieten können. Obwohl er es nicht getan hatte, wurde ihre Entdeckung in der physikalischen Gemeinschaft allgemein als genau das angesehen: eine weitere Bestätigung der Theorie. Was Freud anbelangt, so hätte er auf die Frage, wo seine Beobachtungsdaten seien, vermutlich geantwortet: Wo sind sie nicht? Sie waren in den Versprechern, den Witzen, Träumen, Wünschen und Seufzern, in den phallischen Symbolen und Wachphantasien. Sobald man gelernt hatte, das dynamische Unbewusste in all seinen Verkleidungen zu erkennen, schien es überall wirksam zu sein, in jedem und ständig.

Einstein wurde häufig der »neue Kolumbus« genannt. Auf der Sitzung der Royal Society, auf der Arthur Eddington die Ergebnisse der Sonnenfinsternis-Expedition von 1919 bekannt gab, bezeichnete Joseph John Thomson die allgemeine Relativitätstheorie »nicht als die Entdeckung einer fernen Insel, sondern eines ganzen Erdteils neuer wissenschaftlicher Ideen von größter Bedeutung für einige der grundlegendsten Fragen in der Physik«. Im folgenden Monat wies J. S. Ames, Professor an der Johns

Hopkins University und Präsident der United States Physical Society, in der Eröffnungsrede einer Tagung der Gesellschaft die Mitglieder auf die Bedeutung der allgemeinen Relativitätstheorie hin: »Ich empfinde die Begeisterung, die den Entdecker eines neuen Landes erfüllt, und bin begierig, Ihnen zu beschreiben, was ich erfahren habe.« Ähnliche Metaphern wurden häufig für das Unbewusste verwendet. Es wurde mit einem Eisberg oder einer Insel verglichen, oder zumindest mit den Teilen, die überwiegend unter der Wasseroberfläche bleiben, oder es war das »innere Afrika«, wie Freud selbst einmal schrieb. An anderer Stelle, in einem Brief an Fließ, beschreibt er zwar sich selbst, doch die Metapher, die er wählt, ist recht aufschlussreich: »Ich bin nichts als ein Conquistadorentemperament.«

Doch damit endete die Analogie, mochte sie sich auch anbieten in einer Epoche, wo das Zeitalter der geografischen Entdeckungen nach fünf Jahrhunderten seinen durch die Landmassen der Erde bedingten Abschluss fand und wo das Zeitalter der wissenschaftlichen Entdeckungen nach drei Jahrhunderten seinem durch die Geheimnisse der Natur bedingten Ende entgegenzugehen schien. Obwohl Einstein und Freud durch ihre Arbeit neue Phänomene in den Blick rückten – und obwohl viele dieser Phänomene von einer Art waren, mit der niemand hatte rechnen können –, handelte es sich doch um Phänomene, die eigentlich schon immer vor aller Augen gelegen hatten. Sie waren nicht deshalb nur mühsam zu erkennen, weil sie so schwer zugänglich waren wie zwei Erdteile auf der anderen Seite der Erdkugel. Nicht deshalb, weil sie so fern am Himmel standen oder sich so winzig im menschlichen Körper verbargen, dass sie mit optischen Instrumenten nicht zu entdecken waren. Sie waren schon *immer* da gewesen: auf Bahnsteigen und in den Worten der Eltern. Durch die Entdeckung der verlangsamten Zeit oder des gekrümmten Raums, des Widerstands oder der Verdrängung wurden nicht herkömmliche Annahmen über die Perspektive in Frage gestellt – wie weit oder wie tief wir sehen können –, sondern über die Wahrnehmung: wie wir sehen. Punkt.

Röntgenstrahlen waren natürlich keine Längsschwingungen im Äther, aber das, was sie dann tatsächlich waren, sollte am Ende Einsteins Ideen über Relativität vorwegnehmen und bekräftigen: Sie waren eine Form des Lichts. Ein »unsichtbares Licht«, wie es im Volksmund hieß – ein Ausdruck, der paradox erscheint, wenn man nicht zufällig wusste, wie viele Phänomene das Wort »Licht« umfassen kann. In einem Zeitungsbericht über Röntgenstrahlen hieß es: »Wissenschaftler wissen seit langem, dass es Lichtstrahlen gibt, die für die Sinne nicht wahrnehmbar sind« – jenseits von Rot und Violett im Lichtspektrum. Friedrich Wilhelm Herschel (jener Astronom, dem staunend bewusst wurde, dass er umso weiter in der Zeit zurückblickte, je tiefer er in den Weltraum hineinsah) entdeckte Anfang des 19. Jahrhunderts, dass er, wenn er weißes Licht durch ein Prisma in seine einzelnen Farben zerlegte, mit Thermometern, die er über und unter den Grenzen des sichtbaren Spektrums anbrachte, höhere und niedrigere Temperaturen maß, obwohl dort offenbar kein Licht schien. Nachfolgende Experimente zeigten, dass die Farben des Lichts seinen Wellenlängen entsprechen – sie werden von Rot zu Violett immer länger. Nur sieben Jahre vor der Entdeckung der Röntgenstrahlen bewies Hertz mit Hilfe von Maxwells Feldgleichungen, dass es sehr lange elektromagnetische Wellen gibt, die später als Funk- oder Radiowellen bezeichnet wurden. Immer deutlicher wurde jetzt, was eine Schlagzeile nach der Entdeckung der Röntgenstrahlen zum Ausdruck brachte: »Dunkelheit muss nicht unbedingt bedeuten, dass kein Licht scheint.« – »Die meisten Menschen fragen sich nie, was Licht ist«, hieß es in einem Artikel, »sie halten es für eines der Dinge, die niemand ergründen kann, und denken deshalb nicht weiter darüber nach.« Jetzt taten sie es.

Eine neue Vorstellung von Licht, von der Wahrnehmung des Lichts und von unserer Beziehung zum Licht entwickelte sich. Der erwähnte Zeitungsbericht, der potenziellen Sündern auszureden versuchte, sie könnten sich sicher wähnen, wenn sie die Rollläden herunterzögen, tat dies, weil, wie es dort weiter hieß, »sich unsere Strahlungen irgendwo in der Welt weiter ausbreiten«. Mit anderen Worten, Ihr Bild, das sind nicht Sie: Sie sind nicht Ihr Bild. Das Bild von Ihnen, das andere sehen, ist von Ihnen *getrennt*. Physikalisch gesprochen, erblicken andere, wenn sie Sie »sehen«, Lichtsignale, die Informationen über Sie tragen. Diese Denkweise dürfte unausgesprochen die Diskussion geprägt haben, welche die Naturforscher seit der Veröffentlichung von Newtons *Optik* über die Frage führten, ob sich Licht in Form von Wellen oder Teilchen ausbreitet. Die Erfindung der Fotografie in der ersten Hälfte des 19. Jahrhunderts hat dann wesentlich zur Verbreitung und Bekräftigung dieser Auffassung des Sehens beigetragen. Mit der Entdeckung der Röntgenstrahlen wurde sie explizit: Wie die Bilder durch die Fortpflanzung der Lichtwellen von einem Objekt zur fotografischen Platte oder von einer Hittorf-Crookes-Röhre *durch* ein Objekt zu einer fotografischen Platte gelangen, so fallen sie auch in das Auge eines Beobachters.

Beispielsweise in das Auge eines Beobachters, der einen Zug um sieben Uhr in einen Bahnhof fahren sieht.

»Wir verließen den Hörsaal wie im Traum«, schrieb ein Korrespondent des *Manchester Guardian* nach einem Vortrag von Einstein über die Relativitätstheorie in Wien. Doch wenn Einstein Recht hatte, war das auch die Art und Weise, wie sie in den Saal gelangt waren. Nur einen Monat nach der Bekanntgabe der Sonnenfinsternis-Expeditionen schrieb Eddington in der *Contemporary Review*: »Der Leser muss sich vor Augen halten, dass der gekrümmte Raum tatsächlich der Raum seiner Wahrnehmung ist.« Durch die Macht der Gewohnheit – wenn nicht gar durch Überlebensnotwendigkeit – sind wir zu der Überzeugung gelangt, unser Geist wäre in direktem Kontakt mit der Außenwelt, das heißt das, was wir sehen, befände sich in Übereinstimmung mit irgendeinem absoluten Standard. »Weit gefehlt«, fuhr Eddington fort, »denn zwei der wichtigsten Eigenschaften in unserem geistigen Bild von der Außenwelt – nämlich Raum und Zeit – gibt es gar nicht in der Außenwelt.« Wo sind sie dann? »Während der Übertragung über die Sinneskanäle zum Gehirn werden sie in das Bild eingeführt.«

Gegen diese Einschränkung lässt sich natürlich nichts tun. Wir verdanken sie der Tatsache, dass wir Mitglieder unserer Art sind. »Wir sehen, unsere Sinne gestatten uns nicht, uns ein vollständig unpersönliches Bild von der Welt zu machen«, schrieb Eddington 1920 in einem Buch über die Relativitätstheorie. »Wären wir vielleicht mit zwei verschieden schnell beweglichen Augen begabt gewesen, so hätte unser Gehirn die nötige Fähigkeit entwickelt; wir würden dann eine Art Relief in einer vierten Dimension als Zusammenfassung des Anblicks der in verschiedener Bewegung wahrgenommenen Dinge sehen.« Der *Independent* stimmte in das Bedauern mit ein: »Es spielt keine Rolle, dass wir selbst vor unserem geistigen Auge keine Figur in zwei Dimensionen sehen können. Tatsächlich können wir keine Figur von mehr oder weniger als vier Dimensionen erblicken: Die anderen müssen wir auf Treu und Glauben hinnehmen.« Eddington: »An diesen Phänomenen ist keine Täuschung, abgesehen davon, dass alles, was uns von der Natur bekannt ist, auf Täuschung beruht.«

Genau das zeigte auch Freuds Arbeit, nur dass Freud die Entstehung der Täuschung selbst untersuchte: die Geschichten, die wir uns selbst und anderen über uns erzählen, ohne auch nur zu bemerken, was wir da tun. Durch die Technik der Psychoanalyse könnten wir, so Freud, zum ersten Mal erkennen, wie das Unbewusste unsere Absichten maskiert, was diese Absichten sind und wie sie sich in unserem täglichen – und nächtlichen – Leben manifestieren. »[D]ie Psychoanalyse«, schrieb Freud in einem Brief nach Kriegsausbruch 1914, »hat aus Träumen und Fehlhandlungen des Gesunden wie aus den Symptomen des Nervösen geschlossen, daß die primitiven, wilden und bösen Impulse der Menschheit bei keinem einzelnen verschwunden sind, sondern noch fortbestehen, wenngleich verdrängt, im Unbewußten, wie wir in unserer Kunstsprache sagen, und auf die Anlässe warten, um sich wieder zu bestätigen.«

In dieser Hinsicht erwiesen sich auch die Röntgenstrahlen als aufschlussreich. Natürlich machten sie keine Gedanken sichtbar, doch eine ihrer Wirkungen nahm Freuds Ideen über die Arbeitsweise des Unbewussten in gewisser Weise voraus und unterstrich sie. Sie illustrierte nämlich eine Verzögerung – einen Mangel an unmittelbarem Kontakt – zwischen einer Ursache und einer Wirkung. Schon in den ersten Monaten nachdem Röntgen seine Entdeckung veröffentlicht hatte, gab es erste Berichte, wonach durch Röntgenstrahlen eine Art Sonnenbrand hervorgerufen werden konnte. Die Haut schälte sich ab, und die Haare fielen aus. Es kam zu Entzündungen der Augenlider, der Oberlippe und der Gesichtshaut, besonders bei Experimentatoren, die sich den Röntgenstrahlen wiederholt und über längere Zeit aussetzten. Womöglich waren die Strahlen für den Tod eines Arztes verantwortlich. Doch noch 1903 – sieben Jahre nach Röntgens erster Bekanntgabe und lange nachdem diese alarmierenden Berichte an Zahl und Schrecken zugenommen hatten – berichtete ein Arzt über seinen enttäuschenden Misserfolg bei dem Versuch, einen Krebspatienten durch Röntgenbestrahlung zu heilen: »Da habe ich also einen Patienten, dem ich seit einem Jahr eine Verbrennung beizubringen versuche und der einfach keine bekommt.«

Jedenfalls hatte sich die scheinbar unlogische Vorstellung, eine Kraft könnte abwesend und zugleich außerordentlich wirksam und potenziell zerstörerisch sein, noch nicht lange durchgesetzt. Wie Freud mehrfach erklärte, hatten sich diese Erkenntnisse schon seit langem in der Kunst niedergeschlagen. Aber Dichter »können ... nur wenig Interesse für die Herkunft und Entwicklung solcher seelischer Zustände äußern, die sie als fertige beschreiben«, meinte Freud einmal. »Wertvolle Bundesgenossen sind aber die Dichter und ihr Zeugnis ist hoch anzuschlagen, denn sie pflegen eine Menge von Dingen zwischen Himmel und Erde zu wissen, von denen sich unsere Schulweisheit noch nichts träumen läßt. In der Seelenkunde gar sind sie uns Alltagsmenschen weit voraus, weil sie aus Quellen schöpfen, welche wir noch nicht für die Wissenschaft erschlossen haben.« Das also war Freuds selbst erwählte Aufgabe: das Unbewusste für die Wissenschaft zu erschließen – aufzugreifen, was bestenfalls ein unbeachteter Subtext einer umfassenderen Diskussion unter Philosophen, Psychologen und Künstlern gewesen war, und es auf die Textebene zu heben.

Inzwischen hatten die Fallgeschichten, von denen Freud einst annahm, sie könnten des »ernsten Gepräges der Wissenschaftlichkeit entbehren«, dieses längst angenommen. Sie waren nicht, wie Freud befürchtet hatte, als er sie in seinen und Breuers *Studien über Hysterie* als Belege anführte, lediglich anekdotisch – das heißt Einzelereignisse, die nicht unbedingt den größeren Zusammenhang, den entscheidenden Punkt belegten. Sie *waren* der entscheidende Punkt. Die Träume in der *Traumdeutung* aus dem Jahr 1900, die Versprecher und Gedächtnislücken in der *Psychopathologie des Alltagslebens* aus dem Jahr 1901 und der aggressive Humor in *Der Witz und seine Beziehung zum Unbewußten* aus dem Jahr 1905 – sie alle waren von entscheidender Bedeutung und trafen den Kern seiner Beweisführung. Sie waren Beobachtungsdaten aus seinem Labor: darwinsche Finken.

Freuds Arbeit eroberte die Öffentlichkeit nicht im Sturm, wie es den Schriften von Darwin 1859 und Einstein 1919 gelungen war. Privat beklagte Freud sich sogar über die mangelnde Resonanz des Publikums auf die Traumdeutung (Ende 1899; das Veröffentlichungsdatum trug schon die Ziffer 1900), allerdings musste er nicht lange auf Anerkennung warten. Die Treffen der Psychoanalytischen Vereinigung, mittwochabends in seiner Wohnung in der Bergstraße 19 (die er 1891 mit seiner Familie bezogen hatte), verbreiteten in der Ärzteschaft rasch die Kunde, dass es ein neues Instrument zur Untersuchung der menschlichen Psyche gebe und dass es erstaunliche Erkenntnisse über die menschliche Natur offenbare. 1902 wurde Freud zum außerordentlichen Professor der Universität Wien ernannt. Anlässlich dieses Ereignisses schrieb er: »Es regnete ... Glückwünsche und Blumenspenden.« 1908 fand in Salzburg der erste Kongress für »Freudsche Psychologie« statt. Im folgenden Jahr unternahm Freud seine erste Reise nach Amerika, um Vorlesungen an der Clark University in Worcester, Massachusetts, zu halten. Wie er feststellte, wurden seine Lehren dort noch begeisterter aufgenommen als zu Hause.

Häufig waren Freuds Thesen sensationell oder sogar verstörend. In den *Drei Abhandlungen zur Sexualtheorie* von 1905 gestand er sich und der Öffentlichkeit erstmals ein, was er schon seit fast zehn Jahren argwöhnte: dass Kinder sexuelle Wesen sind. Mit dieser Behauptung widersprach er jener Vorstellung von der unschuldigen Kindheit, der viele seiner europäischen und amerikanischen Leser anhingen. Allerdings war diese Vorstellung ihrerseits als Gegenreaktion auf einen früheren Kindheitsbegriff entstanden, wonach Kinder lediglich kleine Erwachsene waren – und daher in gewisser Weise zwangsläufig sexuell. Vielleicht war es an der Zeit, die Kindheit von allem Beiwerk zu befreien, mit dem die jeweilige Kulturepoche sie ausstattete, und die vorhandenen Beobachtungsdaten für sich sprechen zu lassen, um zu gültigen und dauerhaften Urteilen über diesen Lebensabschnitt zu gelangen.

Genau das leistete Freud. Die Stärke seiner Beweisführung nicht nur zum Thema der Sexualität, sondern auch zu allen anderen Themen, die er am Anfang des Jahrhunderts behandelte, lag eben hierin: in den Beobachtungsdaten. Zwar hatte er diese Daten an Einzelfällen gewonnen, doch durch die stete Akkumulation der Daten im Laufe der Jahre belegte er auf überzeugende Weise, dass diese Fälle nicht nur repräsentativ für andere Fälle waren, sondern dass sie auch symptomatisch waren – dass sie Einsichten in Motive, Verhaltensweisen und Triebe gaben, die universell waren (zum inneren Universum der Menschheit gehörten).

Wie die Erfindung der Fotografie und die Entdeckung der Röntgenstrahlen implizite Bedingungen des Sehens explizit gemacht hatte – dass Licht Informationen in unsere Augen trägt – und wie Einsteins Beispiel die impliziten Bedingungen wissenschaftlichen Denkens explizit gemacht hatte – dass ein spekulativer Sprung unvermeidlich ist –, so ließ die Erforschung des Unbewussten die impliziten Bedingungen des Denkens selbst zu einem Gegenstand unserer Untersuchungen werden: dass wir dabei unseren eigenen Impulsen ausgeliefert sind. Was Eddington über die Bedeutung der Relativitätstheorie schrieb, galt genauso für die Bedeutung der Psychoanalyse: »Wenn die Art, wie wir die Natur sehen, nur ein Traum ist, dann müssen wir uns eben mit der Beschaffenheit unseres Sehens beschäftigen. Die Entdeckung ist epochemachend, und vieles, was in der Traumwelt unerklärlich erschien, lässt sich jetzt zu seinem Ursprung zurückverfolgen. *Doch der Träumer träumt weiter.*«

Genauso verhielt es sich: Die entscheidenden Erkenntnisse von Einstein und Freud waren tatsächlich epochemachend. Und sie machten ihre Epochen. Diese beiden Naturforscher hatten an der Wende zum 20. Jahrhundert jeweils ein Problem in Angriff genommen, an dem ihre Zeitgenossen gescheitert waren, hatten jeweils erkannt, dass die Lösung nicht in einer neuen Wahrnehmung, sondern in einer neuen Vorstellung des Problems lag, hatten mit Hilfe der neuen Vorstellung neue Beobachtungsdaten gefunden, die sich weniger als neue Wahrnehmungen denn als alte Wahrnehmungen in neuem Licht erwiesen, und hatten auf diese Weise sich, ihre Fachkollegen und sogar das Publikum zu einer vollkommen neuen Vorstellung der Wahrnehmung geführt. Einstein und Freud hatten mit ihren Entdeckungen Epoche gemacht, und nun bestanden ihre Epochen, wie es sich für Epochen gehört, ohne ihre Macher weiter.

Als sich Freud und Einstein Anfang 1927 trafen, waren sie bereits Legenden. Gemäß ihrem unterschiedlichen Alter und Gesundheitszustand war es der 47-jährige Einstein, der, »heiter, sicher und liebenswürdig« (Freud), dem 70-jährigen, an Krebs erkrankten, mit einer Gaumenprothese versehenen und auf dem rechten Ohr fast tauben Freud einen Besuch abstattete. Obwohl die zwei Stunden, die sie zusammen verbrachten, recht angenehm verliefen, entdeckten sie kaum Gemeinsamkeiten, abgesehen von einem Aspekt, auf den sie in der sporadischen Korrespondenz der nächsten zehn Jahre immer wieder zu sprechen kamen: die Art und Weise, wie sich ihr Vermächtnis bereits zu verselbständigen begann.

»Alles ist relativ«, so lautete eine häufige Deutung der einsteinschen Theorien. Beispielsweise erklärte in den 1920er Jahren ein Kurzfilm die Relativitätstheorie vermeintlich dadurch, dass er zeigte, wie langsam sich der Zeiger einer Uhr aus der Sicht eines Schülers bewegt, der gerade einen Test schreibt. Solche trivialen »Erklärungen« verwechselten aber nur einen Gefühlszustand mit einem physikalischen Sachverhalt – eine Verwechslung, an der Einstein selbst nicht ganz unschuldig war. Am Ende seiner ersten populärwissenschaftlichen Veröffentlichung nach Bekanntgabe der Finsternis-Ergebnisse – einem Artikel, der erstmals am 28. November 1919 in der Londoner *Times* publiziert und dann weltweit nachgedruckt wurde, um die ungeheure Neugier der Öffentlichkeit auf den Mann zu befriedigen, der allem Anschein nach Newton vom Sockel gestürzt hatte – fügte Einstein scherzhaft hinzu: »Noch eine Art Anwendung des Relativitätsprinzips zum Ergötzen des Lesers: Heute werde ich in Deutschland als ›Deutscher Gelehrter‹, in England als ›Schweizer Jude‹ bezeichnet; sollte ich aber einst in die Lage kommen, als ›bête noire‹ präsentiert zu werden, dann wäre ich umgekehrt für die Deutschen ein ›Schweizer Jude‹, für die Engländer ein ›deutscher Gelehrter‹.«

Die tatsächliche Lehre der Relativitätstheorie ist jedoch das genaue Gegenteil von »alles ist relativ«: Einige Dinge sind es nicht. Relativ sind die Beobachtungen zwischen zwei physikalischen Systemen. Nichtrelativ ist der eine einzige Kodex von Gesetzen, der die Beziehung zwischen zwei beliebigen physikalischen Systemen im Universum beschreibt. Max Planck, der deutsche Physiker und frühe Fürsprecher Einsteins, hat 1907 erstmals die Bezeichnung »Relativitätstheorie« für Einsteins Arbeit verwendet. Einstein selbst sprach bis 1911 öffentlich von seiner Theorie nur als der »sogenannten Relativitätstheorie«, bis er die Einschränkung schließlich fallen ließ und sich dem allgemeinen Sprachgebrauch beugte. Seine Privatkorrespondenz während dieser Zeit lässt darauf schließen, dass er die Bezeichnung »Invariantentheorie« vorzog, die seine Absichten wesentlich genauer wiedergab: ein einziges System von Erklärungen für jede Beziehung in der Physik.

Einstein glaubte nicht, dass man aus einer physikalischen Theorie eine Lehre für das menschliche Leben – aus einem mathematischen Satz einen existenziellen Schluss – ableiten könne. Das sei nicht nur ein Fehler, sondern habe auch etwas Verwerfliches. Freud war derselben Meinung, sicherlich nicht zuletzt, weil sein eigenes Werk zu dem Missverständnis herausforderte, die Beobachtungen wären nur im Auge des Betrachters. Bereits 1921, nur zwei Jahre nachdem die Ergebnisse der Sonnenfinsternis-Expedition Einsteins Namen in aller Munde gebracht hatten, kam Freud dem Schöpfer der Relativitätstheorie nicht nur zu Hilfe, sondern ging auch mit viel Verständnis auf die irreführende Bezeichnung ein, die man Einsteins Theorie gegeben hatte: »[D]ie jüngst gewonnene Einsicht der sogenannten Relativitätstheorie hat bei vielen ihrer verständnislosen Bewunderer die Wirkung gehabt, deren Zutrauen zur objektiven Glaubwürdigkeit der Wissenschaft zu verringern.« 1933 spann Freud diesen Gedanken fort: »Es hat solche intellektuelle Nihilisten gewiß schon früher gegeben, aber gegenwärtig scheint ihnen die Relativitätstheorie der modernen Physik zu Kopf gestiegen zu sein … Nach dieser anarchistischen Lehre gibt es überhaupt keine Wahrheit, keine gesicherte Erkenntnis der Außenwelt. Was wir für wissenschaftliche Wahrheit ausgeben, ist doch nur das Produkt unserer eigenen Bedürfnisse, wie sie sich unter den wechselnden äußeren Bedingungen äußern müssen, also wiederum Illusion. Im Grunde finden wir doch nur, was wir brauchen, sehen nur, was wir sehen wollten. Wir können nicht anders. Da das Kriterium der Wahrheit, die Übereinstimmung mit der Außenwelt, entfällt, ist es recht gleichgültig, welchen Meinungen wir anhängen. Alle sind gleich wahr und gleich falsch. Und niemand hat das Recht, den Andern des Irrtums zu zeihen.«

Wie Einstein suchte Freud in seinem Werk das genaue Gegenteil jener Beliebigkeit, die er hier beklagte: unwandelbare Prinzipien, die das Unbewusste in all seiner Wandlungsfähigkeit erklären konnten. Ob ihm das gelang, war umstritten. Einstein beispielsweise schwankte, was die psychoanalytische Theorie anging, zwischen »Glauben und Unglauben«, wie er Freud zu dessen 75. Geburtstag schrieb. Allerdings, so fügte Einstein hinzu, lese er Freuds Schriften jeden Dienstagabend mit einer Freundin und hege große Bewunderung für deren »Schönheit und Klarheit«. Weiter heißt es: »Abgesehen von Schopenhauer gibt es für mich niemanden, der so schreiben kann oder könnte.« Im Jahr darauf bedankte er sich bei Freud »für so manche schöne Stunde, die ich der Lektüre Ihrer Werke verdanke«, und fügte hinzu: »Es ist für mich immer amüsant zu beobachten, dass auch Menschen, welche sich Ihren Lehren gegenüber als ›Ungläubige‹ betrachteten, Ihren Ideen so wenig Widerstand entgegensetzen, dass sie in Ihren Begriffen zu denken und zu reden pflegen, wenn sie sich – gehen lassen.«

Das war die Haltung Einsteins. Selbst wenn er sich möglicherweise zu den »Ungläubigen« zählte, war seine Bewunderung für Freuds Schriften dennoch aufrichtig, und als er von der Kommission für geistige Zusammenarbeit am Völkerbund aufgefordert wurde, einen öffentlichen Briefwechsel mit einer anderen Persönlichkeit von Weltruhm zu führen, wandte er sich sogleich an Freud. In Beantwortung der Frage *Warum Krieg?*, dem Titel ihrer veröffentlichten Briefe, schrieb Einstein: »Im Menschen lebt ein Bedürfnis zu hassen und zu vernichten. Diese Anlage ist in gewöhnlichen Zeiten latent vorhanden und tritt dann nur beim Abnormalen zutage; sie kann aber leicht geweckt und zur Massenpsychose gesteigert werden.« Daraufhin erwiderte Freud, der, wie er privat erklärte, das Projekt für »langweilig« hielt: »[H]ierüber haben Sie in Ihrem Schreiben das meiste gesagt.«

Freud fühlte sich Einstein gegenüber benachteiligt. Einem Freund schrieb er: »Der Glückliche hatte es soviel leichter als ich, er konnte sich auf eine lange Reihe großer Vorgänger von Newton an stützen, während ich mir jeden Pfad durch die verworrene Wildernis allein bahnen mußte. Kein Wunder, daß diese Wege nicht sehr breit sind und ich nicht weit gekommen bin.« Ähnlich äußerte sich Freud zwei Jahre später, als er Einstein in einem Glückwunsch zum 50. Geburtstag einen »Glücklichen« nannte. Darauf Einstein: »Warum betonen Sie bei mir das Glück? Sie, der Sie in die Haut so vieler Menschen, ja der Menschheit geschlüpft sind, hatten doch keine Gelegenheit, in die meine zu schlüpfen.« Freud erwiderte, er habe einfach angenommen, dass Einstein glücklich sei, weil er »mathematische Physik treiben darf und nicht Psychologie, in die jeder hineinredet«.

Bis zu einem gewissen Grade war Freuds Neid durchaus verständlich. Als Einstein 1931 die Hollywoodpremiere von *Lichter der Großstadt* besuchte, nannte ihm Charlie Chaplin folgende Erklärung für die Reaktion der Menge: »Mir applaudieren sie, weil mich alle verstehen, und Ihnen, weil niemand Sie versteht.« Freud hätte das Gleiche zu Einstein sagen können – nur in Bezug auf den Jubel hätte er sich etwas zurückhaltender äußern müssen.

Berühmt – oder berüchtigt – ist die Äußerung, in der Freud den Widerstand der »Ungläubigen« auf eine »dritte Kränkung« der Eigenliebe zurückführt. Die erste Kränkung habe, so schrieb er 1917, Kopernikus der Menschheit zugefügt, als er die Erde aus dem Mittelpunkt des Universums entfernte und zu einem Planeten unter anderen degradierte. Für die zweite sei Darwin verantwortlich gewesen, als er den Menschen seiner bevorrechtigten Stellung unter den Geschöpfen der Erde beraubte und ihn zu einer Art unter anderen degradierte. Und die dritte Kränkung gehe auf sein, Freuds, Konto, verkünde seine Lehre doch, »daß *das Ich nicht Herr sei in seinem eigenen Haus*«. »Kein Wunder daher«, fuhr er fort, »daß das Ich der Psychoanalyse nicht seine Gunst zuwendet und ihr den Glauben verweigert.« Einstein war in der glücklichen Lage, auf Behauptungen dieser Art verzichten zu können, weil andere ihm die Mühe abnahmen. Einen Monat nach Bekanntgabe der Sonnenfinsternis-Ergebnisse erklärte Eddington, Einsteins Werk sei in seiner Bedeutung »den Fortschritten, die

Kopernikus, Newton und Darwin zugeschrieben werden, vergleichbar oder sogar überlegen«.

Wie immer man zu Freuds Logik stehen mag – insbesondere zu der Behauptung, wer die Psychoanalyse ablehne, tue es, weil er die Wahrheit nicht ertragen könne –, fest steht, dass sie ihm nicht viele Anhänger brachte. Vor allem war sie nicht wirklich eine Antwort auf die Einwände seiner Gegner: dass nämlich die Psychoanalyse dem Vergleich mit einer Naturwissenschaft wie der Physik nicht standhalte – genauer, dass sie keine Wissenschaft in diesem Sinne sei, weil ihre Ergebnisse nicht quantifizierbar und einer objektiven Bestätigung zugänglich seien.

Einsteins Bemühen, die Vorstellungen der Naturforscher über das eigene Tun zu verändern, war von Erfolg gekrönt. Logischer Empirismus oder Neopositivismus wurde diese neue Methodologie – vielleicht auch dieses neue Verständnis der bestehenden Methodologie – vom Wiener Kreis genannt, jener philosophischen Bewegung, die vor dem Ersten Weltkrieg als eine Diskussionsrunde von Mathematikern, Physikern und Philosophen begann, 1929 eine offizielle Erklärung ihrer Grundsätze abgab und 1934 mit der Veröffentlichung von Karl Poppers Schrift *Logik der Forschung* im kritischen Rationalismus mündete. Für Popper war die Formulierung von Einsteins Theorien ein Modellfall für die Art und Weise, wie Wissenschaft betrieben *wird* und betrieben werden *darf*. Ob Theorien wie Einsteins Relativitätstheorie letztlich unwandelbare Wahrheiten über das Universum offenbaren, wie Platon meinte, oder einfach die Beziehung zwischen Objekten etwas mehr erhellen, wie es die aristotelische Tradition will, blieb strittig. Doch eine Mischung aus platonischen und aristotelischen Methoden – Spekulationen, die durch genaue Beobachtungen erhärtet werden mussten – wurde zum wissenschaftlichen Standard.

Freud behauptete immer, er halte sich an dieses Modell, gab

aber zu, dass das Unbewusste eine »Hypothese« sei, um gleich darauf hinzuzufügen: »Man pflegt auch in älteren Wissenschaften nicht anders zu verfahren.« 1912 schrieb er in dem Aufsatz *Einige Bemerkungen über den Begriff des Unbewußten*: »Hier ergibt sich die Gelegenheit zu lernen, was wir auf Grund von Überlegungen oder aus irgend einer anderen Quelle empirischen Wissens nicht hätten erraten können, daß die Gesetze unbewußter Seelentätigkeit sich im weiten Ausmaß von jenen der bewußten unterscheiden.« Folglich ist es die Hypothese des Unbewussten, die es gestattet, die Psychoanalyse »zu einer Naturwissenschaft wie jede andere auszugestalten«.

Doch was heißt »wie jede andere«? Was war dieses Unbewusste, das entdeckt zu haben Freud behauptete? Wo war es? Wer nur, weil er meinte, das Wechselspiel von Ursache und Wirkung beobachtet zu haben, behauptete, das Unbewusste *sei* vorhanden, weil es vorhanden sein *müsse*, lief Gefahr, den gleichen Trugschlüssen zu verfallen, die bei der Annahme von Gravitation und Äther – oder auch Himmelssphären und animalischen Geistern – Pate gestanden hatten. Auf einem typischen Symposion mit dem Titel »Is the Conception of the Unconscious of Value in Psychology?« (»Ist der Begriff des Unbewussten von Wert für die Psychologie?«), einer gemeinsamen Sitzung der Mind Association und der Aristotelian Society 1922 in Manchester, formulierte einer der Teilnehmer die allgemeine Kritik: »Wenn man mich auffordert, mir etwas vorzustellen, was alle Merkmale eines Wunsches oder eines Gefühls hat, nur dass es nicht bewusst ist, so erscheint mir das wie die Aufforderung, mir etwas vorzustellen, was alle Eigenschaften von Rot oder Grün hat, nur dass es keine Farbe ist.« Ein anderer Kritiker drückte es noch drastischer aus: »Die wissenschaftliche Ebene, auf der Freuds Begriff des Unbewussten angesiedelt ist, entspricht haargenau den Wundern Christi.«

Es kam noch schlimmer. In demselben einflussreichen Buch, in dem Popper Einsteins Theorien einen Vorbildcharakter für die wissenschaftliche Verfahrensweise bescheinigte, führte er Freuds Theorien als Musterbeispiel für die Art und Weise an, wie Wissenschaft nicht betrieben *wird* und nicht betrieben werden *darf*. Für Popper besteht der entscheidende Test einer Theorie nicht darin, dass sich Experimente finden lassen, die die Gültigkeit der Theorie beweisen. Die Hoffnung auf ein derart endgültiges Urteil ist unrealistisch. Der entscheidende Test, ob eine Theorie wissenschaftlich ist, betrifft ihre Falsifizierbarkeit. Für Popper lautet also die Frage: Lässt sich ein Experiment durchführen, das beweisen kann, dass die Theorie *falsch* ist? Einstein hatte immer erklärt, die ganze Theorie würde in sich zusammenfallen, wenn sie einen der Tests, die er für sie entwickelt hatte, nicht bestünde. Für ihn war eine physikalische Theorie, darin stimmte er mit Popper überein, eine Alles-oder-nichts-Annahme.

Zweifellos beanspruchte Freud für die Psychoanalyse den Status einer Wissenschaft. Für ihn war das Unbewusste nicht einfach eine *manière de parler*, eine Redeweise. Wiederholt unterstrich er die beiden Ansprüche. Noch in seinem letzten Lebensjahr, als er vor den Nazis in die Sicherheit eines Londoner Vororts geflohen war, langsam an Krebs zugrunde ging, sein Gesicht durch eine Prothese zusammenhalten musste und kaum in der Lage war zu sprechen, bezeichnete er sich in einem BBC-Interview als Gründer »eines neuen Wissenschaftszweiges, der Psychoanalyse, eines Teilgebietes der Psychologie«. Doch nach Freuds eigenem Eingeständnis fehlt seiner Wissenschaft das gewisse Etwas, um die *physikalische* Wissenschaft zu werden, als die er sie so gern gesehen hätte: »Nur die Hilfe, die das Experiment der Forschung leistet, muß man in der Analyse entbehren.«

In dieser Hinsicht wies die Psychoanalyse keinen Unterschied zu jener Wissenschaft auf, die Einstein unbeabsichtigt gründete:

der Kosmologie. Sobald sich die Mehrheit der Astronomen der Interpretation angeschlossen hatte, die Edwin Hubble für die 1929 von ihm entdeckte Beziehung zwischen Entfernung und Geschwindigkeit der Galaxien gefunden hatte – dass das Universum expandiert –, verlor sich die Diskussion rasch im Uferlosen. Einige Theoretiker zogen den unvermeidlichen Schluss und fragten sich, *womit* die Expansion des Universums begonnen haben könnte. In den folgenden Jahren entwickelten einige Physiker die Steady-State-Theorie, das heißt, sie gingen von der Hypothese eines stationären Universums aus und nahmen an, dass in den Galaxienzentren irgendwie fortwährend neue Materie erzeugt würde. Andere vermuteten, das Universum habe sich aus einem singulären Ereignis entwickelt, das (von einem Steady-State-Theoretiker) ironisch als *Big Bang* (»großer Knall« oder »Urknall«) bezeichnet wurde. Doch damit waren die praktischen Anwendungsmöglichkeiten der Relativitätstheorie im Hinblick auf weitere Erkenntnisse über das Universum erschöpft – ein Stand der Dinge, den Einstein noch erlebte. Diese Entwicklung bedeutete freilich keine Enttäuschung für Einstein, hatte er doch stets erklärt, die Bedeutung der Theorie liege in ihrer mathematischen Eleganz, in ihrer formalen Einfachheit, nicht in der Vorhersage einiger kaum zu beobachtender Himmelserscheinungen. Dass die Kosmologie aber in einer Sackgasse steckte, zeigt eine Vorbemerkung zu einer Aufsatzsammlung von Einstein, die 1954, ein Jahr vor seinem Tod, herauskam. Dort hieß es in einer eher schwächlich klingenden Würdigung: »Noch immer wird die Kosmologie von vielen Wissenschaftlern betrieben ...« Sehr viel später schrieb der Astrophysiker Stephen Hawking: »Früher wurde sie eher als Pseudowissenschaft betrachtet, mit der sich Physiker befaßten, die vielleicht in jüngeren Jahren nützliche Arbeit geleistet, auf ihre alten Tage aber einen Hang zum Mystischen entwickelt hatten.«

Doch dann landete die Kosmologie einen Glückstreffer.

Das geschah 1964, als zwei Ingenieure der Bell Telephone Laboratories in New Jersey, die eine neue 6-Meter-Radio-Antenne für die Satellitenkommunikation testeten, ein schwaches Signal auffingen, das sie nicht ausblenden konnten. Sie schrubbten sogar den Taubenmist an der Öffnung der Antenne ab, doch das Signal blieb. Die Kunde von ihrem Missgeschick sprach sich zur nahe gelegenen Princeton University herum, wo eine Gruppe von Physikern erkannte, dass die Wellenlänge dieses Funksignals einer Temperatur von ungefähr drei Grad über dem absoluten Nullpunkt entsprach. (Der absolute Nullpunkt liegt bei −273 Grad Celsius und bringt alle thermischen Bewegungen von Atomen und Molekülen zum Erliegen.) Für diese Physiker war das 3-Grad-Signal kein Ärgernis, sondern eine Zahl, die sich bereits aus der Urknalltheorie ergeben hatte: das exakte Energieniveau einer Strahlung, die – nach einem Jahrmilliarden währenden Abkühlungsprozess vom energiereichsten Ende des elektromagnetischen Spektrums bis heute, dem energieärmsten Ende – noch immer das Universum erfüllen sollte.

Die Entdeckung eines »Hintergrundrauschens« von 3 Grad hat die Urknalltheorie zwar nicht eigentlich bestätigt, weil sich nach den Grundsätzen des kritischen Rationalismus Theorien dieser Art *nicht* bestätigt werden *können*. Wie Newtons Gravitationstheorie lassen sie sich nur immer wieder und immer genauer validieren – bis zu dem Tag, an dem sie versagen. Dann müssen sie fallen gelassen oder abgeändert werden. Die kosmische Hintergrundstrahlung falsifiziert noch nicht einmal zwangsläufig die Steady-State-Theorie, die wichtigste Alternative zur Urknalltheorie. Allerdings lieferte die Entdeckung eine so wunderbare Übereinstimmung von mathematischer Vorhersage und mathematischen Daten, dass sie praktisch eine ganze Generation von Astrophysikern dazu bewog, sich nicht nur ganz auf die Urknalltheorie zu konzentrieren, sondern auch – da die Menschen und die naturwissenschaftlichen Entdeckungen nun einmal sind, wie sie sind – an sie zu glauben.

Es war keineswegs eine ausgemachte Sache, dass diese unsichtbaren Wellenlängen irgendeinen Nutzen für die Astronomie hatten. Warum auch? 1923 hatte beispielsweise der Physiker Robert A. Millikan in einem Artikel für die Zeitschrift *Scribner's Magazine* mit dem Titel »Seeing the Invisible« (»Das Unsichtbare sehen«) eine größere Leserschaft mit der Vorstellung vertraut gemacht, dass es jenseits des Bereichs, der für unser Auge sichtbar ist, noch andere Teile des elektromagnetischen Spektrums gebe, und in diesem Zusammenhang kurz darauf hingewiesen, dass diese anderen Wellenlängen eines Tages möglicherweise für astronomische Anwendungen interessant werden könnten. Doch sicherlich glaubte er auch von den anderen Teilen des Spektrums, was er über den Bereich der Radiowellen schrieb: »Er hat unserer Wahrnehmung keine neuen Welten erschlossen.«

Jetzt hatte er das. Der Glücksfall für die Astronomie war nicht einfach die Entdeckung der unsichtbaren Lichtwellen. Zwar war die Entdeckung in den Bell Labs aus dem Jahr 1964 in der Tat ein glücklicher Zufall. Das galt übrigens auch für die erste Entdeckung astronomischer Daten im Bereich unsichtbarer elektromagnetischer Wellenlängen. Das war 1932 geschehen, ebenfalls in den Bell Labs in New Jersey und ebenfalls durch einen Ingenieur, der ein unerwünschtes Radiosignal auffing. (Wie sich herausstellte, stammte es von Sternen – eine merkwürdige Beobachtung, die einiges Aufsehen erregte, jedoch in erster Linie, weil sie so ungewöhnlich war.) Die Princeton-Physiker aber hatten den Wert des 3-Grad-Signals erkannt, weil sie wussten, wonach sie zu suchen hatten. Tatsächlich hatten sie die Suche schon konkret ins Auge gefasst und beabsichtigten, eine eigene Antenne zu bauen, um solch ein 3-Grad-Signal aufzufangen. Der Glücksfall für die Astronomie lag darin, dass die unsichtbaren Lichtwellen wertvolle, ja sogar entscheidende Informationen tragen konnten. Um diesen Glücksfall zu erkennen und richtig zu nutzen, mussten die Astronomen abermals lernen, ihre Denkweisen unseren Sehweisen anzupassen. Sie mussten sich fragen: Wenn Funkwellen wertvolle Informationen über den Himmel enthalten, was ist dann mit all den anderen unsichtbaren Wellenlängen – Infrarot-, Ultraviolett-, Röntgen- und Gammastrahlen? Haben auch sie uns etwas Wichtiges mitzuteilen? Der sichtbare Teil des Spektrums umfasst nur die Wellenlängen von 1/700 000 Zentimeter (rot) bis 1/400 000 Zentimeter (violett). Zu beiden Seiten dieses schmalen Fensters der Sichtbarkeit vergrößern und verkleinern sich die elektromagnetischen Wellenlängen – von den längsten Funkwellen bis zu den kürzesten Gammastrahlen – um einen Faktor von rund einer Million Milliarden. Aus der Sicht eines Astronomen Mitte des 20. Jahrhunderts war das viel potenzielle Information und durchaus einen Blick wert, wenn man denn hier noch von Blick sprechen darf.

Dank der Röntgenstrahlen beispielsweise veränderte sich das Universum buchstäblich über Nacht. Eine Minute vor Mitternacht am 18. Juni 1962 startete aus der Wüste in New Mexico eine Aerobee-Rakete, die mit mehreren Röntgendetektoren ausgerüstet war. Die Gravitation, wie sie ist – oder *wie immer sie sein mag* –, sorgte dafür, dass die Rakete wieder herunterkam. Zuvor hatte sie allerdings eine maximale Höhe von 225 Kilometern erreicht und war dabei genau 5 Minuten und 55 Sekunden über der kritischen Höhe von 80 Kilometern geblieben. (Die energiereicheren Strahlen mit kürzeren Wellenlängen können die Erdatmosphäre nicht durchdringen – was sehr begrüßenswert ist, weil sich unsere Art sonst nicht hätte entwickeln können.) Seit mehr als zehn Jahren untersuchten die Astronomen schon die Röntgenstrahlen der Sonne, die eine Million Mal so schwach sind wie die Strahlen, die wir mit bloßem Auge sehen können. Das

Aerobee-Team hatte diese Rakete so entwickelt, dass sie sogar Röntgenstrahlen vom Mond auffangen konnte, die nach Einschätzung der Astronomen mindestens noch einmal eine Million Mal schwächer sein mussten – wenn es sie denn überhaupt gab. Tatsächlich kamen die Forscher, die die Daten der Rakete auswerteten, zu dem Ergebnis, dass es diese Strahlen *nicht* gibt. Von der Himmelsposition, an der sich der Mond befindet, gingen keine Röntgenstrahlen aus. Dafür fanden die Astronomen zwei andere Resultate, bei denen sie nicht entscheiden konnten, welches verblüffender war: das Vorhandensein einer spezifischen, einzelnen Röntgenquelle, die 1 000 000 000-mal stärker strahlte, als irgendjemand erwartet hatte, oder das Vorhandensein einer nichtspezifischen, das heißt diffusen, Hintergrundstrahlung, die den Nachthimmel im Röntgenbereich offenbar ebenso hell erleuchtete wie das sichtbare Licht den Tageshimmel eine Minute vor zwölf Uhr mittags.

Offenbar war das Universum nicht, was es zu sein schien. Wenn Röntgenstrahlen viel Energie bedeuten und wenn viele Röntgenquellen viele Quellen mit viel Energie bedeuten, dann bedeuten viele Quellen mit viel Energie überall am Himmel … was? Zunächst vermochten sich die Forscher das nicht vorzustellen. Dann konnten sie es – aber nur, weil ihnen ihre Mathematik sagte, dass sie es eigentlich können *sollten*. Wie die Expansion des Universums oder auch der kosmische Mikrowellenhintergrund, der die Urknalltheorie belegte, war die Antwort bereits vorhanden, eingebettet in Einsteins Relativitätstheorie, und wartete nur auf ihre Entdeckung.

1796 hatte Laplace in seinem Werk *Darlegung des Weltsystems* mit Hilfe von Newtons Gesetzen die These entwickelt, dass die Schwerkraft eines Sterns, sofern er über genügend Masse verfüge, stark genug sei, um seine Lichtstrahlen an sich zu binden, so dass sie nicht in unsere Augen gelangen könnten. »Daher ist denkbar«, schrieb er, »dass die größten leuchtenden Körper im Universum aus diesem Grunde unsichtbar sind.« Eine moderne Form nahmen diese Spekulationen allerdings erst im Januar 1916 an, als der deutsche Astronom Karl Schwarzschild, von der allgemeinen Relativitätstheorie ausgehend, die erst wenige Wochen alt war, einen folgenreichen Artikel verfasste: »Über das Gravitationsfeld eines Massenpunktes nach der Einsteinschen Theorie«. In den 1930er Jahren berechneten die theoretischen Physiker Lew Landau und Subrahmanyan Chandrasekhar unabhängig voneinander, wie groß die Masse eines Objekts sein müsste, um einen solchen Gravitationskollaps auszulösen. 1939 lieferten schließlich zwei andere Physiker, J. Robert Oppenheimer und Hartland S. Snyder, eine mathematische Beschreibung des Sternenkollapses – wobei sie einsteinsche Konzepte wie Lichtablenkung und Zeitdehnung heranzogen. Dabei erläuterten sie, dass für einen Beobachter, der am Zusammensturz des Sterns teilnähme, die Zeit des Kollapses endlich wäre, das heißt, sich möglicherweise »an einem Tag erledigt« hätte, während der Kollaps einem außerhalb befindlichen Beobachter »unendlich« erschiene, da sich die elektromagnetischen Wellen in dem Maße strecken würden, wie sich das einfallende Material beschleunigte und der Lichtgeschwindigkeit annäherte. Darüber schüttelte sogar Eddington, Einsteins unermüdlicher Propagandist, den Kopf: »Es sollte ein Naturgesetz geben, das einen Stern daran hindert, sich so absurd zu verhalten.«

Doch selbst diese Berechnungen wären wie Laplaces Mutmaßungen im Reich der Spekulationen geblieben, hätten die Astronomen nicht empirische Daten zu ihrer Erhärtung beibringen können. Dreißig Jahre später, nach den Ergebnissen der Röntgenrakete aus dem Jahr 1962, glaubte man, man habe solche Daten gefunden – man könne zeigen, dass ein solcher Sternenkollaps die enorme Energiestrahlung erkläre, die sich aus der Existenz von Röntgenquellen am Himmel ableiten ließ. 1967 – im selben Jahr, als John Archibald Wheeler dem Phänomen den unvergesslichen Namen »Black Hole« (»Schwarzes Loch«) gab – hatten Astronomen rund dreißig solche Kandidaten registriert. Nachdem 1970 der Uhuru-Satellit in Umlaufbahn gebracht worden war, stieg diese Zahl auf 150 an, darunter auch eine Quelle namens Cygnus X-1, die besonders verheißungsvoll erschien. Es handelte sich um ein Doppelsternsystem, in dem die Astronomen einen Stern im sichtbaren Spektrum beobachten konnten. Er verhielt sich so ungewöhnlich, dass die Gravitationsgesetze auf einen unsichtbaren Begleiter schließen ließen. Definitionsgemäß strahlte der unsichtbare Begleiter kein Licht ab, doch das Gas des sichtbaren Sterns, das in das ungeheure Gravitationsfeld des kollabierenden Objekts geriet, erhitzte sich auf eine Million Grad und mehr – heiß genug, um unsichtbares Licht in Form von Röntgenstrahlen abzugeben. 1994 waren die Astronomen bereit, Farbe zu bekennen – das Konzept des Schwarzen Lochs »aus dem Reich der Theorie in das der Wirklichkeit« zu überführen, wie die *New York Times* am 26. Mai desselben Jahres als Topmeldung unter einer Schlagzeile verkündete, die unter anderem lautete: »Wie Einstein vorhersagte«.

»Wie Einstein vorhersagte« würde man kaum als Schlagzeile auf der Titelseite einer Tageszeitung erwarten. Um die Fähigkeit, Vorhersagen zu machen, wird die Mathematik nicht nur von jeder Wissenschaft beneidet – auch Freud hätte sie sich für die Psychoanalyse gewünscht. Daher hat er in der »Psychologie für den Neurologen« versucht, die Bahnen der nervösen Energie nachzuzeichnen, daher hat er in der *Traumdeutung* versucht, die Bahnen der psychischen Energie zu ermitteln, und daher hat er in der Schrift, die er während seines letzten Lebensjahrs vollendete – *Abriss der Psychoanalyse* – versucht, an den alten physikalisch-chemischen Traum von Brücke und Du Bois-Reymond anzuknüpfen: »Die Phänomene, die wir bearbeiten, gehören nicht nur der Psychologie an, sie haben auch eine organisch-biologische Seite.« Oder wie er im Hinblick auf das psychoanalytische Vokabular ein andermal schrieb: »Die Mängel unserer Beschreibung würden wahrscheinlich verschwinden, wenn wir anstatt der psychologischen Termini schon die physiologischen oder chemischen einsetzen könnten.«

Bis zu einem gewissen Grade sind die »Mängel« der Psychoanalyse gegenüber einer Naturwissenschaft wie der Physik durch einen Unterschied der Reife bedingt. Wenn wir Freud abnehmen, dass er eine neue Wissenschaftsdisziplin gefunden hat und dass das Hauptziel seiner jahrzehntelangen Sammlung klinischer Daten die Bildung einer Theorie war, dann würde für die Psychoanalyse im 20. Jahrhundert gelten, was Einstein über die Physik im 17. Jahrhundert gesagt hat: Sie bediene sich »vorwiegend induktiver Methoden der Wissenschaft, wie sie dem jugendlichen Stande der Wissenschaft entsprechen«.

In diesem Fall muss die Qualität der Daten selbst in Zweifel gezogen werden. Im Vorwort zum *Abriss* schrieb Freud:»Die Aufstellungen der Psychoanalyse ruhen auf einer unabsehbaren Fülle von Beobachtungen und Erfahrungen, und nur wer diese Beobachtungen an sich und anderen wiederholt, hat den Weg zu einem eigenen Urteil eingeschlagen.« Zweifellos hat Freud diesen Vorbehalt eingefügt, um möglichen Kritikern zuvorzukommen. Doch wenn die Analyse das Instrument zur Entdeckung und Untersuchung der Daten dieses neuen Wissenszweiges ist, dann sind die Fallgeschichten das Äquivalent der frühesten astronomischen oder anatomischen Daten. Sie sind also nur so gut wie der Künstler. Egal, wie genau sie sind, verglichen mit den Fotografien eines Teleskops oder Mikroskops (oder digital gespeicherter Daten), können sie nach den Standards der modernen Naturwissenschaft nur hoffnungslos subjektiv, wenn nicht sogar primitiv erscheinen.

Nun bildeten aber diese Standards die Grundlage für den Streit über die Legitimität der Psychoanalyse, der zu Freuds Lebzeiten und – infolge der Nachwirkungen seiner Beharrlichkeit – noch einige Zeit danach ausgefochten wurde. Noch 1949 – zehn Jahre nach Freuds Tod – sprach ein amerikanischer Psychoanalytiker herablassend von »jener stetig abnehmenden, aber immer noch beträchtlichen Gruppe von Psychologen, für die die Methoden und der Gegenstandsbereich der Psychoanalyse außerhalb der Naturwissenschaft angesiedelt sind«. Im selben Jahr allerdings entschied sich das Organisationskomitee einer einflussreichen Vortragsreihe am California Institute of Technology, ein Symposion zur Psychoanalyse zu veranstalten, »weil es viele Fragen zum wissenschaftlichen Status der Psychoanalyse gibt«.

Wie Galilei behauptete, er habe alles am Himmel gesehen, was wert sei, gesehen zu werden, so hatte auch Freud den Bogen überspannt. Er neigte zu Übertreibungen, und als seine Briefe und anderen Privatpapiere im Laufe der 1950er Jahre bekannt wurden, erschien das Verhalten des großen, starken Mannes, der die Welt an der Hand genommen hatte, um sie in die dunkelsten Bereiche der Seele zu führen, mehr als ein wenig unheroisch.

Er hatte die Psychoanalyse als Therapie etwas zu hoch gehängt. Die *Talking Cure* war nicht wirklich eine »Kur«, eine Heilung, in dem Sinne, dass sie immer klappte. Selbst in den Fallstudien, über die Freud berichtet hatte, waren die kathartische Erlösung und Befreiung des Patienten von seinen Symptomen bei näherem Hinsehen nicht immer von Dauer gewesen. Was Darwin einst einem Freund in einem Brief anvertraut hatte, galt auch für Freud: »Im Allgemeinen hast du natürlich nur zu Recht, wenn du meinst, dass meine Arbeit beklagenswert hypothetisch & in großen Teilen keineswegs als induktiv zu bezeichnen ist; mein häufigster Fehler ist wahrscheinlich der induktive Schluss aus zu wenigen Fakten.«

Auch als Instrument zur Erforschung des Geistes hatte Freud die Psychoanalyse zu hoch gehängt. Nach eigenem Eingeständnis war er zweimal auf Hindernisse gestoßen, welche die Wirksamkeit der Technik in Frage gestellt hatten. Das erste ergab sich in den 1890er Jahren bei seinem Versuch, eine Verführungstheorie zu formulieren, der zufolge die Berichte Erwachsener über sexuellen Missbrauch in der Kindheit alle auf tatsächlichen Ereignissen beruhten. Doch in diesem Falle hätten, wie Freud in der Folge klar wurde, Inzest und Pädophilie epidemische Ausmaße besessen, zumindest in den gebildeten Kreisen Wiens. Schließlich gab Freud die Verführungstheorie auf und ersetzte sie durch den Versuch, die Rolle der Phantasie in den Erinnerungen Erwachsener zu verstehen. Das zweite, möglicherweise mit dem ersten verwandte, Hindernis war seine Einsicht in die Bedeutung von Übertragung und Gegenübertragung – die Art und Weise, wie ein Therapeut die Reaktionen eines Analysanden beeinflussen kann und umgekehrt. In beiden Fällen behauptete Freud, die scheinbaren Hindernisse in Vorteile umgewandelt zu haben: dass Phantasien, egal, ob sie einen realen Hintergrund haben oder nicht, eine psychische Wahrheit offenbaren und dass in der Interaktion des Analytikers mit einem Analysanden die Beziehung zu einer prägenden Gestalt der Vergangenheit – etwa einem Elternteil – wiederauflebt. Vielleicht stimmt das ja auch. Manche Psychoanalytiker, die sich Tag für Tag auf die Prinzipien von Phantasie und Übertragung verlassen, würden es jedenfalls behaupten. Genau diese Komplikationen aber waren schuld daran, dass die Psychoanalyse nicht wirklich das chirurgische Präzisionswerkzeug, das laserartige wissenschaftliche Instrument wurde und werden konnte, das entdeckt zu haben Freud behauptete.

Stets überzog, überreagierte, übertrieb Freud. Er überzog, als er 1886 vor der Kaiserlichen Gesellschaft der Ärzte erschien und darzulegen versuchte, was er in Paris gelernt hatte, und er überreagierte, als er später behauptete, seine Kollegen hätten die Existenz der männlichen Hysterie geleugnet und er sei aus der Gesellschaft ausgetreten (beides stimmte nicht). Er behauptete, sich nicht um die Nachwelt zu kümmern, und ging so weit, seine Papiere zu verbrennen, um seine Biographen zu verwirren, fragte sich aber gleichzeitig, ob wohl eines Tages eine Gedenktafel an dem Ort angebracht werden würde, wo ihm zum ersten Mal die Bedeutung der Träume aufgegangen war. Wiederholt verfuhr er mit seinen Freunden, wie er einst mit seinem Vater verfahren war – erst vergötterte er Breuer, dann wandte er sich gegen ihn; erst vergötterte er Fließ, dann wandte er sich gegen ihn. Womit er der Welt reichlich Grund gab, mit ihm genauso zu verfahren – ihn zu vergöttern, solange er lebte, und sich gegen ihn zu wenden, nachdem er tot war.

Er halte es für ein großes Unglück, schrieb er einmal an Martha, dass die Natur ihn nicht mit jenem unbestimmten Etwas ausgestattet habe, das anziehend auf Menschen wirke. Freud konnte sich selbst der schlimmste Feind sein. Immer wieder erlagen die Kritiker der Versuchung, sein chirurgisches Instrument gegen ihn zu verwenden und ihm damit am Zeug zu flicken. So wiesen sie nach, dass der Vater der Psychoanalyse hypochondrisch, hochtrabend, defensiv, kleinlich, wahnhaft, in Irrtümern befangen war. Solchen Versuchen lag indes ein Missverständnis des psychoanalytischen Prozesses zugrunde – jenes Prozesses, den sie mit vernichtender Ironie aufzuspießen meinten. Schließlich geht es bei der psychoanalytischen Einsicht nicht um ein »Haha-Erlebnis«, sondern um ein »Aha-Erlebnis« – nicht darum, Schwächen bloßzustellen, sondern Konflikte zu verstehen.

In der zweiten Hälfte des 20. Jahrhunderts setzte die Psychoanalyse die Arbeit an einer Theorie der Psyche fort, die das Unbewusste einbezieht. Freud übertrieb auch die Psychoanalyse als Theorie, vor allem als mit zunehmendem Alter seine Spekulationen kühner wurden. Er selbst erklärte 1920 in der Schrift *Jenseits des Lustprinzips*: »Die Durchführung dieser Idee ist jedenfalls nicht anders möglich, als daß man mehrmals nacheinander Tatsächliches mit bloß Erdachtem kombiniert und sich dabei weit von der Beobachtung entfernt. Man weiß, daß das Endergebnis um so verläßlicher wird, je öfter man dies während des Aufbaues einer Theorie tut, aber der Grad der Unsicherheit ist nicht angebbar. Man kann dabei glücklich geraten haben oder schmählich in die Irre gegangen sein.«

Ist Freud in die Irre gegangen, und wenn ja, wie weit? Im Verlauf des Jahrhunderts verblasste Freuds unmittelbarer Einfluss. Immer häufiger stellten sich die Psychoanalytiker selbst diese Fragen – und reklamierten die Psychoanalyse damit als ihre eigene Theorie und Methode.

Insofern kann der Vergleich mit der Kosmologie auch einen Unterschied deutlich machen, der nicht nur in der Reife liegt, sondern auch prinzipieller Natur ist. Wer von der Psychoanalyse verlangt, sie solle wissenschaftlich im Sinne der Falsifizierbarkeit sein, der fordert das Unmögliche oder lässt sich auf eine semantische Haarspalterei über die Bedeutung von Wissenschaftlichkeit ein. Wir können die Definition von Wissenschaft so erweitern, dass sie alle Erkenntnisbemühungen einschließt, die nicht im strengen Sinne des Wortes falsifizierbar sind. Das war der Weg, den die Psychoanalyse, Freud folgend, in der ersten Hälfte des 20. Jahrhunderts einschlug. Wir können diese Wissenschaften oder Pseudowissenschaften aber auch ihren eigenen (vermutlich hohen und anspruchsvollen) Maßstäben unterwerfen, die nichts mit Falsifizierbarkeit zu tun haben.

In gewisser Weise kam diese Auffassung auch 1959 zum 100. Jahrestag der Erstveröffentlichung von Darwins *Entstehung der Arten* zum Ausdruck. Im Leitartikel einer Ausgabe der Zeitschrift *Science* aus diesem Jahr hieß es: »Die wichtigste Lehre, die wir heute aus der Evolutionstheorie ziehen können, ist ein negativer Schluss: Die Theorie zeigt, was wissenschaftliche Erklärungen nicht leisten müssen« – nämlich Vorhersagen zu machen. Was Freuds Lehrer Carl Claus – der Darwin-Experte, der die zoologische Fakultät der Universität leitete, als Freud sein Studium begann – einst von Darwins Theorie sagte, galt noch immer und ließ sich nun auch auf die Psychoanalyse übertragen: Es werde sich rasch zeigen, dass ein direkter Beweis derzeit und vielleicht auf Dauer unmöglich sei.

Das Problem lag in der Zahl der Variablen. Eine Naturwissenschaft wie die Physik konnte es sich leisten, Vorhersagen zu machen, weil sie nur mit wenigen Variablen in ursprünglichen, idealisierten Zuständen zu tun hatte. Nehmen Sie zwei Himmelskörper, die sich umeinander bewegen, und sie können ihre Bewegungen bis in alle Ewigkeit mit mathematischer Genauigkeit beschreiben. Nehmen Sie die Bewegungen eines Universums, und Sie könnten sich, wären Sie Laplace, einreden, dass Sie in der Lage wären, die Bewegungen bis in alle Ewigkeit mit mathematischer Genauigkeit zu beschreiben, falls Sie die aktuellen Positionen und Geschwindigkeiten aller Teile kennen würden (was nicht der Fall war, wie Laplace wusste, und nicht der Fall sein konnte, wie Heisenberg nach jenem bedeutsamen Spaziergang mit Einstein im Jahr 1926 erkennen sollte, doch das ist eine andere Geschichte – die Geschichte der Unschärferelation und Quantenmechanik).

Nehmen Sie dagegen einen *Menschen*, und vorbei ist es mit allen Vorhersagen.

Eigentlich war diese Erkenntnis nur eine Variation auf eine Entdeckung, die Freud längst gemacht hatte, allerdings ohne recht zu verstehen, welche Bedeutung sie für den wissenschaftlichen Wert seines Werkes insgesamt hatte. Wir sind »überdeterminiert« – ein Begriff, den er prägte, um Konstellationen zu beschreiben, an denen eine große Vielzahl von Variablen beteiligt sind und die daher auch für eine Vielzahl von Interpretationen offen stehen. Betrachten wir beispielsweise den Traum von seinem Vater. Was bedeutete »Augen/ein Auge zudrücken« genau? Bezog sich der Ausdruck auf die ewige Ruhe des Toten? Meinte er den Wunsch des Sohnes, die Augen abzuwenden? Oder betraf er möglicherweise die Psychoanalyse selbst – die Methode, die Freud zu diesem Zeitpunkt gerade entwickelte, eine Methode, die nicht nur von den Analysanden ganz wörtlich verlangte, ruhig dazuliegen und die Augen zu schließen, sondern auch von Freud im übertragenen Sinne erwartete, dass er *seine* Augen schloss und sich auf die Daten verließ, die hinter den unmittelbaren Wahrnehmungen seiner Sinne lagen?

Seit 300 Jahren hatte die Zahl der Objekte am Himmel und im menschlichen Körper mit jeder Verbesserung des Teleskops und des Mikroskops zugenommen. Diese Fortschritte in der Wahrnehmung hatten die selbstverständliche Annahme genährt, der Weg zu neuen Entdeckungen führe über weitere technische Verbesserungen – was in der Tat ein gangbarer Weg war. Die Erkenntnisse aber, die die nichtoptische Astronomie und die psychoanalytische Theorie lieferten, wurden nicht dadurch gewonnen, dass man mehr von dem sah, was bereits vorhanden war – dass man weiter oder tiefer sah. Wie die begrifflichen Sprünge, durch die Einstein und Freud zur relativen Zeit beziehungsweise dem dynamischen Unbewussten kamen, so dienten auch diese Wahrnehmungssprünge dazu, etwas *anderes* zu finden – ein Parallelphänomen: ein Universum, das neben demjenigen existierte, das wir zu kennen meinten.

Schwarze Löcher mochten ein Extremfall der Astrophysik sein, doch genau solche Phänomene konnten die Astrophysiker mittels hochenergetischer Wellen entdecken: einige der extremsten, energiereichsten und heftigsten Ereignisse im bekannten Uni-

versum. Anfang des 21. Jahrhunderts löste das Röntgenweltraum-
teleskop Chandra die Rätsel, die der Start der ersten Röntgen-
Rakete im Jahr 1962 aufgeworfen hatte. Nach den neuesten
Theorien handelt es sich bei den individuellen Röntgenquellen
um Schwarze Löcher in unserer Galaxis und bei der diffusen
Röntgenhintergrundstrahlung um Schwarze Löcher in anderen
Galaxien.

Wie der unsichtbare Teil des elektromagnetischen Spektrums
den schmalen Ausschnitt der Sichtbarkeit weit übertrifft, so reicht
der unbewusste Teil unserer Existenz weit über den bewussten
hinaus. Falls sich das frühe Stadium der Psychoanalyse wirklich
besser mit Metaphern als mit empirischen Daten beschreiben
lässt, so brauchen die alten Metaphern heute eine Aktualisierung:
Das Unbewusste ist weder der unter Wasser befindliche Teil eines
Eisbergs noch ein überfluteter Kontinent, sondern der Ozean
selbst, tief, riesig und, nach einer erst hundertjährigen Geschichte
dieser neuen Wissenschaft, noch immer unergründlich.

Im Laufe des 17. Jahrhunderts erlebte das Universum in unserer Vorstellungswelt eine Wiedergeburt. Nicht nur wurde die
Erde ein Planet unter anderen und der Mensch ein Tier unter
anderen, nicht nur waren Newton und Descartes bemüht, die Bewegungen der Erde und des Menschen vorhersagbar zu machen,
sondern infolge aller dieser Entwicklungen geriet auch das
Universum unzweifelhaft in Bewegung. Ähnlich haben wir im
20. Jahrhundert eine ganz neue Vorstellung vom Universum entwickelt. Durch die Erschließung des Unsichtbaren sind wir in der
Lage, die Bewegung des Universums *in der Zeit* zu sehen.

Die war schon immer vorhanden. Schließlich *setzt* Bewegung
das Verstreichen von Zeit *voraus*. Sonst könnten wir nicht von A
nach B gelangen.

Während die Endlichkeit der Lichtgeschwindigkeit in Newtons Bild vom äußeren Universum nur implizit war, machte Ein-

stein sie zu einem zentralen Punkt seiner Theorie. Freud ent-
schlüsselte in den Werken von Künstlern und Philosophen den
Subtext, der unser inneres Universum betraf, und hob ihn auf die
Textebene. So hat das Unsichtbare uns allen erlaubt, das zu erfassen, was der Vorstellung von einem bewegten Universum implizit war, und es explizit zu machen: Es bewegt sich in der Zeit.
Wenn wir heute das äußere Universum sehen – etwa Farbfotos
von den Mikrowellen-Überresten des Urknalls –, erblicken wir
ein System mit einem Anfang und vielleicht auch einem Ende.
Wenn wir heute das innere Universum sehen – das Verhalten
von Menschen, mit denen wir befreundet sind oder die wir auch
nur flüchtig kennen –, erblicken wir eine Vergangenheit, die die
Gegenwart erklärt. Wir sind zu Menschen mit Röntgenaugen
geworden.

Was ist Gravitation? An der Wende zum 21. Jahrhundert
schätzen die Physiker, dass es etwa 125 Milliarden Galaxien im
Universum gibt und das jede von ihnen rund 50 Millionen
Schwarze Löcher enthält, was die Gesamtpopulation des Universums auf über fünf Trillionen Schwarze Löcher bringt. Die
Forscher können uns freilich noch immer nicht sagen, was jenseits
des Ereignishorizonts geschieht, der Hülle des Schwarzen Loches,
von der es keine Wiederkehr mehr gibt.

Was ist Bewusstsein? An der Wende zum 21. Jahrhundert
schätzen die Neuroanatomen, dass die menschliche Großhirn-
rinde 100 Milliarden Neuronen enthält, jede mit 1000 bis 10 000
Synapsen ausgestattet, so dass sich insgesamt rund 100 Billionen
Verbindungen ergeben. Die Forscher können uns jedoch noch
immer nicht genau sagen, was ein Gedanke ist.

Ein Jahrhundert ist kein sehr langer Zeitraum – ganz gewiss
nicht gemessen an der Dauer unseres Universums oder an der
unserer Art und noch nicht einmal an der der Wissenschaft.
Die nichtoptische Astronomie und die psychoanalytische Technik

erwuchsen aus einem gemeinsamen Bedürfnis und haben eine gemeinsame Sehweise geschaffen: nicht, dass es mehr im Universum gibt, als mit bloßem Auge zu sehen ist, nicht, dass es mehr im Universum gibt, als mit einem Auge zu sehen ist, dessen Fähigkeit durch Instrumente gesteigert ist, sondern dass es mehr im Universum gibt, *als überhaupt mit dem Auge zu sehen ist.* Wer konnte es wissen? Schließlich hätten die nichtoptischen Wellenlängen oder die Gedanken der Menschen genauso gut nichts offenbaren können, von dem wir nicht schon wussten, und das, wovon wir bereits wussten, hätte gut alles sein können, was es zu wissen gab. Die das Auge unterstützenden Instrumente, die mehr sehen als das bloße Auge allein – die mehr sehen als Teleskope oder Mikroskope –, *mussten* sich nicht unbedingt zur Erforschung der Natur eignen; die Erfindung von Instrumenten, die sehen konnten, was im äußeren und inneren Universum nicht sichtbar war, *musste* nicht unbedingt neue Horizonte erschließen. Aber sie taten es.

Und das ist – nach 400 Jahren der Suche nach den Geheimnissen im vollkommen sichtbaren Universum und nach hundert Jahren der Suche nach weiteren Geheimnissen in verborgenen Universen, dem äußeren wie dem inneren – immerhin ein Anfang.

Danksagung

Dank schuldet der Autor Dawn Drzal für ihre Hilfe bei der Formulierung des Proposals, Barbara Grossman für ihre rückhaltlose Unterstützung, Christopher Potter für seine augenblickliche und beständige Begeisterung, Wendy Wolf für ihren kundigen Umgang mit dem Manuskript, ihre Geduld und Zuversicht (und noch einmal für ihre Geduld), Beena Kamlani für das verborgene Universum ihres redaktionellen Wissens, Henry Dunow für Rat und Ausdauer, Gino Segrè für seine Informationen über Einstein, Robert Galatzer-Levy für seine Informationen über Freud, die Corporation of Yaddo für die Großzügigkeit, mit der sie Raum und Zeit zur Verfügung stellte, und schließlich Gabriel und Charlie dafür, dass sie einmal mehr Nachsicht gegenüber ihrem Vater übten.

Anmerkungen

Prolog

11 Sie haben sich nur einmal getroffen: Freud Gesammelte Werke 1942 ff. (im Folgenden abgekürzt mit GW), Bd. 16, S. 11.

11 Während der Neujahrsferien: Jones 1982, Bd. 3, S. 160.

11 gerne im Dunkel: Fölsing 1995a, S. 735.

11 Er ... versteht von Psychologie: Ebenda.

12 »eine Ansammlung von unzähligen«: Galilei 2002, S. 109.

12 1674 berichtete Antoni van Leeuwenhoek: Dictionary of Scientists, S. 329.

12 »mehr als eine Million Lebewesen«: Ebenda.

12 »eine unglaublich große«: »Antony van Leeuwenhoek (1632 bis 1723)«, www.ucmp.berkeley.edu/history/leeuwenhoek.html.

Kapitel eins
Mehr Dinge im Himmel

19 Sein Vater hatte: Einstein 1951a, S. 3.

20 »gleichsam mit dem Finger«: Poincaré 1914b, S. 171.

20 Einstein machte sich auf: Einstein 1987, S. 4–5.

21 »Nach allem, was«: Einstein 1987, S. 169.

21 Am 28. November 1846: Thompson, S. 1015.

21 einer dreitägigen Festveranstaltung: Gray, 18. Juni 1896, S. 151 bis 152; Gray, 25. Juni 1896, S. 173–175.

21 »Seit dem 28. November 1846«: Thompson, S. 1065.

21 »Ich gebe mich nie«: a. a. O., S. 835.

22 Eine dieser Demonstrationen: Gray 1908, S. 290–291.

23 Der Hörsaal: a. a. O., S. 279.

23 Den Cambridger Physiker: Zajonc, S. 148.

24 Bei anderen Gelegenheiten: Gray 1908, S. 257; Thompson S. 818.

24 »Die Anwendung dieser«: Gray 1908, S. 258.

24 Er wollte zwei Lichtstrahlen: Swenson, S. 26.

25 Die Berliner Daten: Fölsing 1995a, S. 184.

25 »Einer Sache dürfen«: Thompson, S. 1035.

25 »Es ist zu hoffen«: Kelvin, S. III–IV.

26 ein Ergebnis von 10 Prozent: Swenson, S. 28.

26 »Der Lichtäther«: Ebenda.

26 »Ich kann keinen Fehler«: Kelvin, S. 406–407.

26 Kelvin sprach von: Pais 2000, S. 137.

26 »Man hätte sich sonach«: Lorentz, S. 3.

27 »Man brauchte eine Erklärung«: Poincaré 1914b, S. 173.

27 »Sicherlich ist es etwas«: Holton 1988, S. 323.

27 »Ich dachte über das«: Fölsing 1995a, S. 77.

27 Es handelt sich mehr oder weniger: Pais 2000, S. 130–132.

28 »stiefmütterlich«: Fölsing 1995a, S. 184.

28 »eine erheblich einfachere«: Pais 2000, S. 131.

28 »Wenn mir nur einmal«: Ebenda.

28 »Die Einführung des Begriffs«: Stachel 1987, S. 45.

29 »vier Wandelsternen«: Galilei 2002, S. 84

29 »einer runden und«: van Helden 1989, S. 107–108.

29 »Venus läuft um die Sonne«: Fölsing 1983, S. 227

33 Nicht lange nachdem er den Äther-Aufsatz: Einstein 1959, S. 53; Pais 2000, S. 131.

34 An besagtem Abend hatte: Pais 1982, S. 139.

34 »Ich danke dir«: Fölsing 1995a, S. 179.

34 »Wenn ich z. B. sage«: Einstein 1905, S. 893.

35 1676 hatte der dänische: Cohen, S. 346.

36 »Ich habe tiefer ins All geblickt«: Gärtner, S. 138.

39 »einen tiefen Einfluß«: Einstein 1951a, S. 8.

40 »Die absolute Bewegung«: Newton 1988, S. 44, 45.

40 »Die wahren Bewegungen«: a. a. O., S. 51.

40 »Wir stimmen dem mit Recht«: Mach 1991, S. 243.

41 »das historisch Ältere«: a. a. O., S. 472.

41 »dogmatischen Glauben«: Einstein 1951a, S. 8.

41 »Wir wollen diese Vermutung«: Einstein 1905, S. 891, 892;
Stachel 2001, S. 142.

41 »nur scheinbar unverträgliche«: Miller 1997, S. 373.

42 »Einführung eines Lichtäthers«: Einstein 1905, S. 892.

44 »nicht aufhebbare Beziehung«: Fölsing 1995a, S. 179.

44 »Sie liefert«: Einstein 2001, S. 9.

45 »Den Rest meines Lebens«: Clark 1999, S. 252.

Kapitel zwei
Mehr Dinge auf Erden

47 Sein Vater hatte ihm: Freud GW, Bd. 2/3, S. 203.

48 »Schwelle des Geistes«: Pais 2000, S. 135.

48 »Ich weiß, dass das vorliegende«: Bernfeld 1949, S. 179.

50 »Die unendliche Verwirrung«: Clarke und Jacyna, S. 10.

50 1827, nur ein Jahr nach der Erfindung: Clark und Jacyna, S. 60.

51 »anstelle von Kügelchen«: a. a. O., S. 389.

51 »Leider jedoch ist«: a. a. O., S. 84.

52 Wenn aber die Zellen: Clarke und Jacyna, S. 10.

53 »Eine Verbindung mit«: Clarke und Jacyna, S. 99.

54 »[Ich habe mich]«: Freud 1950, S. 106.

54 »Kongresse«: Masson, S. XII.

55 »Ich schreibe so wenig«: Freud 1950, S. 110.

55 »Der Entwurf enthält«: a. a. O., S. 305.

55 »die Kenntnis der Neuronen«: a. a. O., S. 307.

55 »[Ich] bin dabei abwechselnd«: a. a. O., S. 112.

55 »In einer fleißigen Nacht«: a. a. O., S. 115.

56 »ein gutes Stück«: a. a. O., S. 118.

56 »klarer machen«: Ebenda.

56 »Den Geisteszustand«: a. a. O., S. 119–120.

57 »von den vorzüglichsten«: Descartes 1993, S. 9.

58 »alles bis zum Grund«: Descartes 2004, S. 51.

58 »keine andere Wissenschaft«: Descartes 2004, S. 10.

58 »verstümmelt«: Ebenda.

59 der englische Arzt Richard Mead: Serota, S. 227.

59 der deutsche Arzt Franz Anton Mesmer: Ebenda.

59 dem deutschen Philosophen Johann Friedrich Herbart: Margetts, S. 127–128.

59 »Die reguläre Ordnung«: Jones 1982, Bd. 1, S. 431.

60 veröffentlichte Sigmund Exner: a. a. O., Bd. 1, S. 439.

60 Als Student in den 1870er Jahren: Bernfeld 1951, S. 214.

61 Zweimal entwickelte er selbst: Bernfeld 1949, S. 181–182.

61 Da er sich außerstande sah: a. a. O., S. 179.

61 »Den Ausgangspunkt für diese«: Freud GW, Bd. 17, S. 79.

62 »Eine Vorstellung«: a. a. O., Bd. 8, S. 430.

62 »alltäglich die Erfahrung«: a. a. O., Bd. 10, S. 264.

62 »Inzwischen aber war sie«: a. a. O., Bd. 13, S. 240.

63 1822, viele Jahre zuvor: Jones 1982, Bd. 1, S. 269.

63 »gar nicht oder nur sehr unvollkommen«: Freud GW, Bd. 14, S. 44.

64 »Katharsis«: Jones 1982, Bd. 1, S. 267.

65 »Der Moment, in welchem der Arzt«: Freud 1995, S. 20.

65 Beispielsweise litt Anna O.: Freud GW, Nachtragsband, S. 223 bis 226.

65 Daher verlegte sie sich: a.a.O., S. 236–237.

65 Cäcilie M., die Schmerzen: a.a.O., Bd. 1, S. 249.

66 »Cessante causa«: Freud 1995, S. 20.

66 In der Nacht vor dem Begräbnis: Freud GW, Bd. 2/3, S. 322.

66 »Man bittet die Augen«: a.a.O., S. 322–323.

66 »das bedeutsamste Ereignis«: a.a.O., S. X.

67 »Auf irgendeinem dunkeln Wege«: Freud 1950, S. 149.

Kapitel drei
Bis zum Äußersten

69 Am 8. November 1895 hatte: Nitske, S. 3–5.

70 »Der Röntgen ist wohl«: Fölsing 1995b, S. 142.

70 Am 22. Dezember bat er Bertha: a.a.O., S. 153.

70 Am Neujahrstag machte Röntgen: a.a.O., S. 153–155.

70 Der erste Zeitungsbericht: Nitske, S. 112–113.

70 »Die Naturwissenschaftler«: »Hidden Solids Revealed«, The New York Times, 16. Januar 1896.

71 Als eine englische Übersetzung: »Prof. Röntgen's X-Rays«, The New York Times, 5. Februar 1896.

71 Am 13. Januar wurde Röntgen: Fölsing 1995b, S. 166–168.

71 Röntgen gab nur ein einziges: a.a.O., S. 45, 173–174.

71 »Mir war nach wenigen Tagen«: a.a.O., S. 172.

71 »Längsschwingungen im Äther«: »No New Light Found«, The New York Times, 9. Februar 1896.

72 Derweilen berichtete die Zeitschrift: Nitske, S. 121.

72 Ein gewisser Ingels Rogers: Ebenda.

72 während ein Dr. Baraduc: »A test of Credulity«, The New York Times, 28. Juni 1896.

72 »wenn Sie ins Haus gehen«: Edwin E. Slosson, »Sun Dogs«, The Independent, 2. Oktober 1920, S. 2.

72 noch nicht einmal Röntgen selbst: Nitske, S. 317.

72 »Kein Krankenhaus im Land«: »About X-Ray Photography«, The New York Times, 6. September 1896.

74 »gewiß, daß alle, selbst die Ärzte«: Descartes 1961, S. 58.

74 »Mir allein und niemand anders«: Kolb, S. 80.

74 »Alle Rätsel des Himmels«: van Helden 1974, S. 54.

75 Als Newton in den 1670er Jahren: Zajonc, S. 107.

75 Er paraphrasierte nämlich: a. a. O., S. 100.

77 1655 hatte der holländische Astronom: Learner, S. 20.

77 1671 und 1672 wurden: North, S. 345.

78 das »bloße Auge«: Oxford English Dictionary online.

79 »Niemand wird auch nur einen Augenblick«: Badash, S. 52.

79 »Es hatte den Anschein«: a. a. O., S. 53.

79 die »sechste Dezimalstelle«: Weiner, S. 9.

79 »dass man allenfalls noch«: Badash, S. 55.

80 »Wenn die Öffentlichkeit«: a. a. O., S. 53.

80 »Offenbar scheint die Ansicht«: a. a. O., S. 50.

80 »Genaue und eingehende Messungen«: a. a. O., S. 57.

81 »Vor hundert Jahren galt«: Swenson, S. 27–28.

83 dem »Schritt«: Pais 2000, S. 161.

83 »Es ist nicht unwahrscheinlich«: Einstein 1916, S. 103.

83 Allerdings kam ein anderer Physiker: Miller 1984, S. 118.

84 Viele Leser verstanden: Ebenda.

84 »überflüssig«: Einstein 1905, S. 892.

84 1893 wurde Poincaré: Galison, S. 228.

85 »Es ist klar, dass die Aufnahme«: Poincaré 1910, S. 41.

86 »Die Uhren, die in dieser Weise«: Fölsing 1995a, S. 187.

86 »Sie ist so außerordentlich hoch«: Cohen, S. 146.

86 Ein Zug, der sich nicht eng: Galison, S. 222.

87 »nicht nur die Stunde zu meistern«: a. a. O., S. 231.

87 Besonders deutlich wurde Einstein: a. a. O., S. 225.

87 »Meine Lösung war«: Fölsing 1995a, S. 179.

87 »Wir müssen uns«: Poincaré 1914b, S. 145.

87 »war unerkannt«: Einstein 1951a, S. 20.

87 »Die Philosophen heißen in ihrer«: Freud GW, Bd. 14, S. 103.

88 wobei Freud selbst zugab: a.a.O., Bd. 10, S. 53.

88 Der griechische Arzt Galen: Whyte, S. 78.

88 vor Descartes fragte sich Augustinus: Ellenberger 1957, S. 3.

88 »Unsere klaren Begriffe«: Whyte, S. 99.

89 »Im Verstand gibt es Leben und Bewegung«: a.a.O., S. 160–161.

89 »Der Schlüssel zur Erkenntnis«: Carus 1846, S. 1.

89 1869 vermochte der junge: a.a.O., S. 163–165.

89 1890 verglich der Amerikaner: James, Bd. 1, S. 224–290.

90 »Dr. Josef Breuer und Dr. Sigm. Freud«: Ebenda.

90 »[Wir dürfen] wohl aus diesen Beobachtungen«: Freud GW, Bd. 1, S. 86.

91 »hypnoiden Zustand«: a.a.O., Bd. 1, S. 91; Bd. 17, S. 17.

91 »[Ich werde sie] als Abwehrhysterie«: a.a.O., Bd. 1, S. 61.

91 »Ich [lasse] mich ... gerne«: a.a.O., S. 289.

91 »Allein ich finde«: a.a.O., S. 429.

91 »Damit war eine neue Frage«: a.a.O., Bd. 14, S. 47.

Kapitel vier
Der Sprung in den Glauben

97 Im Geiste fiel er: Pais 2000, S. 175.

98 »glücklichsten Gedanken«: Ebenda.

98 »Ich muss Ihnen offen sagen«: Fölsing 1995a, S. 271.

98 sogar »hübsches«: a.a.O., S. 122.

99 »noch acht Stunden Allotria«: Ebenda.

99 »da in meiner freien Zeit«: a.a.O., S. 193; Pais 2000, S. 162–163.

99 »da sie ungemein abwechslungsreich«: a.a.O. S. 122.

99 »Vielseitig«: Ebenda.

99 »Wenn sie ein Gesuch«: a.a.O., S. 124.

100 Bevor er den *Jahrbuch*-Artikel: Pais 2000, S. 175 ff.

100 »Eigentlich [hätte ich]«: Einstein 1951a, S. 5–6.

101 Mit zwölf Jahren: a.a.O., S. 3.

102 »tiefe Religiosität«: a.a.O., S. 1.

102 Ein entfernter Verwandter: Einstein 1987, S. XIX–XX.

102 »[Ich] kam ... bald«: Einstein 1951a, S. 1.

103 Als er dreizehn war: Einstein 1987, S. XX.

103 »Auch schienen mir die Gegenstände«: Einstein 1951b, S. 4.

104 »in der das Bestehen«: Einstein 2001a, S. 164.

104 »Die Annahmen«: Frank 1949, S. 221.

105 Im Jahr 1600 trat Kepler: Kolb, S. 55.

105 Statt sich allerdings: a.a.O., S. 61.

106 »Ach, was für ein lächerlicher«: a.a.O., S. 65.

107 Im Jahr 1588 erklärte dann aber Tycho Brahe: Friedman, S. 52.

107 der englische Arzt William Gilbert 1600: Boorstin, S. 311.

109 Um diese beiden Ideen: Weinberg, S. 11.

109 »Ziemlich genau«: Weaver 1957, S. 1229.

109 Das war die Frage: Westfall, S. 403.

110 »Ein Verstand, der«: Spangenburg und Moser, S. 25.

112 In diesem Zeitraum nahmen: Pais 2000, S. 186.

112 Im Juni 1911 reichte Einstein: Pais 2000, S. 201.

113 »Ich möchte alle Kollegen«: a.a.O., S. 211.

113 »Sie begreifen«: Fölsing 1995a, S. 370.

113 Einstein hatte in seiner: Frank 1989, S. 95–96.

114 Die erwähnten Vorlesungsmitschriften: Pais 2001, S. 44.

114 eine Stellung am Berner Patentamt: a.a.O., S. 46–47.

115 1901 hatte Einstein die Mathematik: Einstein 1987, S. 190.

115 »nicht selbstverständlich«: Pais 2001, S. 201.

115 »Gegen dies Problem«: Fölsing 1995a, S. 357.

116 unter den Vorlesungen: Bernstein, S. 108.

116 »Aber das eine ist sicher«: Fölsing 1995a, S. 357.

117 »Ich komme auf dies Thema«: Einstein 1990a, S. 72.

117 »Auf theoretischem Wege«: Fölsing 1995a, S. 364.

117 Am Heiligen Abend des Jahres 1907: a.a.O., S. 348.

118 Im Jahr 1840 hatte der Direktor: Roseveare, S. 20.

119 Nach seinen Berechnungen: a.a.O., S. 11.

119 Aufgrund der vielen hundert: a.a.O., S. 21.

119 weitere 38 Bogensekunden: a.a.O., S. 23.

119 diesen Wert auf 42,95: a.a.O., S. 41.

119 Le Verrrier versuchte: a.a.O., S. 23.

120 Vulkan taufte Le Verrier: a.a.O., S. 25.

120 ein Asteroidengürtel: a.a.O., S. 24.

120 ein Mond des Merkurs: Pais 2001, S. 257.

120 »materiellen Grund«: Roseveare, S. 20.

120 Einige Forscher behaupteten: a.a.O., S. 25.

120 Schließlich begannen: a.a.O., S. 95–113, Pais 2001, S. 257 bis 258.

121 30 Bogenminuten: Overbye, S. 257.

121 »Die Gravitationsangelegenheit«: a.a.O., S. 276.

121 Ein Jahr später: Pais 2001, S. 247, 252–253.

121 »vollständig das Vertrauen«: a.a.O., S. 253.

121 In der folgenden Woche: a.a.O., S. 255–256.

122 exakt 43 Bogensekunden: a.a.O., S. 258.

122 »wäre etwas zersprungen«: a.a.O., S. 256.

122 »Ich war einige Tage«: Ebenda.

123 »Ich wusste ja, dass die Theorie«: Fölsing 1995a, S. 496.

123 Deshalb hatte er brieflich: a.a.O., S. 495.

123 »Heute eine freudige Nachricht«: a.a.O., S. 496.

123 Nun bin ich vollkommen«: a.a.O., S. 365.

124 Zum Glück für Einstein: a.a.O., S. 401–403.

124 sie sagte noch immer eine Ablenkung: Pais 2001, S. 305–306.

124 »nach meiner Ansicht«: Einstein 1990b, S. 109.

125 »Diese Übereinstimmung«: Roseveare, S. 182.

125 »Revolution in der Wissenschaft«: »Revolution in Science«, The Times of London, 7. November 1919.

125 »Schiefes Licht«: »Lights All Askews in the Heavens«, The New York Times, 10. November 1919.

125 »eine der bedeutendsten«: »Revolution in Science«, The Times of London, a. a. O.

126 »Dieser Bericht sorgt«: Henry Norris Russell, »The Heavens in December 1919«, Scientific American, 29. November 1919.

126 »Diese Welt ist ein sonderbares«: Fölsing 1995a, S. 513.

126 »wie ein Götzenbild«: a. a. O., S. 515.

126 Einige Beobachter führten die Wirkung: Pais 2001, S. 311.

126 scheinbaren Absurditäten: »Jazz in Scientific World«, The New York Times, 16. November 1919.

127 »bemerkenswertesten wissenschaftlichen«: »Revolution in Science«, The Times of London, a. a. O.

128 »Kosmologische Betrachtungen«: Einstein 1990c, S. 130.

128 »einer vorläufig unbekannten«: a. a. O., S. 138.

129 Einer dieser Physiker war: Friedmann, S. 377–380.

129 Zunächst glaubte er, einen Fehler: Bernstein und Feinberg, S. 11.

129 zumindest einer der Lichtflecken: Hubble 1925, S. 130–142.

130 1929 entdeckte er dann noch: Hubble 1929, S. 168–171.

130 »Hierin liegt ein besonders schwerwiegender«: Einstein 1990d, S. 142.

130 »um eine quasistatistische Verteilung«: Einstein 1990c, S. 139.

131 »ungezwungener«: Einstein 1931, S. 237.

Kapitel fünf
Die Abstammung eines Menschen

133 Bei einer Zusammenkunft der Gesellschaft: Ellenberger 1985, S. 595.

134 Bei seinem ersten Auftritt: a.a.O., S. 599.

135 Er habe nichts Neues: Ebenda.

136 Denn als Freud am 13. Oktober 1885: Sulloway, S. 39.

136 »Natur! Wir sind von ihr«: Goethe, Bd. 16, S. 921.

137 Als er Anfang 1873: Freud GW, Bd. 14, S. 34.

137 »leidenden Menschen zu helfen«: a.a.O., S. 290.

137 »Naturforscher zu werden«: Gay, S. 34.

137 »Auf die Frage«: a.a.O., S. 37.

138 So entstand 1543: Dictionary of Scientists, S. 537.

139 In der ersten Ausgabe: Singer, S. 178.

139 »Die Herzscheidewand ist so dick«: a.a.O., S. 179.

139 »bei der Sache selbst«: a.a.O., S. 177.

139 »animalische Geister«: Ramon M. Cosenza, »Spirits, Brains and Minds: The Historical Evolution of Concepts of the Mind«, www.epub.org.br/cm/nlb/history/mind=history_i.htlm.

140 »Denn da diese Bewegung«: Descartes 1993, S. 44.

140 »Um das [F]olgende leichter«: a.a.O., S. 44 f.

140 »bloß aus der Ordnung«: a.a.O., S. 47.

140 »Ich könnte hier noch«: Descartes 1989, S. 57.

140 Der englische Arzt William Harvey: Dictionary of Scientists, S. 240 bis 241.

141 »Und tatsächlich kann man«: Descartes 1969, S. 56–57.

142 »das ganze Gehirn«: Descartes 1985, S. 53.

142 Goethe war zwar nicht: Freud, GW, Bd. 14, S. 34.

142 »unmögliche Synthese«: Goethe, Bd. 23, S. 456.

142 »der Mensch aufs Nächste«: Goethe, Bd. 18, S. 813.

142 »Im Menschen ist das Tierische«: Goethe, Bd. 17, S. 232.

142 »ich war schon am Leben«: Freud GW, Bd. 15, S. 187.

142 »Licht wird auf den Ursprung«: Darwin, S. 564.

142 in seinem Bücherregal: Ritvo 1990, S. 65.

143 »Der Mensch ist nicht anders«: Freud GW, Bd. 12, S. 8.

143 »Ich sehe keine Möglichkeit«: Erikson, S. 42.

143 »Die damals aktuelle Lehre«: Freud GW, Bd. 14, S. 34.

143 Im selben Jahr wie Freud: Ritvo 1990, S. 113–114.

144 Dies verschaffte Freud: a.a.O., S. 116.

144 die mit Aristoteles beginnt: Bernfeld 1949, S. 165.

144 1842 schrieb: Cranefield S. 408.

144 »als unwägbare Wirkkraft«: Clarke und Jacyna, S. 194.

145 Sie hatten Materie, Bewegung: Bernfeld 1944, S. 349.

145 Das war die Grundlage von Brückes: Ebenda.

145 Freud sollte der Frage: Bernfeld 1949, S. 176.

145 »Brücke hatte mich«: Freud, GW, Bd. 14, S. 35.

146 »die bête noire«: a.a.O., Nachtragsband, S. 72.

146 »allgemeiner Nervosität«: a.a.O., S. 73.

146 »Napoleon der Neurosen«: Ellenberger 1970, S. 95.

146 »dem der Herr die Geschöpfe«: Freud 1959, S. 11.

146 durch ein Porträt: Freud GW, Bd. 1, S. 28.

147 fortan waren keine Priester: a.a.O., S. 32.

147 Als Charcot 1862: Sulloway, S. 29.

147 »junge Wissenschaft«: Freud GW, Bd. 1, S. 21.

147 »wirklich schändlichen«: Freud 1960, S. 176.

147 »scheinen mir von ganz anderer«: a.a.O., S. 192.

147 »betrügen einen dann«: Jones, Bd. 1, S. 221.

148 »Wie du merkst«: Freud 1960, S. 192.

148 »in keiner Weise darauf eingerichtet«: Freud, Nachtrag, S. 37.

148 Tatsächlich gelang es ihm: a.a.O., S. 37–38.

148 »Nach manchen Vorlesungen«: Freud 1960, S. 189.

148 »die Anatomie habe im großen«: Freud GW, Nachtragsband, S. 39.

148 »als Ausdruck der Wandlung«: Ebenda.

149 Jeden Montag hielt: a.a.O., S. 38.

149 einen Patienten vorstellen: Ellenberger 1970, S. 98.

149 Er selbst verstand sich: a.a.O., S. 96.

150 Noch spektakulärer: a.a.O., S. 95.

150 »Das Paris ist einfach«: Freud 1960, S. 193.

150 Als er eines Tages hörte: Freud GW, Bd. 14, S. 37.

150 Er wurde ein häufiger Gast: Jones, Bd. 1, S. 223.

150 »Weiße Handschuhe und Krawatte«: Freud 1960, S. 199.

150 »Was Paris für ein Zauber«: a. a. O., S. 212.

151 »Schwelle des Geistes«: Williams, Bd. 4.

152 aus finanziellen Rücksichten: Freud GW, Bd. 14, S. 35.

152 Bei der Entscheidung für: a. a. O., S. 290.

152 die Stellung eines Sekundararztes: a. a. O., S. 35.

152 wieder zum Labor hingezogen: Bernfeld 1951, S. 210.

152 Dort zeichnete er sich durch: a. a. O., S. 211–213.

152 Wirkung des Kokains: Freud GW, Bd. 14, S. 38–39.

152 Unbeabsichtigt gab Freud: a. a. O., S. 39.

153 Außerdem setzte er eine: Gay, S. 67.

153 Nach vier Monaten flossen: Sulloway, S. 35.

153 »detaillierte Vorschriften«: Freud GW, Bd. 14, S. 40.

154 weil eine Handvoll von Ärzten: Bernfeld 1951, S. 209.

154 »Die Einsicht, daß das Werk«: Freud GW, Bd. 14, S. 40.

154 sein erstes Kind: Jones 1982, Bd. 1, S. 185.

155 einen Versuch mit der Hypnose: Freud GW, Bd. 14, S. 40.

155 wo Charcot mit Hilfe: Ellenberger 1970, S. 90 und 91.

155 Man müsse sich auf den medizinischen: Sulloway, S. 42.

155 Sogar einer der eifrigsten: Serota, S. 237.

155 »mit einer Menschenseele«: Freud GW, Nachtragsband, S. 135.

155 Zunächst übertrug dieser: Ellenberger 1970, S. 91.

156 »daß es sich hierbei um grob«: Freud GW, Nachtragsband, S. 42.

156 Kurz darauf hielt er zwei Vorträge: Jones 1982, Bd. 1, S. 272 und 273.

156 Ende des folgenden Jahres: Masson, S. 5.

156 »nicht rühmenswert«: a. a. O., S. 8.

156 »Man muß aber Bernheim«: Freud GW, Nachtragsband, S. 116.

157 »dem Arzt eine mächtige«: a. a. O., S. 110.

157 Natürlich hatte Freud: Jones 1982, Bd. 1, S. 269.

157 »kein Interesse«: Freud GW, S. 44.

157 Allerdings hatte Freud: a. a. O., S. 41.

157 »Sobald ich aber diese Kunst«: a. a. O., Bd. 1, S. 165.

158 Der Tag kam im Herbst: a. a. O., S. 167, 196.

158 »siehe da«: a. a. O., Bd. 1, S. 167.

158 Bernheim legte ihm die Hand: Ebenda.

158 »Es wird ihnen jetzt einfallen«: a. a. O., S. 168.

159 Damals, im Februar 1886: a. a. O., Bd. 14, S. 38.

159 Dank seiner eingehenden: a. a. O., Nachtragsband, S. 80–81.

160 »ebenso unwissend in der Lehre«: a. a. O., Nachtragsband, S. 80–81.

160 Der Artikel erschien im Juli 1893: Masson, S. 45.

160 In seiner Bibliothek hatte er: a. a. O., S. 9.

160 »Zum Schluss werde ich«: Freud GW, Bd. 1, S. 51.

160 »einer Veränderung«: a. a. O., S. 52.

161 Wenn man nicht die der Materie: Bernfeld 1949, S. 171.

161 »der Hysterische leide«: Freud GW, Bd. 1, S. 86.

162 »In diesen Erörterungen«: a. a. O., Nachtragsband, S. 244.

162 Dann war es aber doch Breuer: a. a. O., S. 252 ff.

162 »[E]s berührt mich selbst«: a. a. O., Bd. 1, S. 227.

162 »gleichgültig, ob es ihnen«: a. a. O., S. 281.

163 »Ich hab mir nicht denken können«: Ebenda.

163 »wie die als Bettler«: a. a. O., S. 282.

163 »Das hätte ich Ihnen schon«: a. a. O., S. 281.

163 »Das Nichtwissen der Hysterischen«: a. a. O., S. 269.

164 »wohl dieselbe psychische«: a. a. O., S. 268.

164 Die Drucktechnik: a. a. O., Bd. 1, S. 53, 268–270.

165 »Lebenstriumph«: a. a. O., S. 290.

166 Er trauerte um: a. a. O., Bd. 2/3, S. X.

166 »Wie soll ich das nun«: Freud 1986, S. 337–338.

166 er schrieb einen Artikel: Freud GW, Bd. 1, S. 519–527.

167 »Es ist die Absicht«: Freud 1950, S. 305.

167 »hypnotische Analyse«: Freud, a. a. O., Bd. 1, S. 73.

167 »psychische Analyse«: a. a. O., S. 61.

167 »klinisch-psychologische Analyse«: a. a. O., S. 67.

167 Am 5. Februar 1896: a. a. O., S. 407 ff.

167 den anderen auf Deutsch: a. a. O., S. 379 ff.

167 »seine Ergebnisse der Anwendung«: a. a. O., S. 416.

168 »über die mühselige, aber vollkommen«: a. a. O., S. 379.

Kapitel sechs
Diskurs über zwei neue Wissenschaften

171 »Was ist eigentlich«: Einstein 1951a, S. 2.

172 »etwas wie de[m] eigenen«: a. a. O., S. 1.

172 »bleibt das einzige Licht«: Freud GW, Bd. 17, S. 147.

172 »Alle Wissenschaften«: a. a. O., S. 81.

174 »die mehr Wunder«: »Wonderful Things Done By the Camera«, *The New York Times*, 28. September 1895.

175 »einzigartig«: About X-Ray Photography«, *The New York Times*.

175 Am 1. März 1896: Pais 1988, S. 42.

175 »Silhouetten«: a. a. O., S. 46.

175 Noch im selben Jahr: a. a. O., S. 76.

175 Ein Jahr darauf: a. a. O., S. 85.

176 Wieder ein Jahr später: a. a. O., S. 53–56.

176 »1894 wohnte ich«: Badash, S. 55.

178 »So will ich«: Descartes 1960, S. 47.

178 »[B]loße Hypothesen«: Newton, S. 230.

178 Cogito ergo sum: Descartes 1960, S. 31.

178 »Er währt immer«: Newton, S. 227.

178 »unter der Annahme«: Descartes, S. 44.

179 »Die Idee, wonach«: Miller 1984, S. 71–72.

179 »die Bewegungen der Planeten«: Newton, S. 10–11.

180 »okkulten«: Dingle, S. 537.

180 »Sie haben dieses gewaltige«: Bell 1986, S. 181.

180 »Ich würde überhaupt nichts«: Francis Darwin 1959, Bd. II, S. 7.

180 »Jeder Astronom«: Badash, S. 53.

181 Newtons Gravitationstheorie: Roseveare, S. 95.

181 eine Schrift, die Einstein: Einstein 1951a, S. 8.

181 »Wenn jemand die Welt«: Mach, S. 483.

182 »So dürfen wir auch«: Ebenda.

183 Danach lässt sich jede: Frank 1989, S. 45.

183 Was sind Materie: Frank 1949, S. 93.

184 »Ignorabimus«: Frank: 1989, S. 45.

184 Das war auch das Kredo: Clark, S. 19.

184 Und es war schließlich: Holton 2000, S. 15.

184 »Von welcher Beschaffenheit«: Miller 1986, S. XV.

185 »In deinem letzten Brief«: Holton 1988, S. 247.

185 »[Ich] hoffe, Du wirst«: Freud 1986, S. 161.

186 »Gewinn an Sinn und Zusammenhang«: Freud GW, Bd. 10, S. 265.

187 »Ich dachte nicht«: Fölsing 1995b, S. 146.

187 Einmal trafen sich: Frank 1989, S. 104–105.

188 Allerdings lebte er: Holton 1988, S. 248

188 »Diese Theorie ist in ihren«: a. a. O., S. 247.

188 »Machs System untersucht«: a. a. O., S. 257.

188 »Der fiktive Charakter«: Einstein 1988, S. 273–274.

189 eine geistige Schuld: Einstein 1951a, S. 8.

190 »Nach und nach verzweifelte«: a. a. O., S. 19.

191 »Felder«: Zajonc, S. 165.

191 Am 10. April 1846 erklärte: a. a. O., S. 164.

191 »Diese Veränderung der Auffassung«: Einstein 2001a, S. 181.

192 »Die Bahnen waren«: a. a. O., S. 168.

192 »daß dieser spekulative«: Holton 1988, S. 250.

192 »metaphysische Erbsünde«: Einstein 1951b, S. 499.

192 »Ich glaube, daß jeder wahre«: Calaprice, S. 151.

192 »Wenn Sie von theoretischen«: Einstein 1988, S. 272.

193 Sein Kollege Werner Heisenberg: Heisenberg 2002, S. 79–80.

194 »Aufeinanderfolge von kühn«: Freud 1996, Bd. II, S. 116.

194 »Bestreben …, die Übereinstimmung: Freud GW, Bd. 15, S. 184.

195 »im 18. und 19. Jahrhundert«: Einstein 1988, S. 272.

195 »alle Erkenntnis mit Erfahrung«: a. a. O., S. 271.

195 »den grundlegenden Begriffen«: a. a. O., S. 272.

195 »Die Erfahrung bleibt natürlich«: a. a. O., S. 274.

195 »nicht als die Entdeckung«: »The Revolution in Science«, *The Times of London*.

196 »Ich empfinde die Begeisterung«: J. S. Ames, »Einstein's Law of Gravitation«, *Science*, 12. März 1920.

196 »innere Afrika«: Whyte, S. 132.

196 »Ich bin nichts als ein«: Freud 1986, S. 437.

197 »Wissenschaftler wissen seit«: »Hidden Solids Revealed«, *The New York Times*.

197 Friedrich Wilhelm Herschel: Lubbock, S. 262–263.

197 Nur sieben Jahre vor der Entdeckung: Hoffman, S. 2.

197 »Dunkelheit muß nicht«: »X-Rays Ordinary Light«, *The New York Times*, 22. März 1896.

197 »Die meisten Menschen fragen sich«: »The Cathode and X-Rays«, *The New York Times*, 15. März 1896.

198 »sich unsere Strahlungen«: »Sun Dogs«, *The Independent*.

198 »Wir verließen den Hörsaal«: Maurice Samuel, »Mr. Einstein Lectures«, *Living Age*, 21. April 1921 (Nachdruck aus dem *Manchester Guardian*).

199 »Weit gefehlt«: A. S. Eddington, »Einstein's Theory of Space and Time«, *The Contemporary Review*, Dezember 1919.

199 »Wir sehen, unsere Sinne«: Eddington, S. 34.

199 »Es spielt keine Rolle«: Edwin E. Slosson, »That Elusive Fourth Dimension«, *The Independent*, 27. Dezember 1919.

199 »An diesem Phänomen«: »Einstein's Theory of Space and Time«, *The Contemporary Review*.

200 »[D]ie Psychoanalyse«: Freud, G.W., Nachtragsband, S. 697.

200 Womöglich waren die Strahlen: »About X-Ray Photography«, *The New York Times*.

200 »Da habe ich also einen Patienten«: »Doctors Discuss the X-Ray«, *The New York Times*, 10. November 1903.

201 »können … nur wenig Interesse«: Freud GW, Bd. 8, S. 66–67.

201 »Wertvolle Bundesgenossen«: a. a. O., Bd. 7, S. 33.

201 »ernsten Gepräges der Wissenschaftlichkeit«: a. a. O., Bd. 1, S. 227.

202 Privat beklagte Freud sich: a. a. O., Bd. 14, S. 74; Freud 1986, S. 441.

202 Die Treffen der Psychoanalytischen Vereinigung: Freud 1986, S. 16.

202 1902 wurde Freud: a. a. O., S. 500–503.

202 »Es regnete … Glückwünsche«: a. a. O., S. 503.

202 1908 fand in Salzburg: Jones 1982, Bd. 2, S. 58.

202 Im folgenden Jahr: a. a. O., S. 75–80.

202 In den *Drei Abhandlungen*: Freud GW, Bd. 5, S. 25–145.

203 »Wenn die Art, wie wir«: »Einstein's Theory of Space and Time«, *The Contemporary Review*.

204 »heiter, sicher und liebenswürdig«: Fölsing 1995a, S. 735.

205 »Noch eine Art Anwendung«: Einstein 1988, S. 232.

205 »Relativitätstheorie«: Holton 1982, S. XV.

205 »sogenannten Relativitätstheorie«: Ebenda.

206 »[D]ie jüngst gewonnene Einsicht«: Freud GW, Bd. 17, S. 28.

206 »Es hat solche intellektuelle«: a. a. O., Bd. 15, S. 190.

206 »Glauben und Unglauben«: Fölsing 1995a, S. 736.

207 »Schönheit und Klarheit«: a. a. O., S. 736.

207 »Im Menschen lebt ein«: Einstein, Freud 1996, S. 26

207 »langweilig«: Fölsing 1995a, S. 736.

207 »[H]ierüber haben Sie«: Einstein, Freud 1996, S. 35.

207 »Der Glückliche«: Jones 1982, Bd. 3, S. 160.

208 einen »Glücklichen«: Fölsing 1995a, S. 691.

208 »Warum betonen Sie«: Ebenda.

208 »mathematische Physik treiben«: Jones 1982, Bd. 3, S. 186.

208 »Mir applaudieren sie«: Fölsing 1995a, S. 516.

208 »Ungläubigen«: Freud GW, Bd. 12, S. 8.

208 »daß das Ich nicht Herr sei«: a. a. O., S. 11.

208 »den Fortschritten, die Kopernikus«: »Einsteins Theory of Space and Time«, The Contemporary Review.

209 Logischer Empirismus: »Logical Positivism«, Encyclopaedia Britannica. Online, http://search.eb.com/eb/article?eu=49927.

210 »Hypothese«: Freud GW, Bd. 14, S. 57.

210 »Man pflegt auch in älteren«: a. a. O., S. 58.

210 »Hier ergibt sich«: a. a. O., Bd. 8, S. 438.

210 »zu einer Naturwissenschaft«: a. a. O., Bd. 17, S. 80.

210 »Wenn man mich auffordert«: Field u. a., S. 414.

210 »Die wissenschaftliche Ebene«: Watson, S. 91.

211 In demselben einflussreichen: Popper 1979, S. 48, 52.

211 ihre Falsifizierbarkeit: Popper 2002, Kapitel fünf.

211 Für ihn war das Unbewusste: Freud GW, Bd. 13, S. 213.

211 »eines neuen Wissenschaftszweiges«: Tonband, The Freud Museum, London.

211 »Nur die Hilfe«: Freud GW, Bd. 15, S. 188.

212 Diese Entwicklung bedeutete freilich: Pais 2000, S. 274.

212 »Noch immer wird die Kosmologie«: Einstein 1988, S. 218.

212 »Früher wurde sie eher als«: Hawking und Penrose, S. 105.

213 Das geschah 1964: Kolb, S. 238–241, 256–259.

214 »Er hat unserer Wahrnehmung«: Robert A. Millikan, »Seeing the Invisible«, Scribner's Magazine, 1923.

215 Eine Minute vor Mitternacht: Giacconi u. a., S. 64.

215 Seit mehr als zehn Jahren: Lang und Gingerich, S. 62.

217 »Daher ist denkbar«: D,08 Why can't light escape from a black hole?« www.faqs.org/faqs/astronomy/faq/part4/section-10.html.

217 Eine moderne Form: Fölsing 1995a, S. 430–431.

217 »Über das Gravitationsfeld«: Schwarzschild, S. 189–196.

217 In den 1930er Jahren: Lang und Gingerich, S. 456.

217 1939 lieferten schließlich: Oppenheimer und Snyder, S. 455–459.

217 »Es sollte ein Naturgesetz«: Lang und Gingerich, S. 457.

218 »Black Hole«: Wheeler, S. 8.

218 rund dreißig solche Kandidaten: Christine Jones, William Forman und William Liller, »X-Ray Sources and Their Optical Counterparts – I«, Sky and Telescope, November 1974.

218 stieg diese Zahl auf 150: Alan P. Lightman, »Some Recent Advances in X-Ray astronomy«, Sky and Telescope, Oktober 1976.

218 auf eine Million Grad und mehr: Ebenda.

218 »aus dem Reich der Theorie«: John Noble Wilford, »Space Telescope Confirms Theory of Black Holes«, The New York Times, 26. Mai 1994.

219 »Die Phänomene, die wir bearbeiten«: Freud GW, Bd. 17, S. 125.

219 »Die Mängel unserer Beschreibung«: a.a.O., Bd. 13, S. 65.

219 »vorwiegend induktiver Methoden«: Einstein 2001a, S. 160–161.

219 »Die Aufstellungen der Psychoanalyse«: Freud GW, Nachtragsband, S. 749.

220 »jener stetig abnehmenden«: Benjamin, S. 139.

220 »weil es viele Fragen«: Hilgard u.a., S. V.

220 »Im Allgemeinen hast du natürlich«: Max, S. 66.

221 Schließlich gab Freud die Verführungstheorie: Freud 1986, S. 283 bis 286.

221 Das zweite, möglicherweise: Freud GW, Bd. 14, S. 68–69.

222 er überreagierte, als er später behauptete: a.a.O., S. 39.

222 beides stimmte nicht: Sulloway, S. 42.

222 Er behauptete, sich nicht: Freud 1986, S. 458.

223 »Die Durchführung dieser Idee«: Freud GW, Bd. 13, S. 64.

223 »Die wichtigste Lehre«: Scriven, S. 477.

224 Es werde sich rasch zeigen: Ritvo 1990, S. 142.

227 etwa 125 Milliarden Galaxien: Mitchell Begelman, Vortrag am American Museum of Natural History, 25. September 2000.

227 100 Milliarden Neuronen: Sandra Blakeslee, »How does the Brain Work?«, *The New York Times*, 11. November 2003.

Literatur

Adrian, E. D.: »Science and Human Nature«, *Supplement to Nature* (4. September, 1954), S. 433–437.

Ainacher, Peter: »The concepts of the pleasure principle and infantile erogenous zones shaped by Freud's neurological education«, *Psychoanalytic Quarterly* (1974), S. 218–223.

Armitage, Angus: *Sun, Stand Thou Still, The Life and Work of Copernicus the Astronomer.* New York 1947.

Badash, Lawrence: »The Completeness of Nineteenth-Century Science«, *Isis* (1972), S. 48–58.

Bartusiak, Marcia: *Einstein's Unfinished Symphony, Listening to the Sounds of Space-Time.* Washington, D. C., 2000.

Beecher, Willard: »The Myth of ›The Unconscious‹«, *Individual Psychology Bulletin* (1950), S. 99–110.

Bell, E. T.: *Die großen Mathematiker.* Düsseldorf 1967.

---, *Men of Mathematics: The Life and Achievemnets of the Graet Mathematicians from Zeno to Poincaré.* New York 1986.

---, *The Development of Mathematics.* New York 1992, unveränderter Nachdruck von 1945.

Benjamin, John D.: »Approaches to a Dynamic Theory of a Development. Round Table, 1949: 2. Methodological Considerations in the Validation and Elaboration of Psychoanalytical Personality Theory«, *American Journal of Orthopsychiatry* (1950), S. 139–156.

Bernfeld, Siegfried: »Freud's Earliest Theories and the School of Helmholtz«, *Psychoanalytic Quarterly* (1944), S. 341–362.

---, »Freud's Scientific Beginnings«, *American Imago* (1949), S. 163–196.

---, »Sigmund Freud, M. D., 1882–1885«, *International Journal of Psycho-Analysis* (1951), S. 204–217.

Bernhard, Carl Gustaf / Crawford, Elisabeth / Sörbom, Per (Hg.): *Science, Technology and Society in the Time of Alfred Nobel.* Oxford 1982.

Bernstein, Jeremy: *Albert Einstein and the Frontiers of Physics.* New York 1996.

---, / Feinberg, Gerald (Hg.): *Cosmological Constants: Papers in Modern Cosmology.* New York 1986.

Blackmore, John T.: *Ernst Mach: His Work, Life and Influence.* Berkeley 1972.

Blum, Harold P.: »From suggestion to insight, from hypnosis to psychoanalysis«. In: Roth, Michael S. (Hg.): *Freud: Conflict and Culture.* New York 1998.

Bohr, Niels: *Atomtheorie und Naturbeschreibung.* Berlin 1931.

---, *Atomphysik und menschliche Erkenntnis.* Braunschweig 1985.

---, *The Philosophical Writings of Niels Bohr, Volume II: Essays 1932–1957 on Atomic Physics and Human Knowledge.* Woodbridge 1987 (unveränderter Nachdruck von 1958).

---, *The Philosophical Writings of Niels Bohr, Volume III: Essays 1958–1962 on Atomic Physics and Human Knowledge.* Woodbridge 1987 (unveränderter Nachdruck von 1963).

Boorstin, Daniel J.: *Die Entdecker.* Basel 1985.

Bowers, Kenneth S. / Meichenbaum, Donald (Hg.): *The Unconscious Reconsidered.* New York 1984.

Brian, Dennis: *Einstein, A Life.* New York 1996.

Brower, Daniel: »The Problem of Quantification in Psychological Science«, *Psychological Review* (1949), S. 325–333.

Bruck, Mark Anton: »The Concept of ›The Unconscious‹«, *Individual Psychology Bulletin* (1950), S. 81–98.

Bunge, Mario / Shea, William R. (Hg.): *Rutherford and Physics at the Turn of the Century,* New York 1979.

Calaprice, Alice: *Einstein sagt. Zitate, Einfälle, Gedanken.* München 1997.

Carus, C. G.: *Psyche. Zur Entstehungsgeschichte der Seele*. Leipzig 1846.

Child, C. M. / Koffka, Kurt / Anderson, John E. / Watson, John B. / Sapir, Edward / Thomas, W. I. / Kenworthy, Marion E. / Wells, E. L. / White, William A.: *The Unconscious, A Symposium*. New York 1927.

Clark, Ronald W.: *Einstein*. München 1995.

---, *Einstein: The Life and Times*. New York 1999.

Clarke, Edwin / Jacyna, L. S.: *Nineteenth-Century Origins of Neuroscientific Concepts*. Berkeley 1987.

Cohen, I. B.: »Roemer and the First Determination of the Velocity of Light (1676)«, *Isis* (April 1940), S. 327–379.

Coles, Peter (Hg.): *The Routledge Critical Dictionary of the New Cosmology*. New York 1999.

Cranefield, Paul E.: »The Organic Physics of 1847 and the Biophysics of Today«, *Journal of die History of Medicine and Allied Sciences* (1957), S. 407–423.

Crews, Frederick: *The Memory Wars, Freud's Legacy in Dispute*. New York 1995.

Crews, Frederick C.: *Unauthorized Freud, Doubters Confront a Legend*. New York 1998.

Darwin, Charles: *Über die Entstehung der Arten durch natürliche Zuchtwahl*. Darmstadt 1988.

Darwin, Francis (Hg.): *Leben und Briefe von Charles Darwin*. 3 Bde., Stuttgart 1910.

---, *The Life and Letters of Charles Darwin*. New York 1959.

Descartes, René: *Über den Menschen* (1632). *Beschreibung des menschlichen Körpers* (1648). Heidelberg 1969.

---, *The Philosophical Writings of Descartes*, Bd. 1. Cambridge 1985.

---, *Die Leidenschaften der Seele*. Hamburg 1985.

---, *Die Welt oder Abhandlung über das Licht*. Weinheim 1989.

---, *Abhandlung über die Methode des richtigen Vernunftgebrauchs*. Stuttgart 1993.

---, *Meditationen*. Göttingen 2004.

Dictionary of Scientists, A. Oxford 1999.

Dilman, Ilham: »The Unconscious«, *Mind* (Oktober 1959), S. 446–473.

Dingle, Herbert: *Wissenschaftliche und philosophische Folgerungen aus der speziellen Relativitätstheorie.* In: P. A. Schilpp (Hg.): *Einstein als Philosoph und Naturforscher.* Braunschweig 1951.

Eddington, A. S.: *Raum, Zeit und Schwere.* Braunschweig 1923.

Edelson, Marshall: *Psychoanalysis, A Theory in Crisis.* Chicago 1990.

Eidelberg, Ludwig: »The concept of the unconscious«, *Psychiatric Quarterly* (1953), S. 563–587.

Einstein, Albert: »Zur Elektrodynamik bewegter Körper«, *Annalen der Physik und Chemie*, IV. Folge, Band 17 (1905), S. 891–921.

---, »Ernst Mach«, *Physikalische Zeitschrift*, 17 (1916), S. 101–104.

---, »Zum kosmologischen Problem der allgemeinen Relativitätstheorie, *Sitzungsberichte der Preußischen Akademie der Wissenschaften zu Berlin* (1931), S. 235–237.

---, »Autobiographisches«. In: Schilpp, P. A. (Hg.): *Einstein als Philosoph und Naturforscher.* Braunschweig 1951a.

---, »Bemerkungen zu den in diesem Bande vereinigten Arbeiten«. In: Schilpp, P. A. (Hg.): *Einstein als Philosoph und Naturforscher.* Braunschweig 1951b.

---, Briefe (aus dem Nachlass hg. v. Helen Dukas und Banesh Hoffmann). Zürich 1981.

---, *The Collected Papers of Albert Einstein, Volume 1, The Early Years, 1899 to 1902.* Princeton 1987.

---, *Ideas and Opinions.* New York 1988.

---, »Über den Einfluß der Schwerkraft auf die Ausbreitung des Lichtes«. In: Lorentz, H. A.: *Das Relativitätsprinzip, eine Sammlung von Abhandlungen* (Nachdruck der 5. Auflage von 1923). Stuttgart 1990a.

---, »Die Grundlagen der allgemeinen Relativitätstheorie«. In: Lorentz, H. A.: *Das Relativitätsprinzip, eine Sammlung von Abhandlungen* (Nachdruck der 5. Auflage von 1923). Stuttgart 1990b.

---, »Kosmologische Betrachtungen zur allgemeinen Relativitätstheorie«. In: Lorentz, H. A.: *Das Relativitätsprinzip, eine Sammlung von Abhandlungen* (Nachdruck der 5. Auflage von 1923). Stuttgart 1990c.

---, »Spielen Gravitationsfelder im Aufbau der materiellen Elementarteilchen eine wesentliche Rolle? In: Lorentz, H. A.: *Das Relativitätsprinzip, eine Sammlung von Abhandlungen* (Nachdruck der 5. Auflage von 1923). Stuttgart 1990d.

---, / Freud, Sigmund: Warum Krieg. Ein Briefwechsel, mit einem Essay von Isaac Asimov. Zürich 1996.

---, *Mein Weltbild*. München 2001a.

---, *Über die spezielle und die allgemeine Relativitätstheorie*, Berlin 2001b.

Ekeland, Ivar: *Das Vorhersehbare und das Unvorhersehbare*. Frankfurt am Main 1989.

---, *Zufall, Glück und Chaos, mathematische Expeditionen*. München 1992.

Ellenberger, Henri: »The unconscious before Freud«, *The Bulletin of the Menninger Clinic* (1957), S. 3–15.

Ellenberger, Henri F.: *Die Entdeckung des Unbewussten*. Zürich 1996.

Erikson, Erik H.: »The First Psychoanalyst«, *The Yale Review* (September 1956), S. 40–62.

Feigl, Herbert / Scriven, Michael: *Minnesota Studies in the Philosophy of Science, Volume I, The Foundations of Science and the Concepts of Psychology and Psychoanalysis*. Minneapolis 1956.

Field, G. C. / Aveling, F. / Laird, John: »Is the Conception of the Unconscious of Value in Psychology?«, *Mind* (1922), S. 413–442.

Fölsing, Albrecht: *Galileo Galilei, Prozess ohne Ende. Eine Biographie*. München, Zürich 1983.

---, *Albert Einstein, eine Biographie*. Frankfurt am Main 1995a.

---, *Wilhelm Conrad Röntgen. Aufbruch ins Innere der Materie*. München, Wien 1995b.

Frank, Philis: *Modern Science and Its Philosophy*. Cambridge, Mass., Harvard 1949.

---, (Hg.): *The Validation of Scientific Theories*. Boston 1956.

---, *Philosophy of Science, The Link Between Philosophy and Science*, Englewood Cliffs, N. J., 1957.

---, / Kusaka, Shuichi (Hg.): *Einstein, His Life and Times*. New York 1989 (Nachdruck von 1953).

French, A. S.: *Einstein, A Centenary Volume*. Cambridge, Mass., Harvard 1979.

Frenkel-Brunswick, Else:»Psychoanalysis and the Unity of Science«, *Proceedings of the American Academy of Arts and Sciences* (März 1954), S. 273–347.

Freud, Sigmund: *Gesammelte Werke*. 18 Bde. London 1942 ff. (unveränderter Nachdruck von Frankfurt am Main 1976).

---, *Aus den Anfängen der Psychoanalyse, Briefe an Wilhelm Fließ, Abhandlungen und Notizen aus den Jahren 1887–1902*. Frankfurt am Main 1950.

---, *Briefe, 1873–1939* (hg. von Ernst L. Freud). Frankfurt am Main 1960.

---, *Briefe an Wilhelm Fließ, 1887–1904* (hg. von J. M. Masson). Frankfurt am Main 1986.

---, *Gesammelte Werke*, Nachtragsband. Frankfurt am Main 1987.

---, *Collected Papers*, translation under the supervision of Joan Riviere. New York 1959.

---, *Briefwechsel, Sigmund Freud, Sándor Ferenczi*, 5 Bd. (hg. von Ernst Falzeder). Wien 1996.

Frey-Rohn, Liliane: *Von Freud zu Jung, eine vergleichende Studie zur Psychologie des Unbewussten*. Zürich 1980.

Friedman, Herbert: *Der Blick in die Unendlichkeit, Astronomie auf neuen Wegen*. München 1991.

Friedmann, Aleksandr:»Über die Krümmung des Raumes«, *Zeitschrift für Physik*, 1922, S. 377–380.

Gabbard, Glen O.:»Mind and brain in psychiatric treatment«, *The Bulletin of the Menninger Clinic* (1994), S. 427–446.

Gabriel, Yiannis:»The Fate of the Unconscious in the Human Sciences«, *Psychoanalytic Quarterly* 51 (April 1982), S. 246.

Galilei, Galileo: *Discoveries and Opinions of Galileo*, übersetzt und mit einer Einleitung und Anmerkungen versehen von Stillman Drake. New York 1957.

---, *Sidereus Nuncius, Nachricht von neuen Sternen*. Frankfurt am Main 2002.

Galison, Peter, »Einstein's Clocks, The Place of Time«. In: Gleick, James / Cohen, Jesse (Hg.): *The Best American Science Writing* 2000. New York 2000.

Gärtner, Heinz: *Er durchbrach die Schranken des Himmels. Das Leben des Friedrich Wilhelm Herschel*. Leipzig 1996.

Gay, Peter: *Freud, eine Biographie für unsere Zeit*. Frankfurt am Main 1989.

Giacconi, Riccardo / Gursky, Herbert / Paolini, Frank R. / Rossi, Bruno B.: »Evidence for X-Rays from Sources outside the Solar System« (1962). In: Lang, Kenneth R. / Gingerich, Owen (Hg.): *Source Book in Astronomy, and Astrophysics 1900–1975*. Cambridge, Mass., 1979.

Gill, Merton: »The Present State of Psychoanalytic Theory«, *Journal of Abnormal and Social Psychology* (1959), S. 1–8.

Giora, Zev: *The Unconscious and the Theory of Psychoneuroses*. New York 1989.

Glasser, Otto: *Wilhelm Conrad Röntgen und die Geschichte der Röntgenstrahlen*. Berlin, Heidelberg 1995.

Goethe, Johann Wolfgang von: *Sämtliche Werke*. Zürich 1949.

Gray, A.: »Lord Kelvin«, *Nature* (18. Juni 1896), S. 151–152.

---, »Lord Kelvin's Jubilee«, *Nature* (25. Juni 1896), S. 173–181.

---, *Lord Kelvin, An Account of His Scientific Life and Work*. New York 1908.

Grünbaum, Adolf: *Kritische Betrachtungen zur Psychoanalyse*. Berlin 1991.

---, »A century of psychoanalysis, critical retrospect and prospect«. In: Roth, Michael S. (Hg.): *Freud, Conflict and Culture*. New York 1998.

Hawking, Stephen / Penrose, Roger: *Raum und Zeit*. Reinbek 2000.

Hawking, Stephen / Israel, Werner (Hg.): *300 Years of Gravitation*. Cambridge 1987.

Hawkins, Michael: *Hunting Down the Universe*. Reading, Mass., 1997.

Heilbron, J. L.: »Fin-de-Siecle Physics«. In: Bernhard, Carl Gustaf / Crawford, Elisabeth / Sörbom, Per (Hg.): *Science, Technology and Society in the Time of Alfred Nobel*. Oxford 1982.

Heisenberg, Werner: *Schritte über Grenzen, gesammelte Reden und Aufsätze.* München 1984.

---, *Die physikalischen Prinzipien der Quantentheorie.* Heidelberg 2001.

---, *Physik und Philosophie.* Stuttgart 2000.

---, *Der Teil und das Ganze, Gespräche im Umkreis der Atomphysik.* München 2003.

Hermann, Armin: *Albert Einstein – Arnold Sommerfeld, Briefwechsel.* Basel 1968.

Herzog, Patricia S.: *Consciousness and Unconsciousness, Freud's Dynamic Distinction Reconsidered.* Madison, Conn., 1991.

Hilgard, Ernest R. / Kubie, Lawrence S. / Pumpian-Mindlin, E.: *Psychoanalysis as Science, The Hixon Lectures and the Scientific Status of Psychoanalysis.* Stanford 1952.

Hoffman, Banesh: *The Strange Story of the Quantum.* New York 1959 (Nachdruck von 1947).

Holt, Robert R: »Freud's Mechanistic and Humanistic Images of Man«, *Psychoanalysis and Contemporary Science* (1972), S. 3–24.

Holton, Gerald: »Introduction, Einstein and the Shaping of Our Imagination« (1982). In: Gerald Holton, Gerald / Elkana, Yehuda (Hg.): *Albert Einstein, Historical and Cultural Perspectives.* Dover 1997 (Nachdruck von 1982).

---, *Thematic Origins of Scientific Thought, Kepler to Einstein.* Cambridge, Mass., 1988.

---, Elkana, Yehuda (Hg.): *Albert Einstein, Historical and Cultural Perspectives.* Dover 1997 (Nachdruck von 1982).

---, *Einstein, die Geschichte und andere Leidenschaften. Der Kampf gegen die Wissenschaft am Ende des 20. Jahrhunderts.* Braunschweig 1998a.

---, *The Advancement of Science, and Its Burdens.* Cambridge, Mass., 1998b.

---, *The Scientific Imagination.* Cambridge, Mass., 1998c.

---, *Wissenschaft und Anti-Wissenschaft*. Wien 2000.

Hook, Sidney (Hg.): *Psychoanalysis, Scientific Method and Philosophy*. New York 1959.

Hoskin, Michael: *Stellar Astronomy*. Bucks, England, 1982.

Hubble, Edwin: »Cepheids in Spiral Nebulae«, *Observatory* (Mai 1925), S. 139–142 (Nachdruck aus *Publications of the American Astronomical Society* [1925], S. 261–264).

---, »A Relation between Distance and Radial Velocity among Extra-Galactic Nebulae«, *Proceedings of the National Academy of Sciences* (15. März 1929), S. 168–173.

James, William: *The Principles of Psychology*. New York 1950 (Nachdruck von 1890).

Jones, Ernest: »Why is the ›Unconscious‹ Unconscious? – III«, *British Journal of Psychology* (Oktober 1918), S. 247–256.

---, *Das Leben und Werk von Sigmund Freud*. 3 Bde., Bern 1982.

Kelly, William L.: *Psychology of the Unconscious, Mesmer, Janet, Freud, June and Current Issues*. Buffalo, N. Y., 1991.

Kelvin, Lord: *Vorlesungen über Molekulardynamik und die Theorie des Lichts*. Leipzig, Berlin 1909.

Kolb, Edward B.: *Blind Watchers of the Sky, The People and Ideas That Shaped Our View of the Universe*. New York 1996.

Kubie, Lawrence S.: »The Fallacious Use of Quantitative Concepts in Dynamic Psychology«, *Psychoanalytic Quarterly* (1947), S. 507–518.

Lang, Kenneth R. / Gingerich, Owen (Hg.): *Source Book in Astronomy, and Astrophysics 1900–1975*. Cambridge, Mass., 1979.

Learner, Richard: *Das Teleskop, die Geschichte der Astronomie seit Galilei*. München 1982.

Lewin, Kurt: »The Conflict Between Aristotelian and Galileian Modes of Thought in Contemporary Psychology«, *Journal of General Psychology* (1931), S. 141–177.

Livingston, Dorothy Michelson: *The Master of Light, A Biography of Albert A. Michelson*. New York 1973.

London, Ivan D.: »Psychologists' Misuse of the Auxiliary Concepts of Physics and Mathematics«, *Psychological Review* (1944), S. 266–291.

Lorentz, H. A.: »Der Interferenzversuch Michelsons« (1895). In: Lorentz u. a.: *Das Relativitätsprinzip, eine Sammlung von Abhandlungen*, Stuttgart 1990a (unveränderter Nachdruck von 1923).

---, / Einstein, A. / Minkowski, H. / Weyl, H.: *Das Relativitätsprinzip, eine Sammlung von Abhandlungen*. Stuttgart 1990b (unveränderter Nachdruck von 1923).

Lubbock, Constance A. (Hg.): *The Herschel Chronicle, The Life-Story of William Herschel and His Sister Caroline Herschel*. London 1933.

Mach, Ernst: *Die Mechanik in ihrer Entwicklung*. Berlin 1988.

Margetts, Edward L.: »The concept of the unconscious in the history of medical psychology«, *Psychiatric Quarterly* (1953), S. 115–138.

Masson, Jeffrey Moussaieff: »Vorwort« und »Einleitung«. In: Freud, Sigmund: *Briefe an Wilhelm Fließ 1887–1904*. Frankfurt am Main 1999.

Max, D. T.: »Two Cheers for Darwin«, *American Scholar* (Spring 2003), S. 63–74.

Michelson, A. A.: *Studies in Optics*. Chicago 1927.

Miller, Arthur I.: *Imagery in Scientific Thought, Creating Twentieth-Century Physics*. Boston 1984.

---, *Frontiers of Physics, 1900–1911*. Boston 1986.

---, *Albert Einstein's Special Theory of Relativity, Emergence (1905) and Early Interpretation (1905–1911)*. New York 1997.

Mujeeb-ur-Rahman, Md. (Hg.): *The Freudian Paradigm, Psychoanalysis and Scientific Thought*. Chicago 1977.

Nelson, Benjamin (Hg.): *Freud and the Twentieth Century*. Cleveland 1957.

Neu, Jerome (Hg.): *The Cambridge Companion to Freud*. Cambridge, England, 1991.

Newton, Isaac: *Mathematische Grundlagen der Naturphilosophie*. Hamburg 1988.

Nicoll, Maurice: »Why is the ›Unconscious‹ Unconscious? – I«, *British Journal of Psychology* (Oktober 1918), S. 230–235.

Nitske, W. Robert: *The Life of Wilhelm Conrad Röntgen, Discoverer of the X Ray.* Tucson 1971.

North, John: Viewegs Geschichte der Astronomie und Kosmologie. Braunschweig, Wiesbaden 1997.

Opatow, Barry: »The Real Unconscious, Psychoanalysis as a Theory of Consciousness«, *Journal of the American Psychoanalytic Association* (1997), S. 865–890.

Oppenheimer, J. R. / Snyder, H.: »On Continued Gravitational Contraction«, *Physical Review* (1. September 1939), S. 455–459.

Overbye, Dennis: *Einstein in Love, A Scientific Romance.* New York 2000.

Pais, Abraham: ›Subtle is the Lord ...‹: *The Science and the Life of Albert Einstein.* Oxford 1982.

---, *Inward Bound, Of Matter and Forces in the Physical World.* Oxford 1988.

---, »Raffiniert ist der Herrgott ...«. Heidelberg 2000.

Phillips, Adam: *Darwin's Worms, On Life Stories and Death Stories.* New York 2001.

Planck, Max: *Wege zur physikalischen Erkenntnis.* Leipzig 1944.

Poincare, H.: *Der Wert der Wissenschaft.* Berlin, Leipzig 1910.

---, *Wissenschaft und Methode.* Berlin, Leipzig 1914a.

---, *Wissenschaft und Hypothese.* Leipzig 1914b.

Popper, Karl: *Ausgangspunkte, meine intellektuelle Entwicklung.* Hamburg 1992.

---, *Logik der Forschung.* Tübingen 2002.

Rapaport, David / Gill, Merton M.: »The Points of View and Assumptions of Metapsychology«, *The International Journal of Psycho-Analysis* (1959), S. 153–162.

Reiser, Morton E.: »Converging Sectors of Psychoanalysis and Neurobiology, Mutual Challenge and Opportunity«, *Journal of the American Psychoanalytic Association* (1985), S. 11–34.

Ritvo, Lucille B.: »Darwin as the source of Freud's neo-Lamarckianism«, *Journal of the American Psychoanalytic Association* (1965), S. 499–517.

---, »The impact of Darwin on Freud«, *Psychoanalytic Quarterly* (1974), S. 177–192.

---, *Darwin's Influence on Freud, A Tale of Two Sciences*. New Haven 1990.

Rivers, W. H. R.: »Why is the ›Unconscious‹ Unconscious? – II«, *British Journal of Psychology* (Oktober 1918), S. 236–246.

Roseveare, N. T.: *Mercury's Perihelion from Le Verrier to Einstein*. Oxford 1982.

Roth, Michael S. (Hg.): *Freud, Conflict and Culture*. New York 1998.

Sacks, Oliver: »The Other Road, Freud as Neurologist«. In: Roth, Michael S. (Hg.): *Freud, Conflict and Culture*. New York 1998.

Schilpp, Paul Arthur (Hg.): *Albert Einstein als Philosoph und Naturforscher*. Braunschweig 1979.

Schore, Allan N: »A Century After Freud's Project, Is a Rapprochement Between Psychoanalysis and Neurobiology at Hand?«, *Journal of the American Psychoanalytic Association* (1997), S. 807–840.

Schwarzschild, Karl: »Über das Gravitationsfeld eines Massenpunktes nach der Einsteinschen Theorie«. In: *Sitzungsberichte der Königlich Preussischen Akademie der Wissenschaften* (1916), S. 189–196.

Scriven, Michael: »Explanation and Prediction in Evolutionary Theory«, *Science* (August 1959), S. 477–482.

Serota, Herman M.: »The ego and the unconscious, 1784–1884«, *Psychoanalytic Quarterly* (1974), S. 224–242.

Shope, Robert K.: »Physical and Psychic Energy«, *Philosophy of Science* (März 1971), S. 1–12.

Shuey, Herbert: »Recent Trends in Science and the Development of Modern Typology«, *The Psychological Review* (Mai 1934), S. 207 bis 235.

Singer, Charles: *A Short History of Science to the Nineteenth Century*. Mineola, N. Y., 1997 (Nachdruck von 1943).

Solms, Mark: »New Findings on the Neurological Organization of Dreaming, Implications for Psychoanalysis«, *Psychoanalytic Quarterly* (1995), S. 43–67.

Spangenburg, Ray / Moser, Diane K.: *On the Shoulders of Giants, The History of Science in the Eighteenth Century.* New York 1993.

Stachel, John: »Einstein and ether drift experiments«, *Physics Today* (Mai 1987), S. 45–47.

---, (Hg.): *Einsteins Annus mirabilis, Fünf Schriften, die die Welt der Physik revolutionierten.* Reinbek 2001.

Sterba, Richard E.: »The humanistic wellspring of psychoanalysis«, *Psychoanalystic Quarterly* (1974), S. 167–176.

Sulloway, Frank J.: *Freud, Biologist of the Mind.* New York 1979.

Swenson, Lloyd S. jr.: »Michelson and measurement«, *Physics Today* (Mai 1987), S. 24–30.

Thompson, Silvanus S.: *The Life of William Thomson, Baron Kelvin of Laigs.* London 1910.

Turner, Michael S. / Tyson, Anthony J.: »Cosmology at the Millennium«, *Reviews of Modern Physics* (1999), S. 145–164.

van Helden, Albert: »The Telescope in the Seventeenth Century«, *Isis* (1974), S. 38–58.

---, »Conclusion«. In: *Sidereus Nuncius, or The Sidereal Messenger.* Übersetzung, Einleitung, Schluss und Anmerkungen von Albert van Helden. Chicago 1989.

Waelder, Robert: *Basic Theory of Psychoanalysis.* New York 1960.

Watson, John B.: »The Unconscious of the Behaviorist«. In: Child, C. M. u. a.: *The Unconscious, A Symposium.* New York 1927.

Weaver, Warren: »Science and People«, *Science* (30. Dezember 1955), S. 1255–1259.

---, »Science and the Citizen«, *Science* (13. Dezember 1957), S. 1225 bis 1229.

Weinberg, Steven: »Newtonianism and today's physics«. In: Hawking, Stephen / Israel, Werner (Hg.): *300 Years of Gravitation.* Cambridge 1987.

Weiner, Charles: »Who Said It First?«, *Physics Today* (August 1968), S. 9.

Westfall, Richard S.: *Never at Rest, A Biography of Isaac Newton*. Cambridge 1980.

Wheeler, John Archibald: »Our Universe, The Known and the Unknown«, *American Scientist* (Frühjahr 1968), S. 1–20.

Whyte, L. L.: *The Unconscious Before Freud*. New York 1978 (Nachdruck von 1960).

Will, Clifford M.: *Was Einstein Right? Putting General Relativity to the Test*. New York 1993.

Williams, Henry Smith: *A History of Science*. The Project Gutenberg Literary Archive Foundation, www.gutenberg.net, releases 1705–1708, April 1999 (Nachdruck von 1904–1910).

Wollheim, Richard (Hg.): *Freud, A Collection of Critical Essays*. Garden City, N. Y., 1974.

---, *Sigmund Freud*. München 1972.

Wolman, Benjamin B.: *Logic of Science in Psychoanalysis*. New York 1984.

Woolf, Harry: *Some Strangeness in the Proportion, A Centennial Symposium to Celebrate the Achievements of Albert Einstein*. Reading, Mass., 1980.

Zajonc, Arthur: *Die gemeinsame Geschichte von Licht und Bewusstsein*, Reinbek 1997.

Personenregister

Die Originalausgabe erschien 2004 unter dem Titel *The Invisible Century. Einstein, Freud, and the Search for Hidden Universes* bei Viking, New York | © 2004 Richard Panek | Für die deutsche Ausgabe © 2005 Berlin Verlag GmbH, Berlin | Alle Rechte vorbehalten | Umschlaggestaltung: Nina Rothfos und Patrick Gabler, Hamburg | Typografie: Renate Stefan, Berlin | Gesetzt aus der Deepdene durch psb, Berlin | Druck & Bindung: GGP Media, Pößneck | Printed in Germany 2005
ISBN 3-8270-0596-5